FOURIER ANALYSIS

道具としての
フーリエ解析

涌井良幸／涌井貞美
YOSHIYUKI WAKUI / SADAMI WAKUI

$$e^{i\theta} = \cos\theta + i\sin\theta$$

$$F(\omega) = \int_{-\infty}^{\infty} f(t)e^{-i\omega t}dt$$

$$f(t) = \frac{1}{2\pi}\int_{-\infty}^{\infty} F(\omega)e^{i\omega t}d\omega$$

$$F(s) = \int_{0}^{\infty} f(t)e^{-st}dt$$

$$f(t) = \frac{1}{2\pi i}\int_{c-i\infty}^{c+i\infty} F(s)e^{st}ds$$

日本実業出版社

はじめに

　フーリエ解析は、物事の動きや形を分析する際に、それらの特質を"波の気持ち"の観点から見る理論です。波の気持ちの観点からよく見える世界は、波が関係する分野です。そう表現すると、フーリエ解析は波に関係する分野に限定されてしまうように聞こえるかもしれません。

　しかし、実際に自然科学や社会科学の現象の多くは、その波が関係しています。

　たとえば、映像や音響、放送・通信の世界の主役である光や電波、音は波です。また、大災害を引き起こす地震も波として伝わります。量子力学的な立場に立てば、物質そのものも波で伝わるのです。さらに、株価の動きも波のように変動します。人間の心理や生理も波動現象のようにリズミカルです。世の中、自然の中、宇宙の中、そして人も、波で説明されるのです。

　そして、理論を数学的に拡張することで、すべての変化や変動は波の一部と捉えることができます。ということは、すべての現象がフーリエ解析の対象になりうることがわかります。

　フーリエ解析は、三角関数や複素数、積分が解説書の中で乱舞し、むずかしく見えてしまいます。しかし、そんなことはありません。平面における「矢印の数学」、つまり平面上の (x, y) で表わされる2次元ベクトルのイメージさえ頭に入れておけば、すべてが直観的に理解できるのです。

　逆に、この直観的な理解が、フーリエ解析の応用の世界を広げることにもなります。

　本書はフーリエ解析の入門書です。入門書として、厳密性よりもいま述べた直観性を重視して解説しました。こうすることで論理の本質を図解でき、より感覚的に理解できるからです。それとともに、さまざまな分野への応用も可能になるはずです。

　本書によって、フーリエ解析の世界が多くの人に親しまれることを念願する次第です。

2014年秋

　　　　　　　　　　　　　　　　　　　　　　　　　　　　著者

Contents
道具としてのフーリエ解析

はじめに —— 003
本書の構成と利用法 —— 008

序章
そもそもフーリエ解析とは何か？

- **0-1** フーリエ解析とはどんな理論か？ —— 010
- **0-2** 音の分析に役立つフーリエ解析 —— 013
- **0-3** フーリエ解析は意外なところで応用されている —— 016
- **0-4** フーリエ解析で微分方程式を解く —— 018
- **0-5** フーリエ解析はむずかしい？ —— 021
- **0-6** フーリエ解析のために必要な知識 —— 023

第1章
フーリエ級数

第1章のガイダンス —— 028

- **1-1** フーリエ解析で利用される「波の言葉」 —— 030
- **1-2** フーリエ級数の公式 —— 034
- **1-3** 周期関数のときのフーリエ級数 —— 038
- **1-4** フーリエ級数の公式の別の形 —— 041
- **1-5** フーリエ級数の公式を導き出す —— 045
- **1-6** フーリエ正弦級数とフーリエ余弦級数 —— 049
- **1-7** 関数を偶関数化、奇関数化してフーリエ級数展開 —— 054
- **1-8** 複素フーリエ級数 —— 058

第2章
フーリエ変換

第2章のガイダンス —— 064
- 2-1 フーリエ変換の公式 —— 066
- 2-2 フーリエ変換の公式を導き出す —— 068
- 2-3 フーリエ変換の性質 —— 072

〔Column〕時間領域を狭めると、周波数領域が広がる —— 074

第3章
ラプラス変換

第3章のガイダンス —— 076
- 3-1 ラプラス変換の公式 —— 078
- 3-2 ラプラス変換はフーリエ変換の拡張 —— 082
- 3-3 有名な関数のラプラス変換とラプラス変換表 —— 087
- 3-4 ラプラス変換の性質 —— 089
- 3-5 逆ラプラス変換の実際 —— 092

第4章
離散フーリエ変換(DFT)と離散コサイン変換(DCT)

第4章のガイダンス —— 096
- 4-1 離散フーリエ変換(DFT)のための離散信号 —— 098
- 4-2 離散フーリエ変換(DFT)の考え方と応用 —— 101
- 4-3 離散コサイン変換(DCT)のための離散信号 —— 110
- 4-4 離散コサイン変換(DCT)の考え方 —— 112
- 4-5 離散コサイン変換(DCT)の実際と情報圧縮 —— 118

〔Column〕画像データのDCT圧縮 —— 123

第5章
高速フーリエ変換（FFT）

第5章のガイダンス —— **126**

- **5-1** バタフライ演算とシグナルフロー図 —— **128**
- **5-2** 小さなデータで高速フーリエ変換（FFT）の仕組みを見る —— **133**
- **5-3** 8個のデータで高速フーリエ変換（FFT）の仕組みを見る —— **138**
- **5-4** 高速フーリエ変換（FFT）の公式化 —— **143**
- **5-5** 高速フーリエ変換（FFT）の乗算回数 —— **148**
- **5-6** Excel 標準アドインによる高速フーリエ変換（FFT） —— **150**

〔Column〕Excel による複素数計算 —— **152**

第6章
フーリエ解析と微分方程式

第6章のガイダンス —— **154**

- **6-1** 常微分方程式をフーリエ級数で解く —— **156**
- **6-2** 偏微分方程式をフーリエ級数で解く —— **159**
- **6-3** 偏微分方程式をフーリエ変換で解く —— **165**
- **6-4** 常微分方程式をラプラス変換で解く —— **169**

第7章
フーリエ解析と線形応答理論

第7章のガイダンス —— 174
- **7-1** 畳み込み積分の定義と性質 —— 176
- **7-2** フーリエ変換と畳み込み積分の関係 —— 180
- **7-3** ラプラス変換と畳み込み積分の関係 —— 183
- **7-4** 線形システムと線形応答理論 —— 186
- **7-5** インパルス応答と畳み込み積分 —— 189
- **7-6** フーリエ変換から見る線形応答 —— 193
- **7-7** ラプラス変換から見る線形応答 —— 197

付録
フーリエ解析に必須の数学的知識

- **付録A** 複素数とオイラーの公式 —— 202
- **付録B** 微分と積分 —— 207
- **付録C** 偶関数と奇関数の積分 —— 213
- **付録D** ベクトルと関数空間 —— 215
- **付録E** δ 関数 —— 221
- **付録F** 複素フーリエ級数からフーリエ変換を導き出す —— 224
- **付録G** 行列の基本 —— 226
- **付録H** 公式のまとめ —— 230

索引 —— 236

カバーデザイン◎冨澤崇(EBranch)
本文デザイン・DTP◎ムーブ(新田由起子、徳永裕美)

本書の構成と利用法

- 本書の構成は次の図のようになっています。

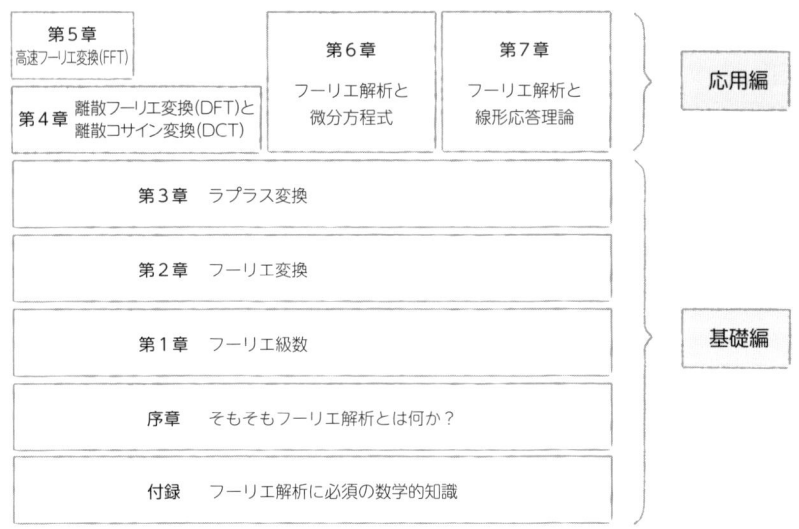

- 本書では、語りかけるように解説したので、多少くどいところは御寛恕ください。

- また、直観に訴えるような解説を心がけました。そのため、多少厳密性に欠けるところがあります。たとえば、「関数」といえば、実用的に役立つ関数のみを対象にしています。極限値も存在することを前提としています。

- 図や表を多用したので、本文とともに理解の一助として利用してください。

- 計算のステップはできるだけ飛ばさないように解説を付けました。

- 関数の変数として原則として t を用いました。フーリエ解析の応用では、時間（time）を変数とする場合が圧倒的に多いからです。

- 虚数単位は i という記号を利用しました。電気関係では電流 i と区別するために j が利用されるのが一般的ですが、汎用性を追及しました。

- 本書における「三角関数」は正弦 sin と余弦 cos のみです。正接 tan などは考えません。

- 一部 Excel を利用したところがありますが、Excel2013 を利用しています。

序章
そもそもフーリエ解析とは何か？

最初に、先生と生徒の会話から、フーリエ解析の全体像をつかんでみましょう。フーリエ解析の概要をつかむことで、第1章以降の話がより理解しやすくなるはずです。

基礎編

〔登場人物〕

先生：ベンチャー企業で回路設計を担当しながら、大学の講師も引き受けているエンジニア。

生徒：高校時代、数学をしっかり勉強してこなかった大学2年生の理系女子。大学の自主ゼミでフーリエ解析を選択。

0-1 フーリエ解析とはどんな理論か？

フーリエ解析は波の立場で物事を捉えようとする数学理論です。それがどんなものかを、先生と生徒の対話を通して見てみることにしましょう。

先生：これから**フーリエ解析**についての話を始めるよ。

生徒：先生！　その「フーリエ解析」って何ですか？

先生：フーリエ解析は**波**を分析する数学的な道具だ。さらには、波を一般化した変化や変動についても、波の観点から分析することができる。

生徒：波？　サーフィンで遊ぶ、あの波ですか？

先生：もちろん、海面の波もフーリエ解析の対象になるけれど、もっと身近な波のほうが有名だ。

生徒：身近な波？　何だろう？

先生：音や電波だよ。

生徒：そうか、音も電波も波なんだ。

先生：光も波であることが知られている。だから、身の回りには、フーリエ解析のお世話になっている製品が溢れているよ。携帯電話やスマートフォン、パソコン、デジカメなど、挙げればキリがない。

生徒：でも、製品の説明書に「フーリエ解析」という言葉はひと言も出てこないけれど……。

先生：フーリエ解析は数学的な基礎理論だ。だから、製品の開発や自然現象の解明に利用される。取扱説明書に載る性質のものではない。

生徒：なるほど。

先生：しかし、フーリエ解析が対象とする波は音や電波だけではない。近年研究の進んでいる地震の揺れも波で表わされる。株価の動きを波で分析する人もいる。人の生理もバイオリズムという波で捉えられる。物質である電子も波のように運動する。また、どんな変化や変動も、数学的には波の現象に拡張できる。要するに、世の中「波だらけ」。その波を分析する強力な武器がフーリエ解析なんだよ。

生徒：フーリエ解析は大切なんだ！

先生：フーリエ解析がどんな分析手法かを見てみよう。次のグラフを見てほしい。

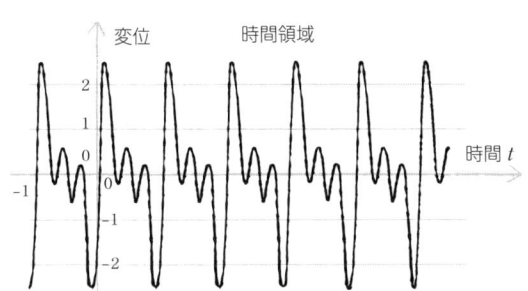

生徒：なにやら複雑な波ですね。

先生：複雑そうだが、**周波数**の立場から見ると、非常に単純なんだ。

生徒：周波数って、1秒間に何回振動するかという量ですよね。

先生：そうだ。その周波数でいうと、たった3つの周波数成分を持った**三角関数**の波に分割できるんだよ。

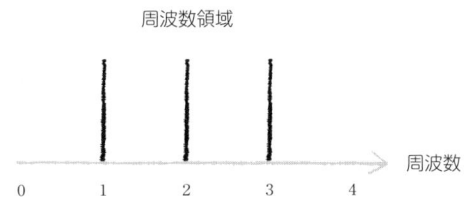

すなわち、周波数が1, 2, 3の3つの波が等しい割合で重ね合わされた波が、最初に示したグラフの表わす波なんだ。式で表わすと、次のようになる。

$$\sin 2\pi t + \sin 4\pi t + \sin 6\pi t \quad \cdots (1)$$

生徒：あ！　苦手な sin が出てきた！

先生：そんな堅苦しく考えることはない。後で説明するが、基礎的な知識があればいい。ただ、(1)式に現われる3つの sin は、次ページのグラフのように、美しい波（**正弦波**）を表わしているという、グラフィカルな理解

はしておこう。むずかしい計算は、すべてパソコンに任せればよい。

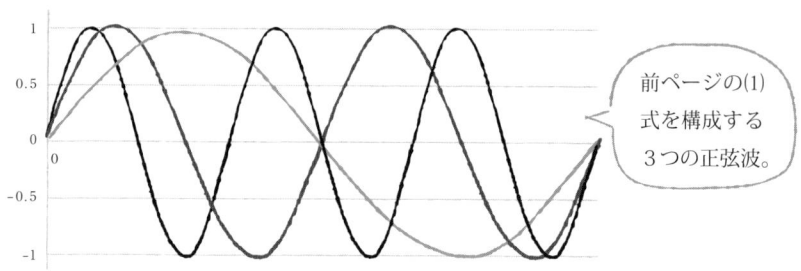

前ページの(1)式を構成する3つの正弦波。

生徒：安心しました。
先生：この例からわかってもらいたいのは、複雑に見える現象を周波数の世界で眺めると、大変簡単に理解できるということだ。時間軸や空間軸から見る現象を周波数軸から眺めると、本質的な理解が可能になることがあるんだ。これこそがまさにフーリエ解析の真髄なんだよ。フーリエ解析はその周波数軸へのワープの手段を私たちに提供してくれるんだ。

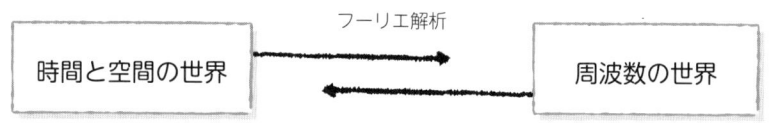

0-2 音の分析に役立つフーリエ解析

フーリエ解析は波を分析する手段を提供します。その代表的な対象が音です。テレビや携帯電話など、音に関係するさまざまな分野で、私たちの生活はフーリエ解析のお世話になっています。

生徒：フーリエ解析の数学的な大切さはわかりましたが、もっと身近で具体的に理解できる例はありますか？

先生：では、有名な例をいくつか調べてみよう。

先生：最初の例として、音の分析を調べてみるよ。ところで、君はサッカー観戦に行くことがあるかい？

生徒：結構行きます。

先生：白熱する試合では、ブブゼラの音で隣の人の声が聞こえなくなることがあるだろう。

生徒：はい。

先生：でも、テレビではアナウンサーと解説者の声はしっかり聞こえている。どうしてだと思う？

生徒：たしかに、不思議ですね。

先生：それは、あらかじめブブゼラの音をフーリエ解析で分析しているからなんだ。

生徒：どういうことですか？

先生：ブブゼラの音をフーリエ解析し、周波数で表わすと下図のようになる。

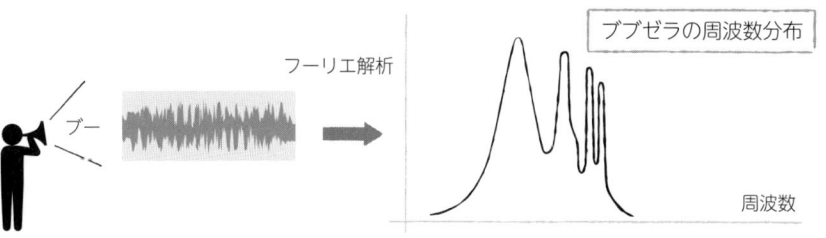

生徒：4つのピークがありますね。
先生：そうだ。そのピークの個数と位置がブブゼラの音の特徴なんだ。だから、収録した音声からこの4つのピークの音を削ってしまえばよい。すると、ブブゼラの音はあまり聞こえなくなる。

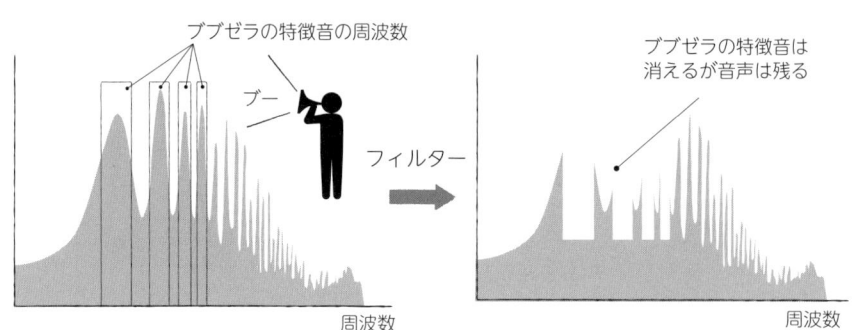

生徒：なるほど。理屈は簡単なんだ。面白いですね。他にわかりやすい応用例はありますか？
先生：フーリエ解析の音声への応用といえば、テレビの刑事ドラマなどによく登場する**声紋分析**も有名だ。
生徒：聞いたことのある言葉です。
先生：人によって声の周波数の分布には特徴があるんだ。その分布を**声紋**というが、それはまさに声のフーリエ解析なんだ。

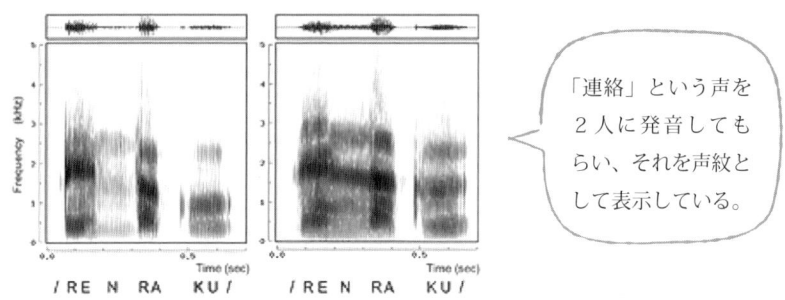

「連絡」という声を2人に発音してもらい、それを声紋として表示している。

科学警察研究所のホームページ（http://www.npa.go.jp/nrips/jp/fourth/section3.html）より。

生徒：だから、たくさんの人がヤジを飛ばしても、特定の人の声がわかったりするんですね。

先生：もっと身近な応用に携帯電話がある。混雑した街中で携帯電話で話していても、聞く側にはあまり雑音が聞こえない。

生徒：そういえばそうですね。車の音とか、気になりませんね。

先生：これもブブゼラの音を消したのと同じ仕組みだ。**音源分離**といって、話す言葉だけを忠実に拾い、相手に届ける技術だ。ここにもフーリエ解析が活かされているよ。

0-3 フーリエ解析は意外なところで応用されている

何気なく利用しているインターネットの世界でも、私たちはフーリエ解析のお世話になっています。データ圧縮という分野です。さらには、経済や社会のさまざまな現象の分析にも利用されています。

先生：フーリエ解析の身の回りの応用例として、画像などのデータ圧縮への応用もある。「データ圧縮」って、聞いたことがあるだろう？

生徒：JPEG とか MP3 などを知っています。

先生：まさに、その JPEG、MP3 の規格の1つに採用されている方式がフーリエ解析を応用する方法なんだ。

生徒：どういうことですか？

先生：考え方は簡単さ。音楽や映像の世界で、下図左のような信号が得られたとしよう。それをフーリエ解析し、周波数で表わしたのが下図右とする。多くの画像や音声の信号では、この右の図のように、高い周波数の部分が小さくなるんだ。ならば、その小さい部分をカットしても、全体の信号情報には大きな影響を与えない。そこで、この無視できる部分をカットして情報を縮約しようという技術が生まれる。それが JPEG や MP3 など、デジタル信号のデータ圧縮の考え方だ。

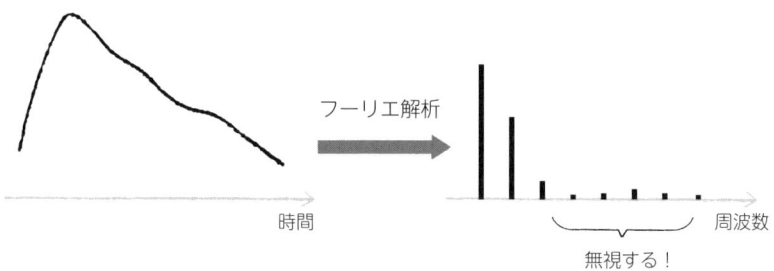

生徒：なるほど。意外な使い方がされているのですね。

先生：投資分析にも利用されているよ。たとえば、次の図はある年の A 社の株価の変動を示すローソクチャートだ。

生徒：見たことがあります。

先生：これも波のように揺れ動いているので、フーリエ解析の対象になる。この揺れが次のような波の和で表わされたとするよ。

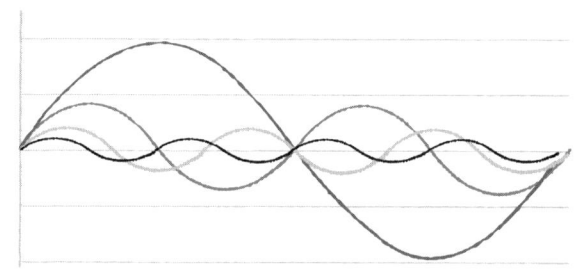

　　　株価変動が、このような「大波」と「さざ波」の和で常に表わせるなら、大波に神経を集中して投資を行なえば、大きな利益が得られるはずだ。

生徒：それは素敵ですね。

先生：まあ、あくまで「このような波の和で表わせる」という仮定の話だけれど。でも、経済に限らず、社会現象の多くは波動現象が現われる。この考え方で分析すると、また違った世界が見えることは確かだ。フーリエ解析が社会科学で利用される理由はここにあるんだよ。

生徒：面白いですね。

0-4 フーリエ解析で微分方程式を解く

フーリエ解析のアイデアは微分方程式を解く過程から生まれました。微分方程式の解法はいくつか知られていますが、フーリエ解析は強力な解法の武器となります。

先生：フーリエ解析の違った応用例を挙げてみよう。数学的な応用なので、身近というわけではない。しかし、電気や電子の分野では大変重要な応用だ。

生徒：どんなものですか？

先生：自然界や人間界のほとんどの現象を分析しようとするとき、それは**微分方程式**という形で表わされることが多い。

生徒：その方程式、よく見かけます。

先生：特に役立つのが**線形微分方程式**だ。

生徒：回路に流れる電流や、放送の電波などを記述するための方程式ですね。

先生：そうだ。これらの現象の基本は振動や波だ。波の立場から解析するのがフーリエ解析なのだから、当然、これらの微分方程式と相性がよい。

生徒：なるほど。

先生：微分方程式の解法は実際に例を見なければわかりにくいが、後で詳しく説明するから期待してほしい。

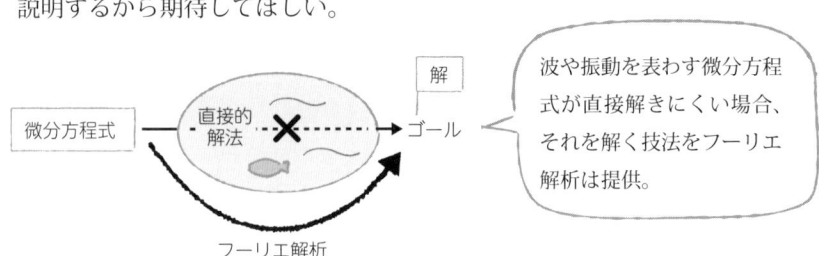

さらに、専門的な応用例を挙げてみよう。**線形応答理論**といって、これも電気や電子の分野では大変重要な応用だ。

生徒：むずかしそうな名称ですね。

先生：そんなことはない。自然界や人間界のほとんどの現象を分析しようとするとき、過激な変化でない限り、その変化の影響は**線形応答システム**で近似できる。これは、**「倍の刺激があれば倍の反応が生まれ、2つの刺激があればそれぞれが独立して反応する」**というシステムだ。「大きく打てば大きく響く」「複数の人の言い分を素直に取り入れる」といわれた、幕末明治に活躍した西郷隆盛のような性格を持つシステムだ。

生徒：人間的で面白いですね。

先生：このシステムを解析するための理論が線形応答理論なんだ。

生徒：なるほど……。

先生：この線形応答システムのモデルは大変役立つ。たとえば、地震が高層ビルに与える影響を調べる実験を考えてみよう。下図は、実際の**地震波**をビルに与える実験を表わしている。

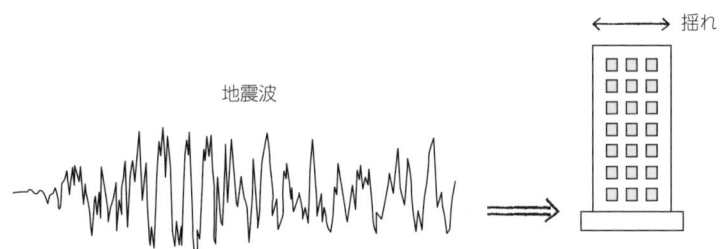

生徒：地震波って、複雑なんですね。

先生：ああ、いろいろな波形でビルを襲う。

生徒：すべての波について実験し、その影響を調べるのは大変なことですね。

先生：そうだ。第一、すべての波を調べることは不可能だ。

生徒：どうすればいいのでしょうか？

先生：それを解析する有名な手段が線形応答理論なんだよ。理想的な表現だが、**「ある時刻に一瞬の振動を与えてその影響を調べれば、すべての地震波に対する影響が数学的に求められる」**という理論だ。

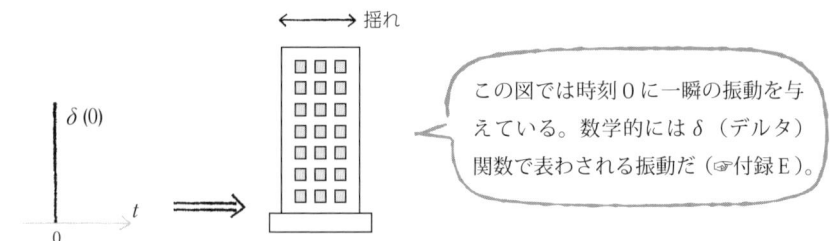

生徒：どんな複雑な地震波の影響も、その一瞬の振動の影響を調べれば求められるんですか？
先生：そうだ。もちろん、ビルを破壊するほどの振動は計算できないが。
生徒：面白い理論ですね。他にもわかりやすい例はありますか？
先生：そうだな、わかりやすいという意味においては、音響ホールの設計が挙げられる。たとえば、次の図に示すホールがあり、その中にピアノなどの音源が置かれているとしよう。すると、鑑賞席にどのように音が伝わるかは、部屋の形や壁の特性、天井の高さなどによって大きな影響を受け、複雑な計算になる。

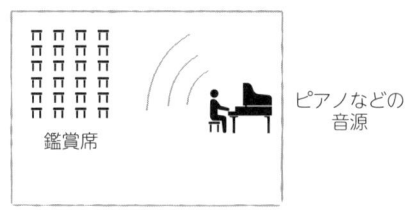

生徒：音源の種類なども影響しますものね。
先生：そうなんだ。しかし、音源から瞬間的に音を出し、それを観測すればよい。それだけで、あらゆる音の響きが理論上計算できる。音源としてピアノやバイオリンなどを持ってきて、いちいち実験する必要はないんだ。
生徒：それはありがたいですね。
先生：この数学的な扱いの基礎がフーリエ解析なんだ。
生徒：むずかしそうです。
先生：積分を用いて解説するから多少そう感じるかもしれない。でも、イメージさえつかめれば、大したことはない。
生徒：がんばります。

0-5 フーリエ解析はむずかしい？

「フーリエ解析は敷居が高い」といわれます。むずかしそうな式がたくさん出てくるからです。しかし、ベクトル的に理解するというコツをマスターすれば、理解し、応用するのは容易です。

生徒：ところで、先生。図書館に行って、何冊かフーリエ解析の本に目を通したのですが、むずかしい式がたくさん並んでいて、まったく理解できませんでした。やはり、理解するのはむずかしいのでしょうか？

先生：大丈夫。たしかにフーリエ解析はむずかしいといわれる。三角関数や複素指数関数、そしてそれらがミックスされた積分まで現われる。しかし、すべての分野がそうであるように、理解の仕方にはコツがある。**関数をベクトルとして見ればいい**。

生徒：関数をベクトルとして見る？　関数って、記号 $f(x)$ と書かれるあの関数ですか？

先生：そうだ。二次関数 $y = x^2$ のように、x が与えられると y が決定されるという、あの関数だ。

生徒：その関数を矢印で表わされるベクトルと見なすんですね？

先生：そう。次のような図を用いて、ベクトルの和や実数倍を習っただろう。

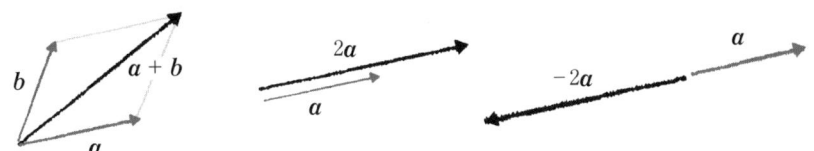

生徒：覚えています。

先生：高校生のときに習うベクトルは平面、すなわち、**2次元空間**のベクトルが主役だけれど、フーリエ解析のときは**関数空間**の中のベクトルとして関数を扱えばいい。

生徒：わかったような、わからないような……。

先生：関数空間は関数で埋め尽くされた空間だ。1つの関数はその中の1点と捉えられる。その1点を指し示す矢をベクトルと考えるんだ。

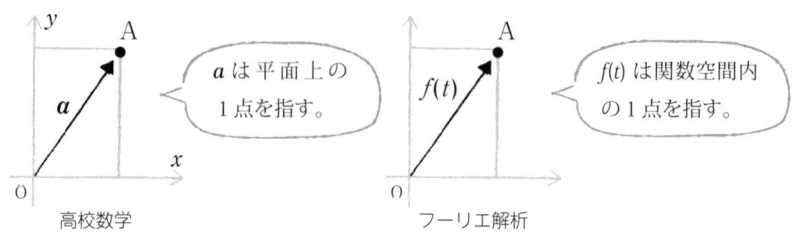

生徒：たしかにイメージはできます。

先生：高校のときに習うベクトルの知識はそのままこの関数空間で使える。ただし、高校のときに習うベクトルと違うところがある。それは**内積**が積分の形をしているところだ。

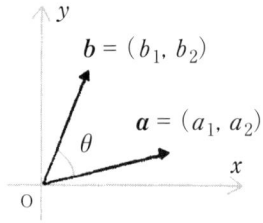
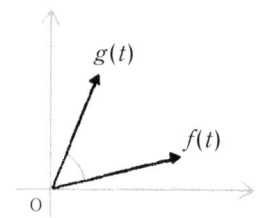

a と b の内積 $= |a||b|\cos\theta$
$\phantom{a\text{と}b\text{の内積}} = a_1 b_1 + a_2 b_2$

$f(t)$ と $g(t)$ の内積 $= \int_a^\beta f(t)g^*(t)dt$
（a, β は定数、$*$ は共役な複素数（☞付録A））

生徒：違いはそれだけですか？

先生：計算上の違いはそれだけだ。だから、フーリエ解析に現われる式はすべて平面のベクトルと同じように解釈できる。

生徒：ピンとこないですが……。

先生：大丈夫。慣れればむずかしいことはない。本書の解説では、この2次元（すなわち、平面）のベクトルのイメージを使う。期待してほしいな。

生徒：期待しています！

0-6 フーリエ解析のために必要な知識

フーリエ解析は数学的にむずかしいといわれます。しかし、**基本は高校2年生までの数学の知識**です。ここでは、フーリエ解析を理解するための道具の確認をしましょう。

生徒：フーリエ解析の参考書には $\int_{-\infty}^{\infty} f(t)e^{-i\omega t}\, dt$ などのような、むずかしそうな数式がたくさん載っていて、理解できそうにありません。

先生：前にも述べたように、フーリエ解析では、「**2つの関数をかけた積分は2つのベクトルの内積を表わす**」と解釈できる。だから、一つひとつの関数や積分計算がわからなくても、概要は理解できる。細かいことは気にする必要はない。

生徒：そうはいっても……。

先生：では、これからフーリエ解析について話を始める前に、どんな知識が必要になるか確認しよう。でも、一つひとつがわからないからといって、あまり気にする必要はないよ。

生徒：高校生のときに勉強をサボったので、まとめてもらえればうれしいです。

先生：まず、波が主役の分野だから、**三角関数**の知識が必要だ（☞ 1-1）。

生徒：公式ばかり多くて、苦手でした。こんなところで再度お世話になるとは……。

先生：角度は**弧度法**で測るのが普通なので、注意しよう。弧度法とは、1周の角を 2π とする角度の単位のことだ。

生徒：先ほど、先生は「ベクトルの内積」と言われましたが、そのへんもすでに忘れてしまいました。

先生：フーリエ解析はベクトルの観点から見るとすぐに理解できる。だから、ベクトルの基礎知識は必須だ（☞付録 D）。ちなみに、実際の計算では、ベクトルと切り離せないのが**行列**だ（☞付録 G）。

生徒：「積分は内積を表わす」と繰り返されましたが、高校の授業では「積分

は面積を表わす」と習いました。どちらが正しいのですか？
先生：両方とも正しい。1つの式がいろいろと解釈できるのが面白いところだ。統計学などでは「面積」と解釈したほうが理解しやすい。フーリエ解析では「内積」と解釈したほうが理解しやすい。
生徒：でも、面積と内積はずいぶん意味が違うと思うのですが……。
先生：積分を内積と解釈できなくしている理由は、高校の数学の教科書に原因がある。積分の本来の出発点は**区分求積法**なんだ。これを高校の教科書はしっかり教えていない。しかし、この区分求積法のイメージがあれば、積分が内積であることがすぐにわかる（☞付録B）。
生徒：わかりました。
先生：フーリエ解析を理解するには、さらに**複素数**の基本的な知識が要る（☞付録A）。
生徒：フーリエ解析は音や電波など、現実の波の世界の記述ですよね。どうしてバーチャルな世界を記述する複素数が必要になるんですか？
先生：いい質問だ。でも、理由は簡単だ。数学的にシンプルになるからだ。
生徒：シンプル？
先生：そう。たとえば、sinとcosは微分や積分すると形を変えるが、**指数関数** e^t は形を変えない。

$$(\sin t)' = \cos t \qquad (\cos t)' = -\sin t \qquad (e^t)' = e^t$$

ところで、sinとcos、指数関数を結ぶ強力な公式を紹介しよう。**オイラーの公式**だ（☞付録A）。

$$e^{it} = \cos t + i\sin t \quad (i は虚数単位)$$

この公式があるために、sinとcosの計算を指数関数で代用できる。いま述べたように、指数関数は計算が簡単だ。オイラーの公式は私たちを虚数の世界に引きずり込む代償として、式を簡単にするという恩恵を提供してくれるんだ。
生徒：複素数を利用するのは便利さだけなんですか？
先生：実をいうと、それだけとは言い切れない。たとえば、**ラプラス変換**では、複素数の世界でないと積分計算できないものにも遭遇する（☞第3章）。

生徒：複素数の積分？　むずかしそうですね。

先生：理論としては複素数の積分が必要なときがある。しかし、実際にはその計算をすることは稀だ。それを回避させてくれる公式があるからね。

生徒：それはありがたいです。

先生：まあ、心配しないでいいよ。フーリエ解析は多くの人が使いこなしている。非常にむずかしい理論なら、そんなに普及しないはずだ。安心してほしい。

生徒：では、がんばって、これからの話を聞くことにします。

先生：もし心配なら、フーリエ解析を理解するために必須の数学的知識について、巻末の付録にまとめておいたので、先に目を通しておくといい。じゃあ、始めようか！

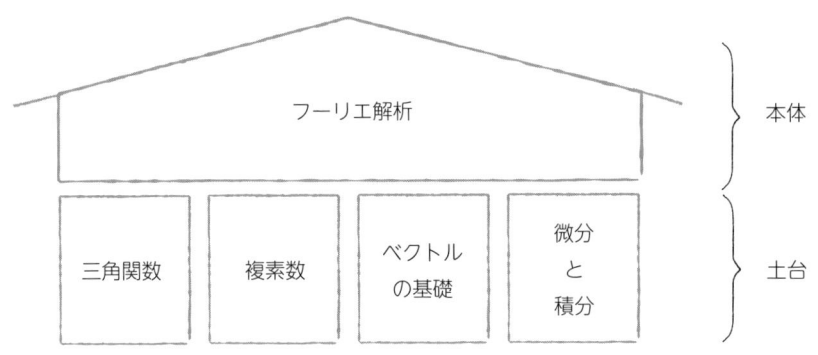

フーリエ解析の理論構成

第1章
フーリエ級数

フーリエ級数の理論はフーリエ解析の入り口に位置します。「関数が三角関数の和で表わせる」、すなわち「グラフが正弦波の重ね合わせで表わせる」という不思議な理論です。その仕組みを説明します。

第1章のガイダンス

先生：まず、**フーリエ級数**の理論から説明する。

生徒：よく聞く言葉ですが、「フーリエ」とか「級数」って何ですか？

先生：**フーリエ**は学者の名だ（☞ P.62）。また、**級数**とは数や関数の列を無限に加え合わせたものをいう。

生徒：どんな理論なんですか？

先生：関数がある値の倍数の周波数を持つ**正弦**（sin）と**余弦**（cos）の波、すなわち**正弦波**に分解されると主張する理論だ。

生徒：意味がわかりませんが。

先生：図に示してみよう。次の図のように、どんな関数 $f(t)$ も正弦波に分解されるんだ。

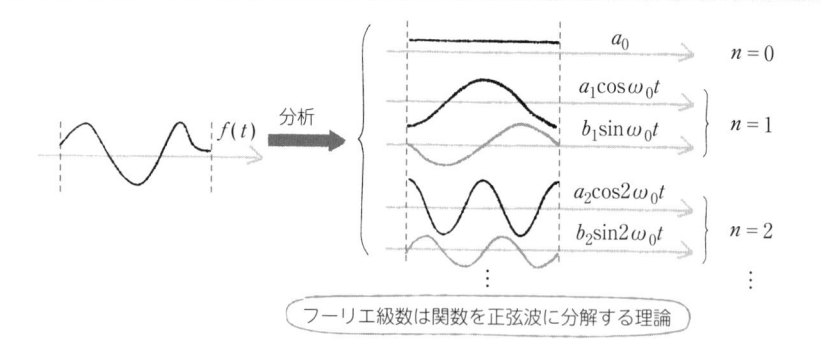

フーリエ級数は関数を正弦波に分解する理論

生徒：なるほど、不思議な理論ですね。

先生：次のように式で書くと、より具体的に意味がわかるかもしれない。ここで $f(t)$ はフーリエ級数で表わしたい関数、また、$\omega_0, a_0, a_1, a_2, \cdots, b_1, b_2, \cdots$ はその関数から決められる定数だ。

$$f(t) = a_0 + a_1\cos\omega_0 t + b_1\sin\omega_0 t + a_2\cos 2\omega_0 t + b_2\sin 2\omega_0 t + \cdots \quad \cdots(1)$$

生徒：$\omega_0, 2\omega_0, \cdots$ は何ですか？

先生：**角周波数**と呼ばれる値だ。定数 ω_0 の自然数倍になっていることに注意してほしい。

生徒：「角周波数」って、物理で習う言葉ですね。

先生：そう、フーリエ解析は熱や波動の研究から出発している。だから、解説

には物理的な言葉がよく利用される。

生徒：物理は苦手なんです……。

先生：物理の言葉がよく利用されるといっても、基本用語だけだ。「周期」とか「周波数」など、波に関係する基本用語さえ知っていれば問題はない。

生徒：でも、(1)のように表わすことが何の役に立つんですか？

先生：変化や変動を扱う分野の分析には、(1)の表現が必須のツールになる。固有の角周波数 $\omega_0, 2\omega_0, 3\omega_0, \cdots$ を持つ正弦波に分解するということは、関数 $f(t)$ を周波数の世界から見るということだ。すなわち、現象を新たな切り口から観測する手段を提供してくれるんだ。

生徒：新たな世界が開かれるのですね。でも、理解するのがむずかしそう！

先生：そんなことはない。高校生のときに習った平面や空間のベクトルからの類推で、簡単にイメージがつかめる。

生徒：本当ですか？

先生：1つの点として関数 $f(t)$ を捉えると、原点からこの点に向かう矢印が空想できる。この矢印（すなわち、**ベクトル**）を、これもまたベクトルと見なした関数 sin と cos で表わしたのがフーリエ級数だ。また、**複素フーリエ級数**も同様に直観的に理解できる。

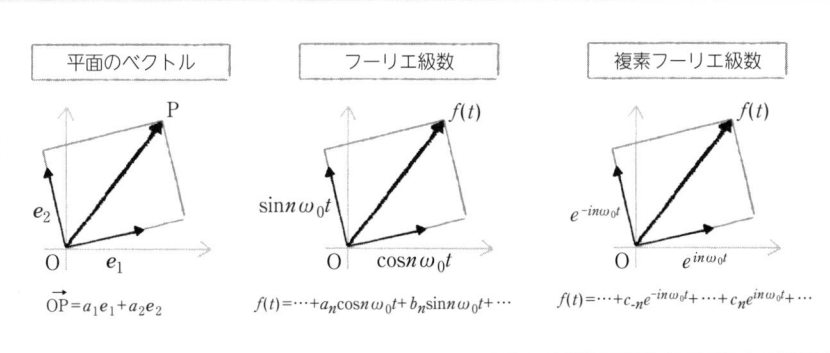

生徒：何かチンプンカンプンですが……。

先生：どんな理論も、初めは理解するのは大変だ。しかし、読み進めていくうちに慣れていく。これから話を始めるので、しっかり理解しよう。

生徒：がんばります。

1-1 フーリエ解析で利用される「波の言葉」

フーリエ解析の基本スタンスは波の立場で物事を見ようということ。そこで、説明には波の言葉が利用されます。フーリエ解析の話を始める前に、「周波数」「周期」など、波に関する基本用語を理解しましょう。

波の2つの捉え方

普段の生活で「**波**」と表わすものには2種類あります。一つは**空間的に捉える波**で、まさに波の形そのもの。そして、もう一つは**時間的に捉える波**で、振動やリズムと言い換えることもできます。この2者の波には、説明のために別々の言葉が与えられているものがあります。

空間的に捉える波

波を写真に撮ったとしましょう。このとき写された波の形が「波」と呼ばれるものです。これが空間的に捉えた波です。いろいろな波の形がありますが、共通するのは「**一定の間隔で同じ形が繰り返されている**」ことです。下図は池の水面の波ですが、典型的な「波」を表わしています。

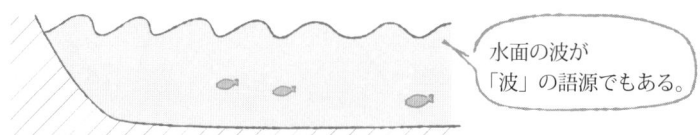

水面の波が「波」の語源でもある。

空間的に捉えた波を数学的に記述するには、横軸に**位置**（多くの場合 x 軸）をとります。下図は、上図の池の波を座標 x で眺めています。

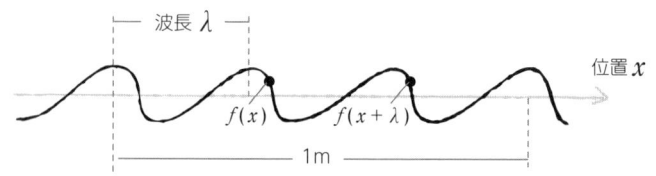

このような波の形は位置 x の関数で表わされます。この関数の特徴を最もよく表わすのが**波長**です。波を構成する最小パターンの幅です。ギリシャ文字 λ（ラムダ）で表わされるのが普通です。

(注1) λ はローマ字の l。長さ（length）の頭文字である。

先の図を見ればわかりますが、波の変位を表わす関数 $f(x)$ は次の関係を満たします。

$$f(x + \lambda) = f(x) \quad \cdots (1)$$

この式を満たす関数を一般的に周期 λ の**周期関数**と呼びます。

また、2π の長さに含まれる波の最小パターンの個数を**波数**といいます。ローマ字 k で表わされるのが普通です。すなわち、

$$k = \frac{2\pi}{\lambda} \quad \cdots (2)$$

(注2) 33ページの(6)式に示した角周波数との対応を意識して、多くの文献ではこのように定義している。ただし、「λ の逆数」を波数と呼ぶ文献もある。

前の図の波では、これらは次の値になります。

$$\lambda = \frac{1}{3} \quad （単位：メートル） \qquad k = 2\pi \div \frac{1}{3} = 6\pi \quad （単位：\frac{1}{メートル}）$$

時間的に捉える波

心電図を例にして考えてみましょう。心臓のリズムの波は直接写真に撮れず、目には見えません。しかし、**時刻** t を変数にした関数としてグラフにすれば、下図のように示すことができます。これが心電図です。

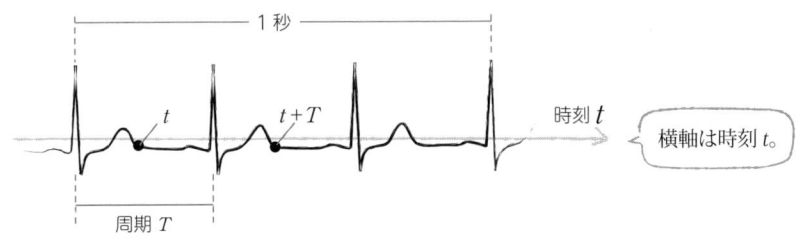

このように、波を時間軸から見るとき、「波長」は別の呼び名で呼ばれます。

周期です。ローマ字 T で表わされるのが一般的です。前ページの図を見ればすぐわかりますが、この波を表わす関数 $f(t)$ は次の関係を満たします。

$$f(t + T) = f(t) \quad \cdots (3)$$

この(3)式を満たす関数を、一般的に周期 T の**周期関数**と呼びます（この呼び名は「空間的に捉える波」と同じです）。

また、単位時間に含まれる周期 T の個数、すなわち単位時間に含まれる波の最小パターンの個数を**周波数**と呼びます。これは**振動数**とも呼ばれます。単位時間に何回振動するかを表わすからです。ギリシャ文字 ν（ニュー）で表わされるのが一般的です。

先ほどの心電図の波では、これらは次の値になります。

$$T = \frac{1}{3} \quad (単位：秒) \qquad \nu = 3 \quad (単位：\frac{1}{秒})$$

この例からもわかるように、周期 T と周波数 ν は次の関係で結ばれています。

$$\nu = \frac{1}{T} \quad \cdots (4)$$

後に、フーリエ変換後の空間を**周波数領域**と呼びますが（☞ P.70）、周波数は以上のような意味を持ちます。

角周波数

フーリエ解析の基本は、与えられた関数を**正弦波**で表わすことです。正弦波とは sin や cos で表わされる波のことですが、円と深く関係します。すなわち、中心が原点 (O)、半径が 1 の円において、x 軸とのなす角が θ である場合、半径 OP（**動径**と呼びます）の先端 P の座標を (x, y) とすると、sin や cos は次のように定義されます。

$$x = \cos \theta \qquad y = \sin \theta$$

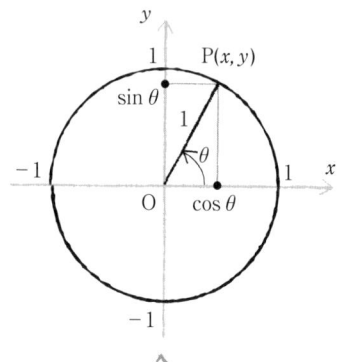

半径 1 の円において、角 θ を表わす半径の先端 P の x 座標が $\cos \theta$ で、y 座標が $\sin \theta$。

ここで、θを動的に捉えてみましょう。動径 OP が単位時間に進む角を**角周波数**（または**角振動数**）といい、通常 ω（オメガ）で表わします。x 軸から動径がスタートすると仮定すると、次の関係が生まれます。

$\theta = \omega t$

このとき、$\sin \omega t$、$\cos \omega t$ を角周波数 ω の「正弦波」と呼びます。

1 周は 2π なので、角周波数 ω で動径が回転するとき、その動径は単位時間に $\frac{\omega}{2\pi}$ 回だけ円を回ります。ところで、動径 OP が円を 1 周すると、正弦波 $\sin \omega t$、$\cos \omega t$ は 1 振動します。そこで、単位時間には $\frac{\omega}{2\pi}$ 振動することになります。このことから、次の関係が成立することがわかります。ν を振動数として、

$$\nu = \frac{\omega}{2\pi} \quad （すなわち、\omega = 2\pi \nu） \quad \cdots(5)$$

下図は $\omega = 4\pi$（すなわち、1 秒間に動径が 2 周）の場合を示しています。

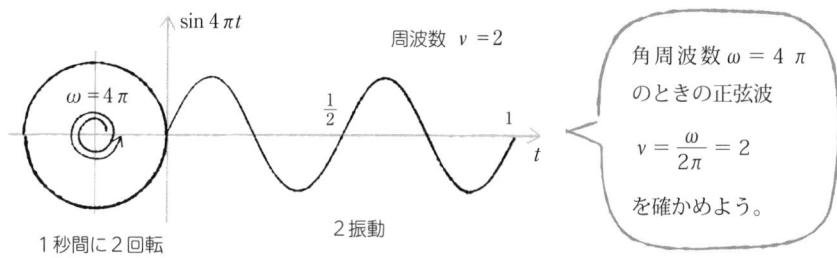

角周波数 $\omega = 4\pi$ のときの正弦波
$\nu = \frac{\omega}{2\pi} = 2$
を確かめよう。

(4)(5)から、正弦波 $\sin \omega t$、$\cos \omega t$ の角周波数 ω は周期 T と次の関係で結ばれます。

$$\omega = \frac{2\pi}{T} \quad \cdots(6)$$

まとめ

波に関する用語と公式をまとめました。フーリエ解析でよく利用されるものばかりなので、波のイメージと合わせて理解しておく必要があります。

1-2 フーリエ級数の公式

 フーリエ級数の公式と、その具体例を見てみましょう。有限区間で定義された関数が正弦波の和で表わせるという面白い公式です。

フーリエ級数の理論

$-\dfrac{T}{2} \leqq t \leqq \dfrac{T}{2}$ で定義された関数 $f(t)$ を考えましょう。

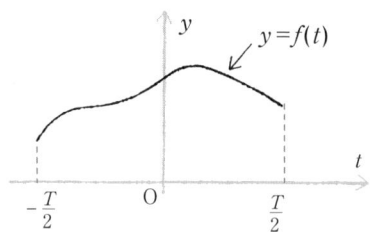

> フーリエ級数の理論は有限区間で定義された関数、または周期関数を対象にする。最初は、左図のようなグラフを持つ関数を考える。

この関数 $f(t)$ が次のように正弦波の和で表わせることを示したのが次の**フーリエ級数**(1)です。

$$f(t) = a_0 + (a_1\cos\frac{2\pi t}{T} + b_1\sin\frac{2\pi t}{T}) + (a_2\cos\frac{4\pi t}{T} + b_2\sin\frac{4\pi t}{T})$$
$$+ (a_3\cos\frac{6\pi t}{T} + b_3\sin\frac{6\pi t}{T}) + \cdots + (a_n\cos\frac{2n\pi t}{T} + b_n\sin\frac{2n\pi t}{T}) + \cdots \quad \cdots(1)$$

係数 $a_0, a_1, a_2, \cdots, a_n, \cdots, b_1, b_2, \cdots, b_n, \cdots$ を**フーリエ係数**といいます。そして、このように関数をフーリエ級数で表わすことを、その関数の**フーリエ級数展開**と呼びます。

(注1) 式(1)の形は文献によって異なることに注意（☞ P.41）。

(注2) 定義区間は $-\dfrac{T}{2} \leqq t \leqq \dfrac{T}{2}$ である必要はない。区間幅が T であれば、この公式は成立する。

このフーリエ級数(1)のイメージをグラフに示しましょう。関数が特定の角周波数を持つ正弦波に分解できることを表わしています。

$y = f(t)$ のグラフと各成分

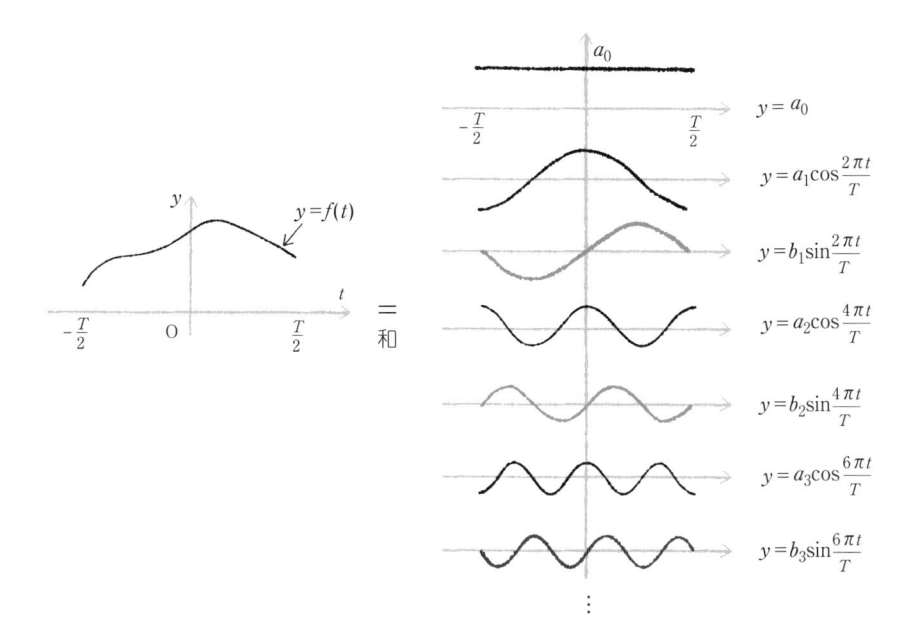

$y = a_0$
$y = a_1\cos\dfrac{2\pi t}{T}$
$y = b_1\sin\dfrac{2\pi t}{T}$
$y = a_2\cos\dfrac{4\pi t}{T}$
$y = b_2\sin\dfrac{4\pi t}{T}$
$y = a_3\cos\dfrac{6\pi t}{T}$
$y = b_3\sin\dfrac{6\pi t}{T}$

(1)のフーリエ係数 $a_0, a_1, a_2, \cdots, b_1, b_2, \cdots$ を求める公式を示します。

$-\dfrac{T}{2} \leqq t \leqq \dfrac{T}{2}$ で定義された関数 $f(t)$ のフーリエ係数 a_n, b_n は次のように算出される。n は自然数として、

$$a_0 = \dfrac{1}{T}\int_{-\frac{T}{2}}^{\frac{T}{2}} f(t)dt \qquad a_n = \dfrac{2}{T}\int_{-\frac{T}{2}}^{\frac{T}{2}} f(t)\cos\dfrac{2n\pi t}{T}dt$$

$$b_n = \dfrac{2}{T}\int_{-\frac{T}{2}}^{\frac{T}{2}} f(t)\sin\dfrac{2n\pi t}{T}dt$$

$\cdots$(2)

以上の公式(1)(2)の導出法については後の節（☞ 1-5）で説明します。

例を見てみよう

論より証拠です。まずは(1)(2)の正しさを実感してください。

〔**例題1**〕次の関数 $f(t)$ をフーリエ級数で表わせ。

$$f(t) = \begin{cases} 0 & (-\pi \leq t < 0) \\ 1 & (0 \leq t \leq \pi) \end{cases}$$

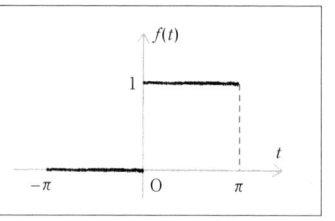

（**解**）34ページの公式(1)の T には 2π が当てはまります。よって、次の式が得られます。

$f(t) = a_0 + (a_1\cos t + b_1\sin t) + (a_2\cos 2t + b_2\sin 2t) + \cdots$
$\quad + (a_n\cos nt + b_n\sin nt) + \cdots$

フーリエ係数は前ページの公式(2)の T に 2π を代入して算出されます。

$$a_0 = \frac{1}{2\pi}\int_{-\pi}^{\pi} f(t)dt = \frac{1}{2\pi}\int_0^{\pi} dt = \frac{1}{2}$$

$$a_n = \frac{2}{2\pi}\int_{-\pi}^{\pi} f(t)\cos nt\, dt$$

$$= \frac{1}{\pi}\int_0^{\pi} \cos nt\, dt = \frac{1}{\pi}\left[\frac{\sin nt}{n}\right]_0^{\pi} = 0$$

$$b_n = \frac{2}{2\pi}\int_{-\pi}^{\pi} f(t)\sin nt\, dt = \frac{1}{\pi}\int_0^{\pi} \sin nt\, dt$$

$$= \frac{1}{\pi}\left[-\frac{\cos nt}{n}\right]_0^{\pi} = \frac{1-(-1)^n}{n\pi}$$

積分の加法性を利用

$$\int_a^b f(x)dx = \int_a^c f(x)dx + \int_c^b f(x)dx$$

$\sin n\pi = 0$（n は自然数）を利用

$\cos n\pi = (-1)^n$（n は自然数）を利用

こうして、$f(t)$ のフーリエ級数展開が得られます。

$$f(t) = \frac{1}{2} + \frac{2}{\pi}\sin t + \frac{2}{3\pi}\sin 3t + \frac{2}{5\pi}\sin 5t + \cdots$$
$$\quad + \frac{2}{(2m-1)\pi}\sin(2m-1)t + \cdots \textbf{(答)}$$

上記（答）の式で、m が20までの項の和を数値計算で求め、グラフを描く。20項までの和でも、ほぼ元の関数を再現している。

フーリエ係数は時間領域から周波数領域へのマッピング

波の言葉でフーリエ級数を考えてみましょう。34 ページの(1)の中の次の関数が、フーリエ級数の和を構成する基本関数系です。

$$1, \sin\frac{2n\pi t}{T}, \cos\frac{2n\pi t}{T} \quad (n は自然数)$$

これらは周波数 $\nu_n = \dfrac{n}{T}$（角周波数 $\omega_n = \dfrac{2n\pi}{T}$）の正弦波です（☞ P.32～33）。すると、フーリエ級数(1)は関数 $f(t)$ を周波数 ν_n（角周波数 ω_n）の正弦波に分解していることになります。関数 $f(t)$ がどのような周波数成分でできているかを定量的に示してくれるのです。

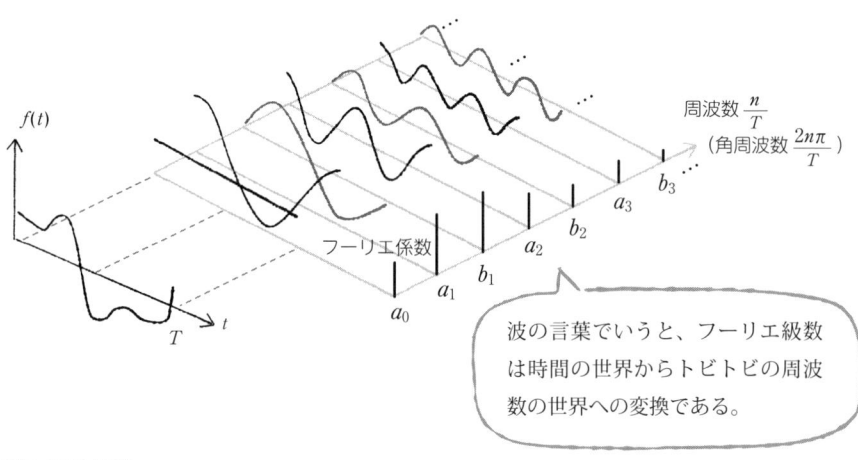

波の言葉でいうと、フーリエ級数は時間の世界からトビトビの周波数の世界への変換である。

まとめ

フーリエ級数の公式(1)(2)とその実例を説明しました。関数が三角関数の和で表わされるという意味が理解できたと思います。

〔memo〕フーリエ級数のパーセバルの等式

34 ページのフーリエ級数の公式(1)から、次の関係が簡単に導き出せます。

$$\int_{-\frac{T}{2}}^{\frac{T}{2}} \{f(t)\}^2 dt = Ta_0^2 + \frac{T}{2}\{(a_1^2 + b_1^2) + (a_2^2 + b_2^2) + (a_3^2 + b_3^2) + \cdots\}$$

これをフーリエ級数における**パーセバルの等式**と呼びます。これは関数 $f(t)$ を三角関数の和で表わしたときに、情報に漏れがないこと（これを**完備性**といいます）を示しています。

1-3 周期関数のときのフーリエ級数

フーリエ級数は変動現象を主な分析対象にしますが、多くの変動は波の特徴を持ちます。ところで、波は周期関数で表わされます。この周期関数をフーリエ級数で表わす方法を紹介しましょう。

フーリエ級数の公式を正弦波から見る

前節（☞1-2）では、区間幅 T で定義された関数 $f(t)$ を正弦波の和で表わしました。ところで、その正弦波を表わす三角関数は「有限」の範囲に限るものではありません。そこで、この有限という範囲制限を解除したら、フーリエ級数はどんな関数を表わすでしょうか？

答えは簡単です。フーリエ級数を構成する三角関数は区間幅 T だけずらしても、同じ値をとります。すなわち、フーリエ級数は周期 T の周期関数を表わすのです。

$$\text{フーリエ級数} = a_0 + (a_1\cos\frac{2\pi t}{T} + b_1\sin\frac{2\pi t}{T}) + (a_2\cos\frac{4\pi t}{T} + b_2\sin\frac{4\pi t}{T}) + \cdots$$

周期 T の周期関数になる！

すると、フーリエ級数は周期 T の関数 $f(t)$ を表わすことになります。すなわち、前節（☞1-2）で見たフーリエ級数は T を周期とする周期関数にも、そのまま適用できるのです。

関数 $f(t)$ が周期 T の周期関数のとき、$f(t)$ は次のように表わされる。

$$f(t) = a_0 + (a_1\cos\frac{2\pi t}{T} + b_1\sin\frac{2\pi t}{T}) + (a_2\cos\frac{4\pi t}{T} + b_2\sin\frac{4\pi t}{T})$$
$$+ (a_3\cos\frac{6\pi t}{T} + b_3\sin\frac{6\pi t}{T}) + \cdots + (a_n\cos\frac{2n\pi t}{T} + b_n\sin\frac{2n\pi t}{T}) + \cdots \quad \cdots(1)$$

ここでフーリエ係数 a_0, a_n, b_n（n は自然数）は次のように算出される。

$$a_0 = \frac{1}{T}\int_{-\frac{T}{2}}^{\frac{T}{2}} f(t)dt \qquad a_n = \frac{2}{T}\int_{-\frac{T}{2}}^{\frac{T}{2}} f(t)\cos\frac{2n\pi t}{T} dt \qquad b_n = \frac{2}{T}\int_{-\frac{T}{2}}^{\frac{T}{2}} f(t)\sin\frac{2n\pi t}{T} dt \cdots (2)$$

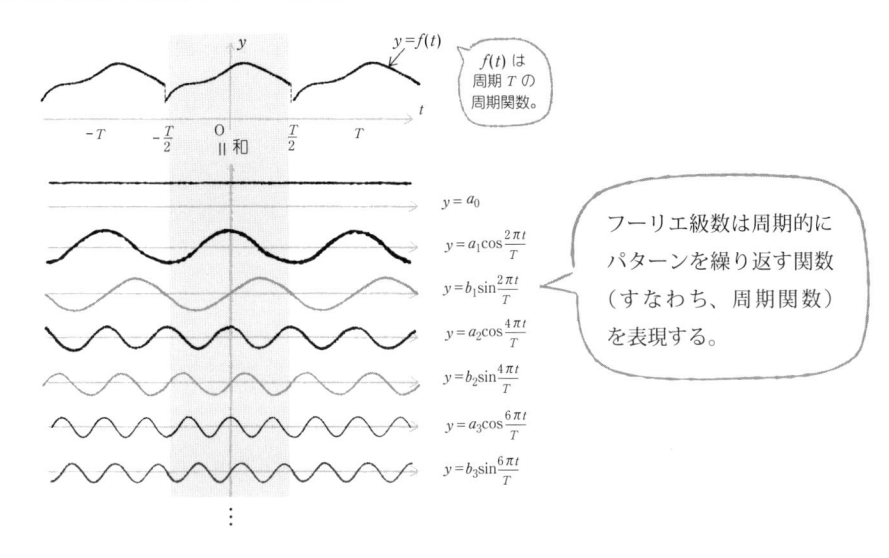

$f(t)$ は周期 T の周期関数。

フーリエ級数は周期的にパターンを繰り返す関数（すなわち、周期関数）を表現する。

〔**例題2**〕次の関数 $f(t)$ をフーリエ級数で表わせ。

$$f(t) = \begin{cases} 0 & ((2n-1)\pi \leqq t < 2n\pi) \\ 1 & (2n\pi \leqq t < (2n+1)\pi) \end{cases} \quad (n\text{ は整数})$$

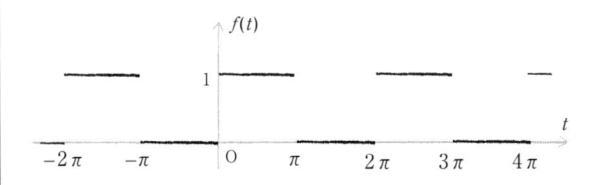

(**解**) この例題は 36 ページの〔**例題1**〕の関数を周期関数に拡張したものです。利用する公式(1)(2)は同じです。そこで、フーリエ係数の値も同じになります。

$$a_0 = \frac{1}{2} \qquad a_n = 0 \qquad b_n = \frac{1-(-1)^n}{n\pi}$$

これらをフーリエ級数の公式(1)に代入して、次のように $f(t)$ が表わされます。

$$f(t) = \frac{1}{2} + \frac{2}{\pi}\sin t + \frac{2}{3\pi}\sin 3t + \frac{2}{5\pi}\sin 5t + \cdots + \frac{2}{(2m-1)\pi}\sin(2m-1)t + \cdots \textbf{(答)}$$

当然ですが、利用した公式が同じ形なので、得られた（答）の式も36ページの〔**例題1**〕と同じになります。下図は、この（答）の m が20までの項の和をグラフに描いたものです。

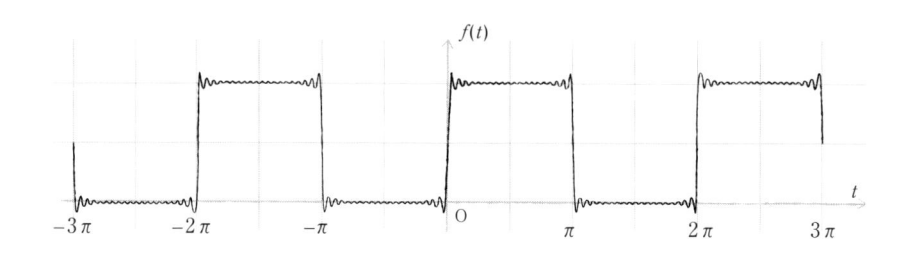

> 上記（答）の式で、m が20までの項の和を数値計算で求め、グラフを描いた。36ページの〔**例題1**〕の（答）と比較してみよう。

まとめ

フーリエ級数の公式は、定義区間が限定された関数以外に、周期関数にもそのまま適用できます。

〔memo〕不連続な点におけるフーリエ級数の値 ─────────

前ページの〔**例題2**〕の数値計算のグラフ（上のグラフ）を見てみましょう。不連続の箇所では、ちょうど真ん中をグラフが通っていることに気づきます。これは偶然ではなく、常に成立します。$f(t)$ が $t = a$ で不連続のとき、フーリエ級数の値は次の値に収束します。

$$\frac{f(a-0) + f(a+0)}{2}$$

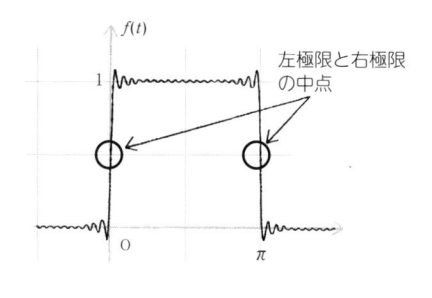

左極限と右極限の中点

（注）関数 $f(t)$ において、$f(a-0)$ は $t = a$ の左極限値、$f(a+0)$ は $t = a$ の右極限値を表わす。

1-4 フーリエ級数の公式の別の形

フーリエ級数の公式は文献によってさまざまな形があります。本質は前節（☞ 1-2・1-3）で見た公式と同じですが、外見が多少異なるので、いくつか紹介しましょう。

定数項 a_0 を特別扱いしない公式

前節（☞ 1-2）の公式では、フーリエ係数の積分は定数項 a_0 を特別扱いしました。次のように a_0 を特別視しない積分公式を提供している文献もあります。

$-\dfrac{T}{2} \leqq t \leqq \dfrac{T}{2}$ で定義された関数 $f(t)$ は次のように表わせる。

$$f(t) = \frac{a_0}{2} + \left(a_1 \cos \frac{2\pi t}{T} + b_1 \sin \frac{2\pi t}{T}\right) + \left(a_2 \cos \frac{4\pi t}{T} + b_2 \sin \frac{4\pi t}{T}\right)$$
$$+ \left(a_3 \cos \frac{6\pi t}{T} + b_3 \sin \frac{6\pi t}{T}\right) + \cdots + \left(a_n \cos \frac{2n\pi t}{T} + b_n \sin \frac{2n\pi t}{T}\right) + \cdots$$

ただし、a_n, b_n は次のように算出される。n を 0 以上の整数として、

$$a_n = \frac{2}{T} \int_{-\frac{T}{2}}^{\frac{T}{2}} f(t) \cos \frac{2n\pi t}{T}\, dt \quad b_n = \frac{2}{T} \int_{-\frac{T}{2}}^{\frac{T}{2}} f(t) \sin \frac{2n\pi t}{T}\, dt$$

34〜35 ページの(1)(2)式との違いは定数項だけですが、上記の式は a_0 と a_n の積分の係数を統一するために、あえて a_0 を 2 で割っています。

角周波数を用いたフーリエ級数の公式

角周波数を利用することで、フーリエ級数は次のようにシンプルになります。

$-\dfrac{T}{2} \leqq t \leqq \dfrac{T}{2}$ で定義された関数 $f(t)$ は、$\omega_0 = \dfrac{2\pi}{T}$ を用いて次のように表わ

せる。

$$f(t) = a_0 + (a_1\cos\omega_0 t + b_1\sin\omega_0 t) + (a_2\cos2\omega_0 t + b_2\sin2\omega_0 t)$$
$$+ (a_3\cos3\omega_0 t + b_3\sin3\omega_0 t) + \cdots + (a_n\cos n\omega_0 t + b_n\sin n\omega_0 t) + \cdots \quad \cdots(1)$$

このとき、フーリエ係数は次のように算出される（n は自然数）。

$$a_0 = \frac{1}{T}\int_{-\frac{T}{2}}^{\frac{T}{2}} f(t)dt \quad a_n = \frac{2}{T}\int_{-\frac{T}{2}}^{\frac{T}{2}} f(t)\cos n\omega_0 t\,dt \quad b_n = \frac{2}{T}\int_{-\frac{T}{2}}^{\frac{T}{2}} f(t)\sin n\omega_0 t\,dt \quad \cdots(2)$$

周期 T の正弦波では、$\omega_0 = \dfrac{2\pi}{T}$ は角周波数を表わします。この公式の形は、ω_0 の倍数を角周波数に持つ正弦波の重ね合わせがフーリエ級数であることを表わしています。数学的に意味がわかりやすい公式の形です。

（注1）公式(1)(2)はこれまでのフーリエ級数の公式で、$\dfrac{2\pi}{T}$ を単純に ω_0 と置換して得られる。

定義域が $0 \leqq t \leqq T$ のフーリエ級数の公式

これまでは関数の定義区間を

$$-\frac{T}{2} \leqq t \leqq \frac{T}{2}$$

としました。しかし、区間 $0 \leqq t \leqq T$ で定義された関数を調べておくことも重要です（上図）。このとき、フーリエ級数の式は変わりません。

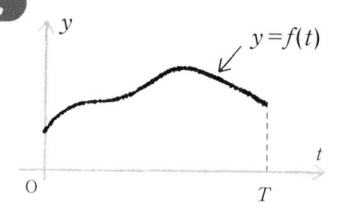

区間 $0 \leqq t \leqq T$ で定義された関数 $f(t)$ は次のように表わせる。

$$f(t) = a_0 + (a_1\cos\frac{2\pi t}{T} + b_1\sin\frac{2\pi t}{T}) + (a_2\cos\frac{4\pi t}{T} + b_2\sin\frac{4\pi t}{T})$$
$$+ (a_3\cos\frac{6\pi t}{T} + b_3\sin\frac{6\pi t}{T}) + \cdots + (a_n\cos\frac{2n\pi t}{T} + b_n\sin\frac{2n\pi t}{T}) + \cdots \quad \cdots(3)$$

このとき、フーリエ係数は次のように算出される（n は自然数）。

$$a_0 = \frac{1}{T}\int_0^T f(t)dt \quad a_n = \frac{2}{T}\int_0^T f(t)\cos\frac{2n\pi t}{T}dt \quad b_n = \frac{2}{T}\int_0^T f(t)\sin\frac{2n\pi t}{T}dt \quad \cdots(4)$$

（注2）34〜35ページの(1)(2)式の関数を平行移動し、置換積分すれば簡単に証明される。

〔例題3〕次の関数 $f(t)$ をフーリエ級数で表わせ。
$f(t) = t \quad (0 \leq t \leq \pi)$

(解) 公式(3)の T に π を代入して、
$f(t) = a_0 + (a_1\cos2t + b_1\sin2t) + (a_2\cos4t + b_2\sin4t)$
$\quad + \cdots + (a_n\cos2nt + b_n\sin2nt) + \cdots$

フーリエ係数は公式(4)から、次のように算出されます。

$a_0 = \dfrac{1}{\pi}\displaystyle\int_0^\pi t\,dt = \dfrac{1}{\pi}\left[\dfrac{1}{2}t^2\right]_0^\pi = \dfrac{\pi}{2}$

$a_n = \dfrac{2}{\pi}\displaystyle\int_0^\pi t\cos2nt\,dt$

$\quad = \dfrac{2}{\pi}\left\{\left[t\dfrac{\sin2nt}{2n}\right]_0^\pi - \displaystyle\int_0^\pi \dfrac{\sin2nt}{2n}dt\right\}$

$\quad = -\dfrac{2}{\pi}\left[-\dfrac{\cos2nt}{4n^2}\right]_0^\pi = 0$

部分積分の公式を利用
$\displaystyle\int_a^b u'v\,dx = \left[uv\right]_a^b - \displaystyle\int_a^b uv'\,dx$

三角関数の性質
$\cos2n\pi = \cos0 = 1$ （n は自然数）
を利用

$b_n = \dfrac{2}{\pi}\displaystyle\int_0^\pi t\sin2nt\,dt$

$\quad = \dfrac{2}{\pi}\left\{\left[t\left(-\dfrac{\cos2nt}{2n}\right)\right]_0^\pi - \displaystyle\int_0^\pi \left(-\dfrac{\cos2nt}{2n}\right)dt\right\}$

$\quad = \dfrac{2}{\pi}\left\{-\pi\dfrac{1}{2n} + \left[\dfrac{\sin2nt}{4n^2}\right]_0^\pi\right\} = -\dfrac{1}{n}$

上の部分積分の公式を利用

三角関数の性質
$\cos2n\pi = 1 \quad \sin2n\pi = 0$
（n は自然数）を利用

こうして、フーリエ級数の式が得られます。

$f(t) = \dfrac{\pi}{2} - \sin2t - \dfrac{1}{2}\sin4t - \dfrac{1}{3}\sin6t - \dfrac{1}{4}\sin8t - \cdots - \dfrac{1}{n}\sin2nt - \cdots$ **(答)**

$f(t)=t$ のグラフ

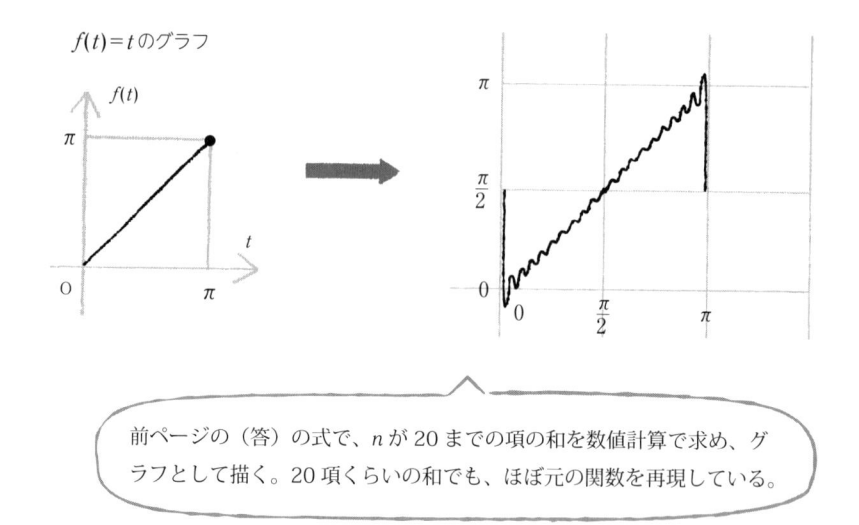

前ページの（答）の式で、n が 20 までの項の和を数値計算で求め、グラフとして描く。20 項くらいの和でも、ほぼ元の関数を再現している。

まとめ

文献によってフーリエ級数の公式は形が異なります。しかし、基本を理解していれば、さまざまな形に対応できます。

1-5 フーリエ級数の公式を導き出す

「関数は正弦波の和で表わせる」というのがフーリエ級数の理論です。この公式の意味をベクトル的に見ると、公式が簡単に理解できます。

フーリエ級数の理論

関数 $f(t)$ がどうして正弦波の和で表わされるかについて見てみましょう。ここでは、定義区間を $-\dfrac{T}{2} \leqq t \leqq \dfrac{T}{2}$ とし、数学的にシンプルな前節（☞ 1-4）のフーリエ級数の公式（☞ P.42 の(1)(2)式）を用いることにします。

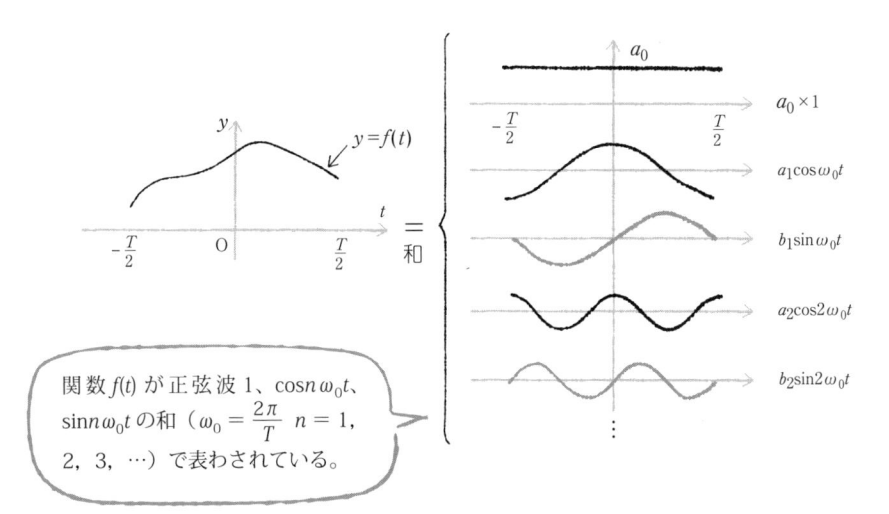

> 関数 $f(t)$ が正弦波 1、$\cos n\omega_0 t$、$\sin n\omega_0 t$ の和（$\omega_0 = \dfrac{2\pi}{T}$　$n = 1, 2, 3, \cdots$）で表わされている。

フーリエ級数の理論は**関数空間**で考えるとイメージが容易につかめます。関数空間では関数を空間の 1 点として捉えます。すると、その点を指し示すベクトルが「基底」と呼ばれる 1 組のベクトルの**一次結合**で表わされます（☞付録D）。この基底として次の関数セットを採用してみます。

$$1, \cos n\omega_0 t, \sin n\omega_0 t \quad \left(\omega_0 = \dfrac{2\pi}{T} \quad n = 1, 2, 3, \cdots\right) \quad \cdots(1)$$

前ページの(1)の一次結合で関数 $f(x)$ を表わしたのが**フーリエ級数**なのです。

$$f(t) = a_0 \times 1 + (a_1\cos\omega_0 t + b_1\sin\omega_0 t) + (a_2\cos 2\omega_0 t + b_2\sin 2\omega_0 t)$$
$$+ (a_3\cos 3\omega_0 t + b_3\sin 3\omega_0 t) + \cdots + (a_n\cos n\omega_0 t + b_n\sin n\omega_0 t) + \cdots \quad \cdots(2)$$

フーリエ級数はベクトルとして理解すれば単純な話です（下図）。

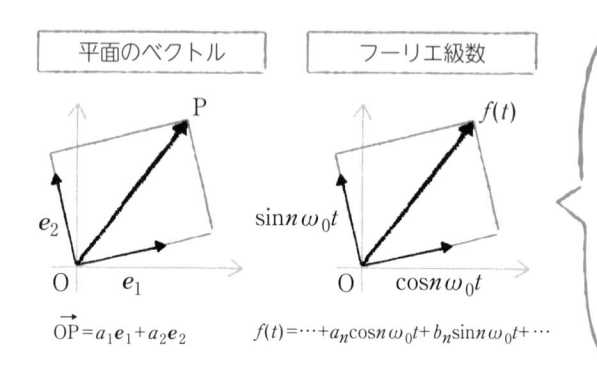

平面のベクトル	フーリエ級数

$\overrightarrow{OP} = a_1 e_1 + a_2 e_2$

$f(t) = \cdots + a_n \cos n\omega_0 t + b_n \sin n\omega_0 t + \cdots$

平面のベクトル $\overrightarrow{OP}$ は直交する基底 e_1, e_2 の一次結合で表わせる（左図）。これと同様に、関数空間の1点 $f(t)$ を直交する基底となる関数 1 , $\cos n\omega_0 t$, $\sin n\omega_0 t$ （n は自然数）で表わしたのがフーリエ級数(2)である。

フーリエ係数を求めよう

積分計算をすれば簡単にわかりますが、前ページの基底となる関数セット(1)は次の性質を持ちます。

$$\int_{-\frac{T}{2}}^{\frac{T}{2}} 1^2 \, dt = T \quad \int_{-\frac{T}{2}}^{\frac{T}{2}} \sin^2 n\omega_0 t \, dt = \int_{-\frac{T}{2}}^{\frac{T}{2}} \cos^2 n\omega_0 t \, dt = \frac{T}{2} \quad \cdots(3)$$

また、基底となる関数セット(1)は**直交性**と呼ばれる次の性質を持ちます（☞付録D）。

$$\int_{-\frac{T}{2}}^{\frac{T}{2}} \sin n\omega_0 t \, dt = \int_{-\frac{T}{2}}^{\frac{T}{2}} \cos n\omega_0 t \, dt = 0 \quad \cdots(4)$$

$$\left. \begin{array}{l} \int_{-\frac{T}{2}}^{\frac{T}{2}} \sin m\omega_0 t \cos n\omega_0 t \, dt = 0 \\ \int_{-\frac{T}{2}}^{\frac{T}{2}} \sin m\omega_0 t \sin n\omega_0 t \, dt = \int_{-\frac{T}{2}}^{\frac{T}{2}} \cos m\omega_0 t \cos n\omega_0 t \, dt = 0 \quad (m \neq n) \end{array} \right\} \cdots(5)$$

ここで、m, n は自然数とします。直交する基底を**直交基底**と呼びますが、

フーリエ級数(2)のフーリエ係数 a_0, a_n, b_n (n は自然数) の公式は、この直交性から簡単に導き出されます。

$-\dfrac{T}{2} \leqq t \leqq \dfrac{T}{2}$ で定義された関数 $f(t)$ のフーリエ係数 a_n, b_n は

$$a_0 = \frac{1}{T}\int_{-\frac{T}{2}}^{\frac{T}{2}} f(t)dt \quad a_n = \frac{2}{T}\int_{-\frac{T}{2}}^{\frac{T}{2}} f(t)\cos n\omega_0 t\, dt \quad b_n = \frac{2}{T}\int_{-\frac{T}{2}}^{\frac{T}{2}} f(t)\sin n\omega_0 t\, dt \quad \cdots(6)$$

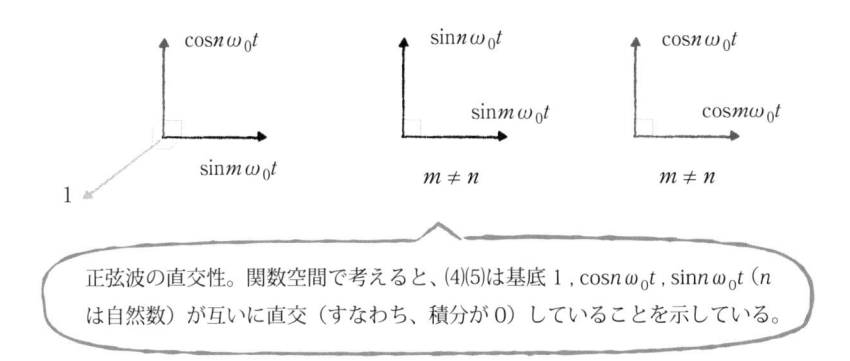

正弦波の直交性。関数空間で考えると、(4)(5)は基底 1, $\cos n\omega_0 t$, $\sin n\omega_0 t$ (n は自然数) が互いに直交（すなわち、積分が 0）していることを示している。

実際、このフーリエ係数の公式(6)は、性質(3)～(5)から簡単に得られます。フーリエ級数(2)の両辺に 1, $\sin n\omega_0 t$, $\cos n\omega_0 t$ をかけ、積分すればよいのです。たとえば、フーリエ級数(2)の両辺に $\cos n\omega_0 t$ をかけてみましょう。

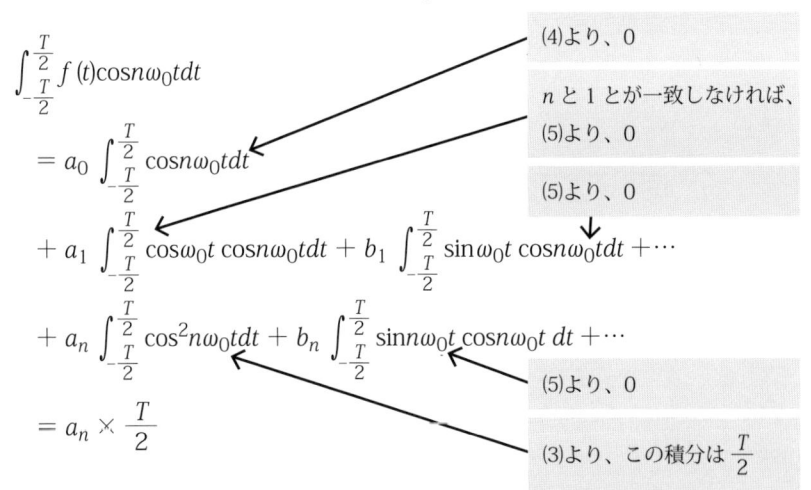

$$\int_{-\frac{T}{2}}^{\frac{T}{2}} f(t)\cos n\omega_0 t\, dt$$

$$= a_0 \int_{-\frac{T}{2}}^{\frac{T}{2}} \cos n\omega_0 t\, dt$$

$$+ a_1 \int_{-\frac{T}{2}}^{\frac{T}{2}} \cos\omega_0 t \cos n\omega_0 t\, dt + b_1 \int_{-\frac{T}{2}}^{\frac{T}{2}} \sin\omega_0 t \cos n\omega_0 t\, dt + \cdots$$

$$+ a_n \int_{-\frac{T}{2}}^{\frac{T}{2}} \cos^2 n\omega_0 t\, dt + b_n \int_{-\frac{T}{2}}^{\frac{T}{2}} \sin n\omega_0 t \cos n\omega_0 t\, dt + \cdots$$

$$= a_n \times \frac{T}{2}$$

(4)より、0

n と 1 とが一致しなければ、(5)より、0

(5)より、0

(5)より、0

(3)より、この積分は $\dfrac{T}{2}$

こうして、(6)に示した公式の 1 つが導き出されます。

$$a_n = \frac{2}{T} \int_{-\frac{T}{2}}^{\frac{T}{2}} f(t) \cos n\omega_0 t\, dt$$

前ページのフーリエ係数の公式(6)の他の公式も、同様に導き出されます。

まとめ

関数をベクトルとして見ると、平面のベクトルとまったく同様な考え方からフーリエ級数の公式が導き出されることがわかりました。

〔memo〕直交関数系 ─────────────

46ページの(5)式を見てみましょう。

$$\int_{-\frac{T}{2}}^{\frac{T}{2}} \sin m\omega_0 t \sin n\omega_0 t\, dt = 0 \quad (m, n は自然数) \cdots (5)の一部$$

正弦（sin）だけに絞って見ても、次の関数列は互いに直交しています。

$$\sin \omega_0 t,\ \sin 2\omega_0 t,\ \sin 3\omega_0 t,\ \sin 4\omega_0 t,\ \cdots \quad \cdots (7)$$

そこで、これらの関数列だけで関数を表わそうとする考えが生まれます。それが次節（☞ 1-6）で見る**フーリエ正弦級数**です。関数列を絞った分、表わせる関数は少なくなります。すなわち、(7)で表わされる関数空間は45ページ(1)式で表わされる関数空間の部分空間になるのです。

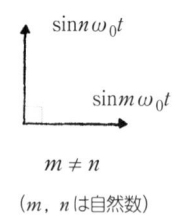

もう一度(5)を見てみましょう。

$$\int_{-\frac{T}{2}}^{\frac{T}{2}} \cos m\omega_0 t \cos n\omega_0 t\, dt = 0 \quad (m, n は0以上の自然数) \cdots (5)の一部$$

余弦（cos）だけに絞って見ても、次の関数列は互いに直交しています。

$$1,\ \cos \omega_0 t,\ \cos 2\omega_0 t,\ \cos 3\omega_0 t,\ \cos 4\omega_0 t,\ \cdots \quad \cdots (8)$$

そこで、これらの関数列だけで関数を表わそうとする考え方が生まれます。それが次節（☞ 1-6）で見る**フーリエ余弦級数**です。(8)が表わす関数空間も(1)が表わす関数空間の部分空間になります。

45ページの(1)と、(7)(8)のように、互いに直交する関数列を**直交関数系**といいます。

1-6 フーリエ正弦級数とフーリエ余弦級数

フーリエ解析では偶関数や奇関数という特徴が重要になります。これらの特徴を持った関数のフーリエ級数について、そのための公式を紹介しましょう。

偶関数と奇関数

グラフが y 軸に関して対称になる関数 $y = f(x)$ を**偶関数**といいます。グラフが原点 O に関して点対称になる関数 $y = f(x)$ を**奇関数**といいます。下図からわかるように、（常に 0 でない）1 つの関数が両方の性質を持つことはありません。奇関数と偶関数は水と油の関係なのです。

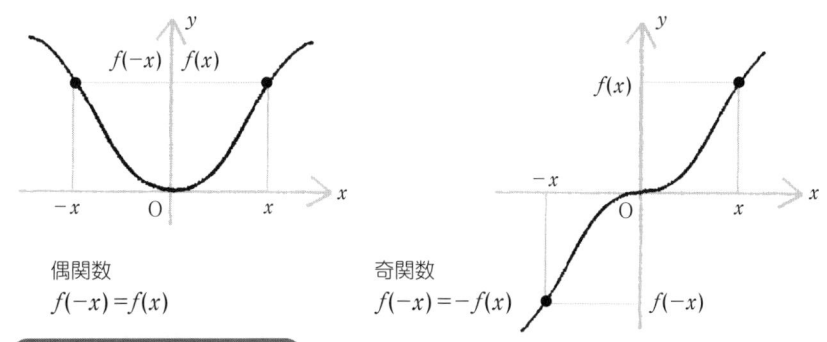

偶関数
$f(-x) = f(x)$

奇関数
$f(-x) = -f(x)$

奇関数のフーリエ変換

フーリエ級数は正弦（sin）と余弦（cos）の和で構成されていますが、正弦（sin）は奇関数、余弦（cos）は偶関数です。奇関数と偶関数は水と油であり、性質が混ざり合うことはありません。すると、関数 $f(t)$ が奇関数なら、それを表現するフーリエ級数には奇関数しか入らないことになります。

奇関数 $f(t) = \cancel{c_0} + (\cancel{a_1\cos\frac{2\pi t}{T}} + b_1\sin\frac{2\pi t}{T}) + (\cancel{a_2\cos\frac{4\pi t}{T}} + b_2\sin\frac{4\pi t}{T})$
$+ (\cancel{a_3\cos\frac{6\pi t}{T}} + b_3\sin\frac{6\pi t}{T}) + \cdots + (\cancel{a_n\cos\frac{2n\pi t}{T}} + b_n\sin\frac{2n\pi t}{T}) + \cdots$

こうして、フーリエ級数からは cos の項が消えます。

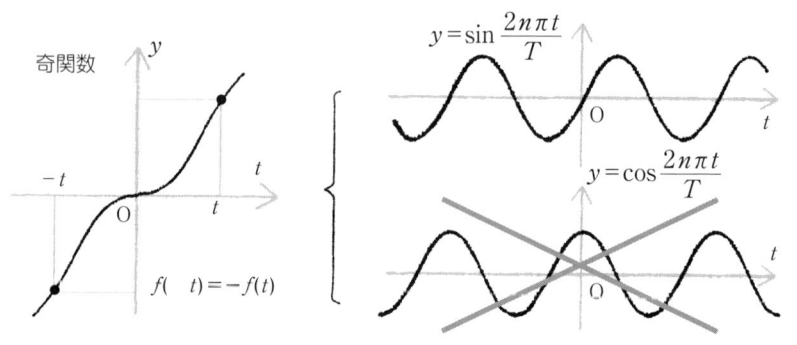

正弦（sin）のフーリエ係数 b_n を見てみましょう。$f(t)$ が $-\dfrac{T}{2} \leqq t \leqq \dfrac{T}{2}$ で定義されているとき、35 ページの(2)式より、

$$b_n = \frac{2}{T} \int_{-\frac{T}{2}}^{\frac{T}{2}} f(t) \sin \frac{2n\pi t}{T} \, dt \quad \cdots(1)$$

ところで、仮定より $f(t)$ は奇関数であり、正弦（sin）も奇関数なので、積分の中の関数（被積分関数）は偶関数になります。そこで、偶関数に関する積分公式が利用でき（☞付録 C）、積分(1)は次のようになります。

$$b_n = \frac{4}{T} \int_0^{\frac{T}{2}} f(t) \sin \frac{2n\pi t}{T} \, dt \quad （n は自然数） \quad \cdots(2)$$

以上をまとめましょう。

$f(t)$ が奇関数のとき、フーリエ級数は次のように表わされる。

$$f(t) = b_1 \sin \frac{2\pi t}{T} + b_2 \sin \frac{4\pi t}{T} + b_3 \sin \frac{6\pi t}{T} + \cdots + b_n \sin \frac{2n\pi t}{T} + \cdots \quad \cdots(3)$$

ここで、フーリエ係数 b_n は(2)から求められる。

このように表わされた奇関数 $f(t)$ のフーリエ級数を**フーリエ正弦級数**と呼びます。

〔例題4〕次の関数 $f(t)$ をフーリエ級数で表わせ。

$f(t) = t \quad （-\pi \leqq t \leqq \pi）$

050

(解) $f(t) = t$ は奇関数。したがって、フーリエ正弦級数(3)が利用できます。公式(3)の T には 2π が当てはまるので、次の式が得られます。

$f(t) = b_1 \sin t + b_2 \sin 2t + b_3 \sin 3t + \cdots + b_n \sin nt + \cdots$

フーリエ係数は公式(2)の T に 2π を代入して算出されます。

$$\begin{aligned} b_n &= \frac{2}{\pi} \int_0^\pi t \sin nt \, dt \\ &= \frac{2}{\pi} \left\{ \left[t \left(-\frac{\cos nt}{n} \right) \right]_0^\pi - \int_0^\pi \left(-\frac{\cos nt}{n} \right) dt \right\} \\ &= \frac{2}{\pi} \left\{ \frac{\pi (-1)^{n+1}}{n} - \left[-\frac{\sin nt}{n^2} \right]_0^\pi \right\} \\ &= \frac{2(-1)^{n+1}}{n} \end{aligned}$$

部分積分の公式を利用
$$\int_a^b u'v \, dx = [uv]_a^b - \int_a^b uv' \, dx$$

三角関数の性質
$\sin n\pi = 0 \quad \cos n\pi = (-1)^n$
（n は自然数）を利用

こうして、$f(t) = t$ （$-\pi \leqq t \leqq \pi$）のフーリエ級数の式が得られます。

$f(t) = 2\sin t - \sin 2t + \frac{2}{3}\sin 3t - \frac{2}{4}\sin 4t + \cdots + \frac{2}{n}(-1)^{n+1}\sin nt + \cdots$ **(答)**

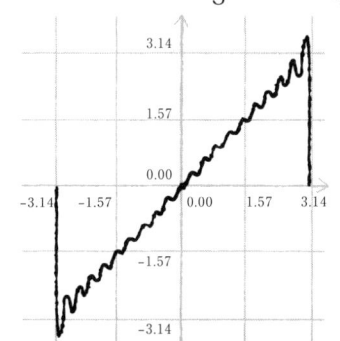

上記（答）の式で、n が 20 までの項の和を数値計算で求め、グラフを描く。だいたい、元の関数を再現している。

偶関数のフーリエ変換

上記の奇関数のときと同様に考えて、偶関数 $f(t)$ をフーリエ級数に展開するときには、奇関数である sin の項は現われません。

偶関数 $f(t) = a_0 + (a_1 \cos \frac{2\pi t}{T} + \cancel{b_1 \sin \frac{2\pi t}{T}}) + (a_2 \cos \frac{4\pi t}{T} + \cancel{b_2 \sin \frac{4\pi t}{T}})$
$+ (a_3 \cos \frac{6\pi t}{T} + \cancel{b_3 \sin \frac{6\pi t}{T}}) + \cdots + (a_n \cos \frac{2n\pi t}{T} + \cancel{b_n \sin \frac{2n\pi t}{T}}) + \cdots$

こうして、フーリエ級数からは sin の項が消えます。

余弦（cos）のフーリエ係数 a_n を見てみましょう。$f(t)$ が $-\dfrac{T}{2} \leq t \leq \dfrac{T}{2}$ で定義されているとすると、35 ページの(2)式より、

$$a_0 = \frac{1}{T}\int_{-\frac{T}{2}}^{\frac{T}{2}} f(t)dt \qquad a_n = \frac{2}{T}\int_{-\frac{T}{2}}^{\frac{T}{2}} f(t)\cos\frac{2n\pi t}{T}\,dt \quad \cdots(4)$$

ところで、仮定より $f(t)$ は偶関数であり、余弦（cos）も偶関数なので、積分の中の関数（被積分関数）は偶関数になります。そこで、偶関数に関する積分公式が利用でき（☞付録C）、積分 (4) は次のようになります。

$$a_0 = \frac{2}{T}\int_{0}^{\frac{T}{2}} f(t)dt \qquad a_n = \frac{4}{T}\int_{0}^{\frac{T}{2}} f(t)\cos\frac{2n\pi t}{T}\,dt \quad (n\text{は自然数}) \quad \cdots(5)$$

以上をまとめましょう。

$f(t)$ が偶関数のとき、フーリエ級数は次のように表わされる。

$$f(t) = a_0 + a_1\cos\frac{2\pi t}{T} + a_2\cos\frac{4\pi t}{T} + a_3\cos\frac{6\pi t}{T} + \cdots + a_n\cos\frac{2n\pi t}{T} + \cdots \quad \cdots(6)$$

ここで、フーリエ係数 a_n は (5) から求められる。

このように表わされた偶関数 $f(t)$ のフーリエ級数を**フーリエ余弦級数**と呼びます。

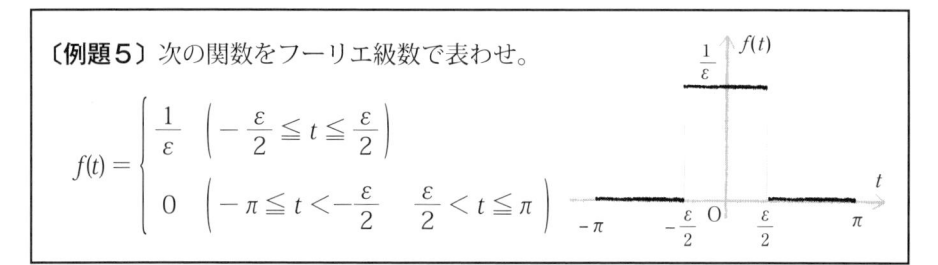

〔例題5〕次の関数をフーリエ級数で表わせ。

$$f(t) = \begin{cases} \dfrac{1}{\varepsilon} & \left(-\dfrac{\varepsilon}{2} \leq t \leq \dfrac{\varepsilon}{2}\right) \\ 0 & \left(-\pi \leq t < -\dfrac{\varepsilon}{2} \quad \dfrac{\varepsilon}{2} < t \leq \pi\right) \end{cases}$$

（解）$f(t)$ は偶関数。したがって、フーリエ余弦級数(6)が利用できます。公式(6)の T には 2π が当てはまるので、次の式が得られます。

$$f(t) = a_0 + a_1\cos t + a_2\cos 2t + a_3\cos 3t + \cdots + a_n\cos nt + \cdots \quad \cdots(7)$$

フーリエ係数は公式 (5) から次のように求められます（n は自然数）。

$$a_0 = \frac{2}{2\pi}\int_0^{\frac{\varepsilon}{2}} \frac{1}{\varepsilon}\,dt = \frac{1}{2\pi}$$ ← ε(イプシロン)は定数

$$a_n = \frac{4}{2\pi}\int_0^{\frac{\varepsilon}{2}} \frac{1}{\varepsilon}\cos nt\,dt$$

$$= \frac{2}{\pi\varepsilon}\left[\frac{1}{n}\sin nt\right]_0^{\frac{\varepsilon}{2}} = \frac{2}{n\pi\varepsilon}\sin\frac{n\varepsilon}{2}$$ ← $\sin 0 = 0$

$z_n = \dfrac{n\varepsilon}{2}$ と置くと、この a_n の式は次のように美しくまとめられます。

$$a_n = \frac{1}{\pi}\frac{\sin z_n}{z_n} \quad (n は自然数)$$

これらを (7) に代入して、$f(t)$ のフーリエ級数展開が得られます。

$$f(t) = \frac{1}{2\pi} + \frac{1}{\pi}\frac{\sin z_1}{z_1}\cos t + \frac{1}{\pi}\frac{\sin z_2}{z_2}\cos 2t + \cdots + \frac{1}{\pi}\frac{\sin z_n}{z_n}\cos nt + \cdots \textbf{(答)}$$

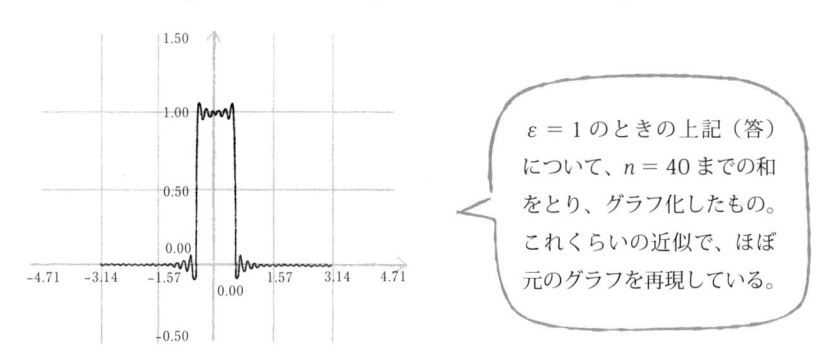

> $\varepsilon = 1$ のときの上記(答)について、$n = 40$ までの和をとり、グラフ化したもの。これくらいの近似で、ほぼ元のグラフを再現している。

(注) $\dfrac{\sin z}{z}$ の形の関数を **sinc 関数**という。

まとめ

奇関数、偶関数をフーリエ級数展開するときには、公式が簡単になります。それがフーリエ正弦級数、フーリエ余弦級数です。役に立つ関数の多くは偶関数、奇関数の性質を備えています。ここで見た定理は大変役に立ちます。

1-7 関数を偶関数化、奇関数化してフーリエ級数展開

$0 \leq t \leq L$ で定義された関数は、定義域を拡張することで、偶関数や奇関数にアレンジでき、前節（☞ 1-6）の簡潔な公式が利用できます。

定義区間の拡張で偶関数化、奇関数化

$0 \leq t \leq L$ で定義されている関数 $f(t)$ は、偶関数や奇関数でなくても、下図のように強引に奇関数や偶関数に変身させられます。

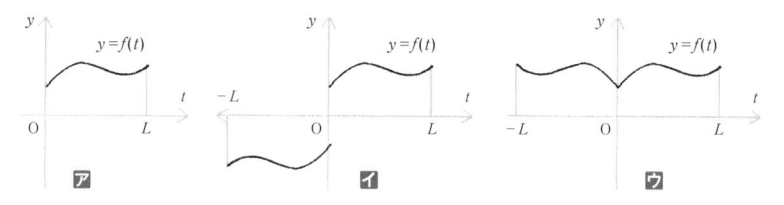

ア　　　　　　イ　　　　　　ウ

左端のアは元の関数 $f(t)$ のグラフです。真ん中のイはこの関数 $f(t)$ を $-L \leq t \leq L$ で奇関数に拡張したものです。さらに、右端のウは関数 $f(t)$ を $-L \leq t \leq L$ で偶関数に拡張したものです。

このように拡張することで、前節（☞ 1-6）で見たフーリエ正弦級数、フーリエ余弦級数の簡潔な公式（☞ P.50・P.52 の(3)(6)式）が応用できます。定義区間幅 T は $2L$ となることに注意してください。

関数 $f(t)$（$0 \leq t \leq L$）を奇関数に拡張

$$f(t) = b_1 \sin\frac{\pi t}{L} + b_2 \sin\frac{2\pi t}{L} + b_3 \sin\frac{3\pi t}{L} + \cdots + b_n \sin\frac{n\pi t}{L} + \cdots \quad \cdots(1)$$

関数 $f(t)$（$0 \leq t \leq L$）を偶関数に拡張

$$f(t) = a_0 + a_1 \cos\frac{\pi t}{L} + a_2 \cos\frac{2\pi t}{L} + a_3 \cos\frac{3\pi t}{L} + \cdots + a_n \cos\frac{n\pi t}{L} + \cdots \quad \cdots(2)$$

フーリエ係数は、前節（☞ 1-6）で見たフーリエ正弦級数、フーリエ余弦級

数のフーリエ係数の公式（☞ P.50・P.52 の(2)(5)式）で、T を $2L$ と置き換えて次のように表わせます。

---

(1)式のように奇関数に拡張した場合

$$b_n = \frac{2}{L}\int_0^L f(t)\sin\frac{n\pi t}{L}\,dt \quad (n \text{ は自然数}) \quad \cdots(3)$$

(2)式のように偶関数に拡張した場合

$$a_0 = \frac{1}{L}\int_0^L f(t)\,dt \qquad a_n = \frac{2}{L}\int_0^L f(t)\cos\frac{n\pi t}{L}\,dt \quad (n \text{ は自然数}) \quad \cdots(4)$$

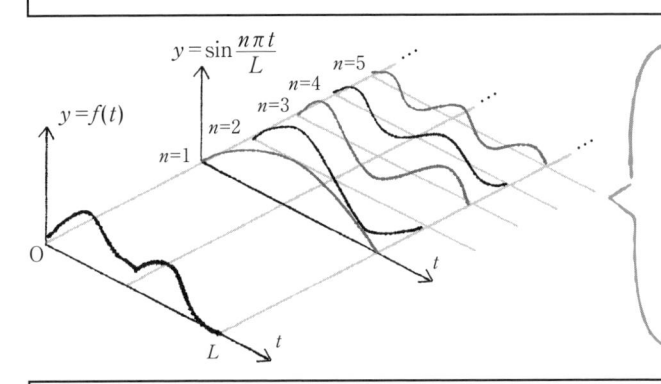

奇関数への拡張公式(1)のイメージ。このフーリエ級数の主張は「有限区間で定義された関数はトビトビの周波数を持つ sin の正弦波の和で表わせる」ということ。

〔例題６〕次の関数を考える。

$$f(t) = \begin{cases} t & \left(0 \leq t \leq \dfrac{\pi}{2}\right) \\ \pi - t & \left(\dfrac{\pi}{2} \leq t \leq \pi\right) \end{cases}$$

ア $-\pi \leq t \leq \pi$ で奇関数になるように拡張し、フーリエ級数展開せよ。
イ $-\pi \leq t \leq \pi$ で偶関数になるように拡張し、フーリエ級数展開せよ。

（解） **ア**の「奇関数への拡張」の場合を考えましょう。

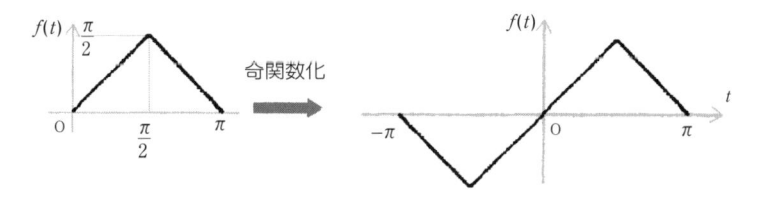

奇関数化

54ページの公式(1)の L に π を代入すれば、次の式が得られます。
$f(t) = b_1\sin t + b_2\sin 2t + b_3\sin 3t + \cdots + b_n\sin nt + \cdots$

b_n（n は自然数）は前ページの公式(3)から次のように求められます。

$$b_n = \frac{2}{\pi}\int_0^{\frac{\pi}{2}} t\sin nt\, dt + \frac{2}{\pi}\int_{\frac{\pi}{2}}^{\pi}(\pi-t)\sin nt\, dt$$

$$= \frac{2}{\pi}\left\{\left[t\left(-\frac{\cos nt}{n}\right)\right]_0^{\frac{\pi}{2}} - \int_0^{\frac{\pi}{2}}\left(-\frac{\cos nt}{n}\right)dt\right\}$$

$$+ \frac{2}{\pi}\left\{\left[(\pi-t)\left(-\frac{\cos nt}{n}\right)\right]_{\frac{\pi}{2}}^{\pi} - \int_{\frac{\pi}{2}}^{\pi}-\left(-\frac{\cos nt}{n}\right)dt\right\}$$

$$= \frac{2}{\pi n}\left\{\int_0^{\frac{\pi}{2}}\cos nt\, dt - \int_{\frac{\pi}{2}}^{\pi}\cos nt\, dt\right\}$$

$$= \frac{4}{\pi n^2}\sin\frac{n\pi}{2}$$

部分積分の公式を利用
$$\int_a^b u'v\, dx = \left[uv\right]_a^b - \int_a^b uv'\, dx$$

三角関数の積分公式を利用。たとえば、
$$\int_a^b \cos nt\, dt = \left[\frac{\sin nt}{n}\right]_a^b$$

$n = 1,\ 2,\ 3,\ 4,\ 5,\ \cdots$ に対して、$\sin\dfrac{n\pi}{2}$ は $1,\ 0,\ -1,\ 0,\ 1,\ \cdots$ となるので、奇関数へ拡張した $f(t)$ のフーリエ級数展開は次のように得られます。

$$f(t) = \frac{4}{\pi}\left\{\sin t - \frac{1}{3^2}\sin 3t + \frac{1}{5^2}\sin 5t - \frac{1}{7^2}\sin 7t + \frac{1}{9^2}\sin 9t - \cdots\right\} \quad \text{(答)} \quad \cdots(5)$$

上記（答）の(5)で、最初の20項までの和を数値計算で求め、グラフを描く。ほぼ、元の関数を再現している。

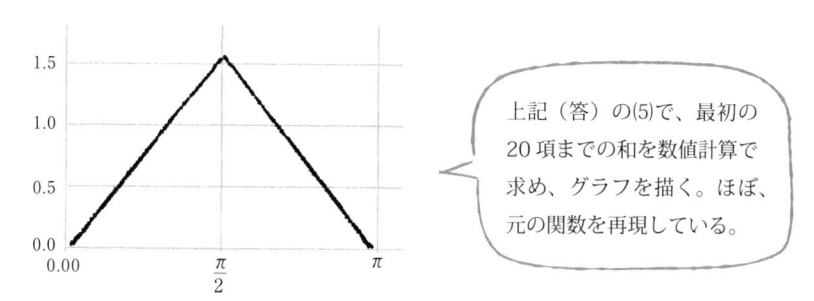

イの「偶関数への拡張」の場合を考えてみましょう。

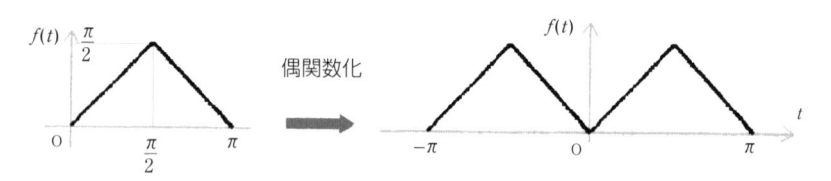

偶関数化

54ページの公式(2)の L に π を代入すれば、次の式が得られます。

$$f(t) = a_0 + a_1\cos t + a_2\cos 2t + a_3\cos 3t + \cdots + a_n\cos nt + \cdots$$

a_0, a_n ($n = 1, 2, 3, \cdots$) は 55 ページの公式(4)から、

$$a_0 = \frac{1}{\pi}\int_0^{\frac{\pi}{2}} t\,dt + \frac{1}{\pi}\int_{\frac{\pi}{2}}^{\pi}(\pi - t)dt = \frac{\pi}{4}$$

> 部分積分の公式を利用
> $$\int_a^b u'v\,dx = \bigl[uv\bigr]_a^b - \int_a^b uv'dx$$

$$a_n = \frac{2}{\pi}\int_0^{\frac{\pi}{2}} t\cos nt\,dt + \frac{2}{\pi}\int_{\frac{\pi}{2}}^{\pi}(\pi - t)\cos nt\,dt$$

$$= \frac{2}{\pi}\left\{\left[t\left(\frac{\sin nt}{n}\right)\right]_0^{\frac{\pi}{2}} - \int_0^{\frac{\pi}{2}}\left(\frac{\sin nt}{n}\right)dt\right\}$$

$$+ \frac{2}{\pi}\left\{\left[(\pi - t)\left(\frac{\sin nt}{n}\right)\right]_{\frac{\pi}{2}}^{\pi} - \int_{\frac{\pi}{2}}^{\pi} -\left(\frac{\sin nt}{n}\right)dt\right\}$$

> 三角関数の積分公式を利用。たとえば、
> $$\int_a^b \sin nt\,dt = \left[-\frac{\cos nt}{n}\right]_a^b$$

$$= \frac{2}{\pi n}\left\{-\int_0^{\frac{\pi}{2}}\sin nt\,dt + \int_{\frac{\pi}{2}}^{\pi}\sin nt\,dt\right\}$$

$$= \frac{2}{\pi n^2}\left\{2\cos\frac{n\pi}{2} - (-1)^n - 1\right\}$$

> $\cos n\pi = (-1)^n$ (n は自然数) を利用

$n = 1, 2, 3, 4, 5, \cdots$ に対して、$\cos\frac{n\pi}{2}$ は $0, -1, 0, 1, 0, \cdots$ となるので、偶関数へ拡張した $f(t)$ のフーリエ級数展開は次のように得られます。

$$f(t) = \frac{\pi}{4} - \frac{2}{\pi}\left\{\cos 2t + \frac{1}{3^2}\cos 6t + \frac{1}{5^2}\cos 10t + \frac{1}{7^2}\cos 14t + \cdots\right\} \quad \textbf{(答)} \quad \cdots(6)$$

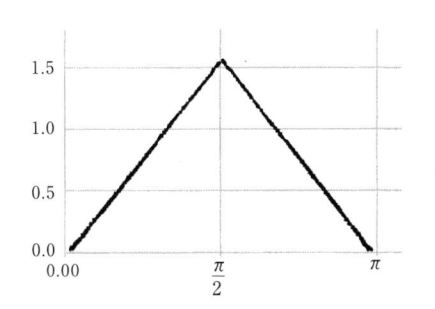

> 上記（答）の (6) で、最初の 20 項までの和を数値計算で求め、グラフを描く。ほぼ、元の関数を再現している。

まとめ

有限区間で定義された関数は、その定義区間を拡張することで、フーリエ正弦級数やフーリエ余弦級数を用いてシンプルに展開することが可能です。

1-8 複素フーリエ級数

フーリエ級数の公式を「オイラーの公式」を利用し、複素数で表わしてみましょう。複素数の世界で考えると、公式が美しくなります。

複素指数関数 $e^{i\theta}$ の導入

これまでのフーリエ級数の理論は、実数の世界で展開されてきました。これからは、**複素数**の世界で考えましょう。こうすることで、公式が数学的にきれいになり、また後のフーリエ変換に発展することになります。

フーリエ級数の理論で、実数の世界と複素数の世界を結びつける公式があります。それが次に示す**オイラーの公式**です。θ を実数、e をネイピア数として、

(オイラーの公式) $e^{i\theta} = \cos\theta + i\sin\theta$ …(1)

(注1) 複素数やオイラーの公式の詳細については付録Aを参照しよう。なお、本書では虚数単位を i で表示する。

この左辺の形 $e^{i\theta}$ を**複素指数関数**と呼びます。この公式(1)と三角関数の偶奇性から、次の公式も導き出されます。

$e^{-i\theta} = \cos\theta - i\sin\theta$ …(2)

$e^{i\frac{2\pi nt}{T}}$ の和で関数を表現

(1)からわかるように、複素指数関数は三角関数から生まれています。そこで、三角関数の**直交性**と呼ばれる性質 (☞ P.46) を引き継ぐことになります。それが次の公式です。定義域を $-\frac{T}{2} \leq t \leq \frac{T}{2}$、$m, n$ を整数として、

$$\int_{-\frac{T}{2}}^{\frac{T}{2}} e^{i\frac{2\pi m}{T}t} e^{-i\frac{2\pi n}{T}t} dt = \begin{cases} 0 & (m \neq n) \\ T & (m = n) \end{cases} \quad \text{…(3)}$$

(注2) 指数関数の積分から簡単に証明される。

関数を空間の 1 点と捉える関数空間で考えてみましょう。すると、積分は内積に相当するので、この(3)は、次の関数セットが互いに直交した関数列であることを表わしていることになります（☞付録D）。

$$e^{i\frac{2\pi n}{T}t} \quad (n = 0, \pm 1, \pm 2, \pm 3, \cdots) \quad \cdots(4)$$

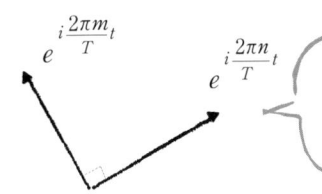

複素指数関数(4)は互いに直交したベクトルになっている（$m \neq n$）。ちなみに、複素関数の場合、内積は右からかける関数を共役な複素数にしてから積分する（☞付録D）。

関数はベクトルと同様に扱うことが可能です。すると、(4)の直交関数列の一次結合で、関数 $f(t)$ は表わされることになります。これが**複素フーリエ級数**です。

$$f(t) = \cdots + c_{-n}e^{-i\frac{2\pi n}{T}t} + \cdots + c_{-3}e^{-i\frac{6\pi t}{T}} + c_{-2}e^{-i\frac{4\pi t}{T}} + c_{-1}e^{-i\frac{2\pi t}{T}}$$
$$+ c_0 + c_1 e^{i\frac{2\pi t}{T}} + c_2 e^{i\frac{4\pi t}{T}} + c_3 e^{i\frac{6\pi t}{T}} + \cdots + c_n e^{i\frac{2\pi n t}{T}} + \cdots \quad \cdots(5)$$

(4)から(5)が表わされるのは、平面上の任意のベクトルが 2 つの直交するベクトル（すなわち、**直交基底**）の一次結合で表わされるのと同じアイデアです。

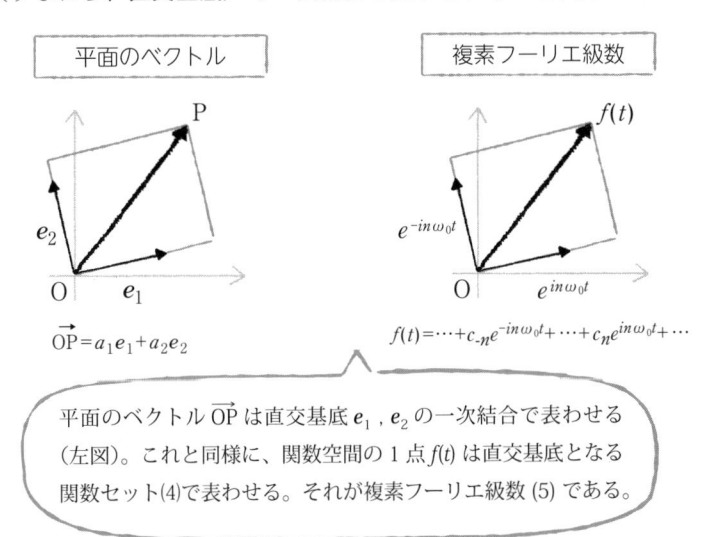

平面のベクトル
$\overrightarrow{OP} = a_1 e_1 + a_2 e_2$

複素フーリエ級数
$f(t) = \cdots + c_{-n}e^{-in\omega_0 t} + \cdots + c_n e^{in\omega_0 t} + \cdots$

平面のベクトル $\overrightarrow{OP}$ は直交基底 e_1, e_2 の一次結合で表わせる（左図）。これと同様に、関数空間の 1 点 $f(t)$ は直交基底となる関数セット(4)で表わせる。それが複素フーリエ級数 (5) である。

複素フーリエ級数の係数

前ページの複素フーリエ級数(5)の係数 c_n ($n = 0, \pm 1, \pm 2, \pm 3, \cdots$) は 58 ページの(3)の性質から簡単に求められます。実際、(5)の両辺に $e^{-i\frac{2\pi n}{T}t}$ を右からかけ、区間 $-\frac{T}{2} \leq t \leq \frac{T}{2}$ で積分してみましょう。(3)から、この整数 n と異なる項は消え、同じ項は T になります。それを示したのが次の式です。

$$\int_{-\frac{T}{2}}^{\frac{T}{2}} f(t) e^{-i\frac{2\pi n}{T}t} dt = \cdots + c_{n-1} \int_{-\frac{T}{2}}^{\frac{T}{2}} e^{i\frac{2\pi(n-1)}{T}t} e^{-i\frac{2\pi n}{T}t} dt$$

(3) から 0 になる

$$+ c_n \int_{-\frac{T}{2}}^{\frac{T}{2}} e^{i\frac{2\pi n}{T}t} e^{-i\frac{2\pi n}{T}t} dt + c_{n+1} \int_{-\frac{T}{2}}^{\frac{T}{2}} e^{i\frac{2\pi(n+1)}{T}t} e^{-i\frac{2\pi n}{T}t} dt + \cdots = Tc_n$$

↑
(3) から T になる

こうして、複素フーリエ級数(5)の係数（**フーリエ係数**）c_n の公式が得られます。

$$c_n = \frac{1}{T} \int_{-\frac{T}{2}}^{\frac{T}{2}} f(t) e^{-i\frac{2\pi n}{T}t} dt \quad (n \text{ は整数}) \quad \cdots (6)$$

(6)と 58 ページの(1)(2)を組み合わせると、次の性質がすぐにわかります。

$c_{-n} = c_n{}^*$ （ここで $c_n{}^*$ は c_n の共役な複素数）

この性質があるので、複素フーリエ級数(5)は全体として実数になり、実数の関数 $f(t)$ を表わせるのです。

複素正弦波

前ページの(4)の指数関数は、$\omega_0 = \frac{2\pi}{T}$ と置くと、$e^{in\omega_0 t}$ の形をしています。

$\sin\omega t$ や $\cos\omega t$ を**正弦波**と読んだように（☞ P.32）、このような $e^{i\omega t}$ の形の指数関数を**複素正弦波**と呼びます。複素フーリエ級数は複素正弦波の和で関数を表わしたものなのです。

複素数の世界なので、正弦波のように図に描けません。しかし、イメージとしては正弦波を思い描いても、問題はありません。あえて紙面にイメージ化すると、次のようになります。

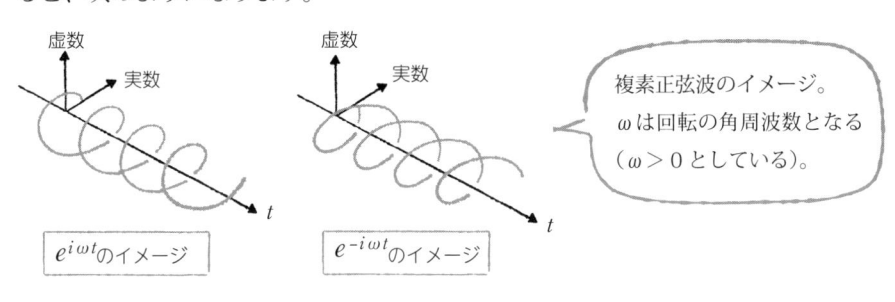

複素正弦波のイメージ。ω は回転の角周波数となる（$\omega > 0$ としている）。

$e^{i\omega t}$ のイメージ　　$e^{-i\omega t}$ のイメージ

複素フーリエ級数の実際

具体例で、複素フーリエ級数(5)(6)の使い方を見てみましょう。

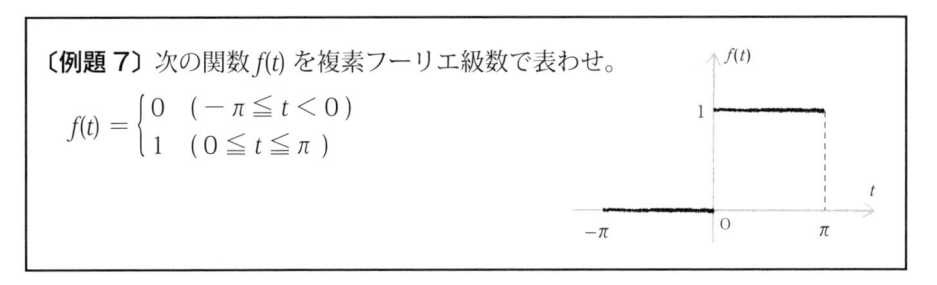

〔例題7〕次の関数 $f(t)$ を複素フーリエ級数で表わせ。
$$f(t) = \begin{cases} 0 & (-\pi \leq t < 0) \\ 1 & (0 \leq t \leq \pi) \end{cases}$$

（解）公式(5)で $T = 2\pi$ なので、$f(t)$ は次のように表わされます。

$f(t) = \cdots + c_{-3}e^{-3it} + c_{-2}e^{-2it} + c_{-1}e^{-it}$
$\qquad + c_0 + c_1e^{it} + c_2e^{2it} + c_3e^{3it} + \cdots + c_ne^{int} + \cdots$ ……(7)

係数 c_n は公式(6)から次のように求められます。

$$c_0 = \frac{1}{2\pi}\int_{-\pi}^{\pi} f(t)dt = \frac{1}{2\pi}\int_{0}^{\pi} dt = \frac{1}{2}$$

$$c_n = \frac{1}{2\pi}\int_{-\pi}^{\pi} f(t)e^{-int} dt \quad (n = \pm 1, \pm 2, \cdots)$$

$$= \frac{1}{2\pi} \int_0^\pi e^{-int} dt$$

積分公式を利用
$$\int_a^b e^{kx} dx = \left[\frac{1}{k} e^{kx}\right]_a^b$$

$$= \frac{1}{2\pi} \left[\frac{e^{-int}}{-in}\right]_0^\pi$$

$$= \frac{1}{2\pi} \frac{e^{-in\pi} - 1}{-in}$$

オイラーの公式（☞ P.58）を利用
$$e^{i\theta} = \cos\theta + i\sin\theta$$

$$= \frac{1}{2\pi} \frac{\cos(-n\pi) + i\sin(-n\pi) - 1}{-in}$$

三角関数の性質
$\sin n\pi = 0 \quad \cos n\pi = (-1)^n$
（n は自然数）を利用

$$= \frac{i\{(-1)^n - 1\}}{2n\pi}$$

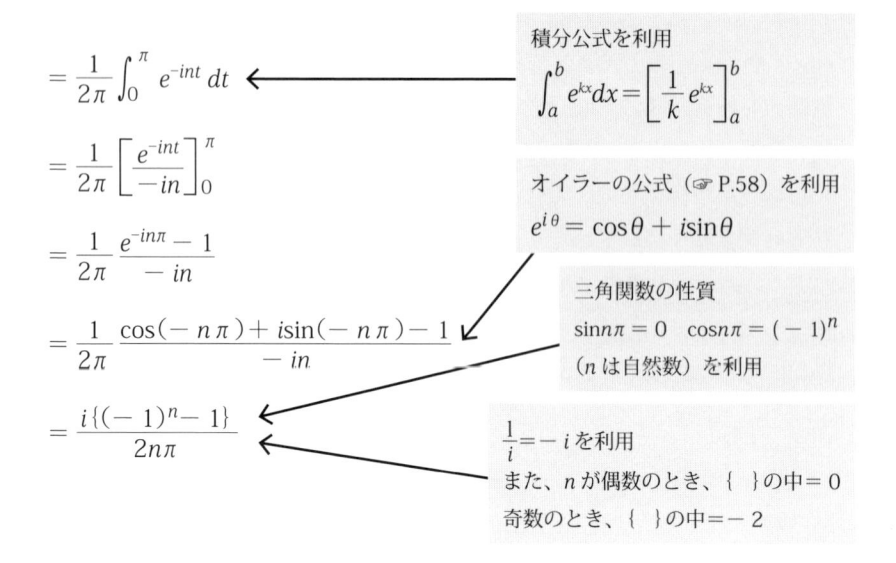

$\frac{1}{i} = -i$ を利用
また、n が偶数のとき、$\{\ \}$ の中 $= 0$
奇数のとき、$\{\ \}$ の中 $= -2$

前ページの(7)に代入して $f(t)$ の複素フーリエ級数展開が得られます。m を整数として、

$$f(t) = \cdots - \frac{i}{-3\pi} e^{-3it} - \frac{i}{-\pi} e^{-it}$$
$$+ \frac{1}{2} - \frac{i}{\pi} e^{it} - \frac{i}{3\pi} e^{3it} - \cdots - \frac{i}{(2m-1)\pi} e^{i(2m-1)t} - \cdots \quad \textbf{(答)} \quad \cdots (8)$$

（注3）この〔例題7〕は36ページの〔例題1〕と同一の関数を扱っている。58ページの式(1)(2)を用いれば、（答）(8)が36ページの〔例題1〕の（答）と一致することが確かめられる。

まとめ

応用上重要な複素フーリエ級数の公式（☞ P.59～P.60 の(5)(6)式）を紹介し、その使い方を例題で確かめました。

〔memo〕フーリエ

フーリエ（Jean Baptiste Joseph Fourier、1768年～1830年）はフランス革命期に活躍したフランスの学者の名です。数学や物理学の世界でたくさんの功績があります。熱伝導の研究をしている中で、フーリエ解析の手法を編み出したといわれます。実際、フーリエは熱に関する分野でも有名であり、たとえば**「フーリエの法則」**（熱は温度勾配に比例して移動する）など、彼の名を冠した法則が知られています。

第 2 章
フーリエ変換

フーリエ級数が表現する関数は、定義区間が有限で、それが無限のときには周期関数でした。この条件を外したときに、与えられた関数から周波数情報を引き出すツールがフーリエ変換です。

基礎編

第2章のガイダンス

先生：**フーリエ変換**について説明しよう。

生徒：「フーリエ級数」と似た言葉ですが、どう違うんですか？

先生：フーリエ級数は関数を正弦波や複素正弦波の和で表わしたが、フーリエ変換は関数を複素正弦波の積分で表わす。まず、関数 $f(t)$ をフーリエ変換した関数 $F(\omega)$ を次のように定義するんだ。

$$F(\omega) = \int_{-\infty}^{\infty} f(t)e^{-i\omega t}dt \quad \cdots(1)$$

生徒：**フーリエ係数**に似ていますね。

先生：実際、数学的にはフーリエ係数と同じ意味がある。元の関数 $f(t)$ に角周波数 ω の成分がどれだけ含まれているかを求める式なんだ。すなわち、フーリエ級数のときと同様、周波数の世界から関数を眺めているんだ。

生徒：フーリエ級数をそのまま利用してはダメですか？

先生：定義式の(1)を見てごらん。積分が $-\infty$ から $+\infty$ まで及んでいる。また、元の関数 $f(t)$ には何も条件が付いていない。

生徒：そうか、フーリエ級数の対象になる関数には条件が付けられていましたね。範囲が限定されているとか、周期関数とか。

先生：そう。よく覚えているね。

生徒：でも、無限の範囲って、実用的ではないのでは？

先生：たしかに、現実世界は有限だ。だから、実データを分析するだけなら、フーリエ級数の理論だけでも対応できる。しかし、理想的な場合を考えることで、微分方程式や線形応答の問題が解決できる。このように、理想的な場合を考えて処理するのが数学のすばらしいところだ。

生徒：狐につままれたような気がしますが。

先生：では、直観的な意味を見てみよう。フーリエ変換は、日常生活の例でいうと、**プリズム**と同じ働きをする。

生徒：太陽の光を七色に分解する、あのプリズムですか？

先生：そう。太陽の光にはさまざまな周波数を持つ光（すなわち、さまざまな波長を持つ光）が含まれている。その光を周波数ごとに（すなわち、波長ごとに）分解してくれるのがプリズムだ。このプリズムの働きをするのがフーリエ変換だ。

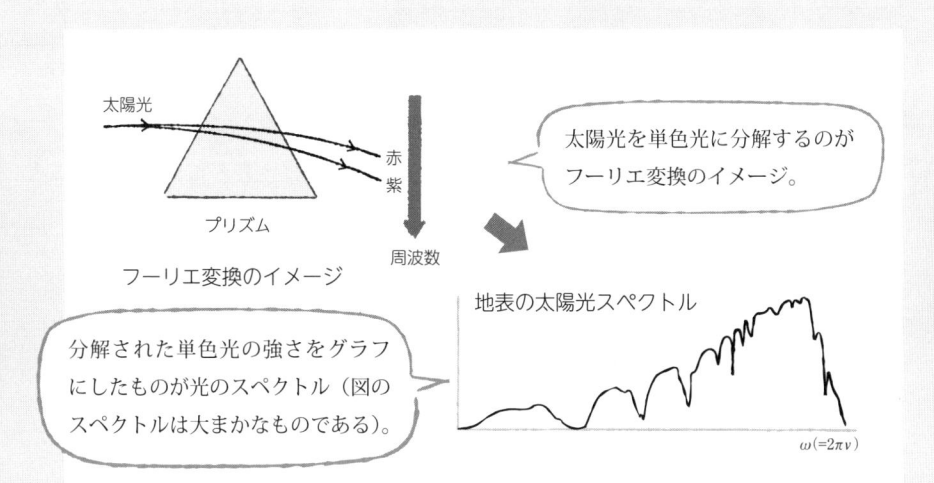

太陽光を単色光に分解するのがフーリエ変換のイメージ。

分解された単色光の強さをグラフにしたものが光のスペクトル（図のスペクトルは大まかなものである）。

地表の太陽光スペクトル

$\omega(=2\pi\nu)$

生徒：そうか、プリズムで分解して光の性質がわかるように、関数も周波数成分に分解してその性質が解明されるのですね。

先生：そういうことだ。そのアナロジーからいうと、周波数成分が限られているLEDの光を分解するプリズムがフーリエ級数と考えられる。

生徒：少しは理解できたような気がします。

太陽光を単色光に分解するイメージはフーリエ級数と同じ。異なる点は、この波の周波数が連続的であり、トビトビでないことだ。

先生：注意すべきことは、(1)で見たように、フーリエ変換は積分で定義される。だから、高校時代の微分・積分の知識が随所に求められる。たとえば、次の積分が計算できなければいけない。

$$\int_a^b e^{kx}dx = \left[\frac{e^{kx}}{k}\right]_a^b = \frac{1}{k}(e^{kb} - e^{ka}) \quad (k\text{は複素数でも可})$$

この計算法を忘れてしまった人は、付録Bに目を通しておこう。

生徒：そうします！

2-1 フーリエ変換の公式

フーリエ級数が対象とする関数は、定義区間が限定された関数か周期関数のどちらかでした。このような条件がないときに、関数から周波数情報を取り出すのが「フーリエ変換」です。

フーリエ変換とその逆変換

先に**フーリエ変換**と**逆フーリエ変換**の公式を示しましょう。関数 $f(t)$ の定義域が実数全体であることに注意してください。

関数 $f(t)$ の**フーリエ変換**とは、次の式から関数 $F(\omega)$ を得ることである。

$$F(\omega) = \int_{-\infty}^{\infty} f(t) e^{-i\omega t} dt \quad \cdots(1)$$

こうして得られた関数 $F(\omega)$ から元の関数 $f(t)$ が次の式で得られる。

$$f(t) = \frac{1}{2\pi} \int_{-\infty}^{\infty} F(\omega) e^{i\omega t} d\omega \quad \cdots(2)$$

これを**逆フーリエ変換**（または**フーリエ逆変換**）という。

（注1）公式(1)(2)には文献によっていくつかのバリエーションがあるので注意が必要。

具体例を見てみよう

フーリエ変換はイメージしにくいので、具体例を見てみましょう。

〔例題8〕次の関数 $f(t)$ をフーリエ変換して得られる関数 $F(\omega)$ を求めよ。

$$f(t) = \begin{cases} e^{-t} & (t \geqq 0) \\ 0 & (t < 0) \end{cases}$$

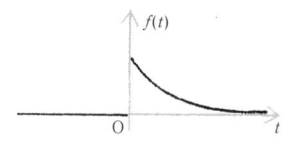

066

（解） $f(t)$ を公式(1)に代入します。

$$F(\omega) = \int_{-\infty}^{\infty} f(t)e^{-i\omega t}dt = \int_{0}^{\infty} e^{-t}e^{-i\omega t}dt$$

$$= \int_{0}^{\infty} e^{-(1+i\omega)t}dt$$

$$= \left[-\frac{e^{-(1+i\omega)t}}{1+i\omega}\right]_{0}^{\infty}$$

$$= \frac{1}{1+i\omega} = \frac{1-i\omega}{1+\omega^2} \quad \text{(答)}$$

> e^{-t} は、$t \to \infty$ のとき、指数関数的に減少する。したがって、
> $$e^{-t}e^{-i\omega t} = e^{-(1+i\omega)t}$$
> は、$t \to \infty$ のとき、0 になる。

〔**例題9**〕次の関数 $f(t)$ をフーリエ変換した関数 $F(\omega)$ を求めよ。

$$f(t) = 1 \quad \left(-\frac{\varepsilon}{2} \leq t \leq \frac{\varepsilon}{2}\right) \qquad f(t) = 0 \quad （それ以外）$$

（解） $f(t)$ を公式(1)に代入します。

$$F(\omega) = \int_{-\infty}^{\infty} f(t)e^{-i\omega t}dt$$

$$= \int_{-\frac{\varepsilon}{2}}^{\frac{\varepsilon}{2}} e^{-i\omega t}dt = \left[-\frac{e^{-i\omega t}}{i\omega}\right]_{-\frac{\varepsilon}{2}}^{\frac{\varepsilon}{2}}$$

$$= -\frac{e^{-i\omega \frac{\varepsilon}{2}} - e^{i\omega \frac{\varepsilon}{2}}}{i\omega} = \frac{2i\sin\omega\frac{\varepsilon}{2}}{i\omega}$$

$$= \frac{\sin\frac{\varepsilon\omega}{2}}{\frac{\varepsilon\omega}{2}}\varepsilon \quad \text{(答)}$$

> $$\int_{a}^{b} e^{kx}dx = \left[\frac{1}{k}e^{kx}\right]_{a}^{b}$$

> オイラーの公式（☞ P.58）を利用
> $$e^{i\theta} = \cos\theta + i\sin\theta$$

（注2）$\frac{\sin x}{x}$ を sinc 関数という。これを用いると、上記（答）は $\mathrm{sinc}\left(\frac{\varepsilon\omega}{2}\right)\varepsilon$ と表わされる。

まとめ

フーリエ変換の公式(1)とその計算法を説明しました。フーリエ変換の計算には指数関数の積分が必須になります。

2-2 フーリエ変換の公式を導き出す

関数 $f(t)$ を関数空間で考えると、フーリエ変換の数学的な意味が見えます。直交基底の関数 $e^{i\omega t}$ の一次結合（この場合は積分）で対象になる関数を表わすのがフーリエ変換なのです。

関数は直交基底 $e^{i\omega t}$ の積分で表わされる

第 1 章で見た複素フーリエ級数では、直交基底として次の関数列を選択しました。

$$e^{in\omega_0 t} \quad \left(\omega_0 = \frac{2\pi}{T} \quad n \text{ は整数}\right) \quad \cdots (1)$$

フーリエ級数の縛り、すなわち、「区間幅 T で定義された関数」「周期 T の周期関数」という縛りのお陰で、この(1)のように整数 n で番号付けられる基底を用いることができたのです。

しかし、一般的な関数を考える際には、そのような縛りはありません。縛りのない一般的な関数をおさめる関数空間の直交基底には何を用いればよいでしょうか？

それは次の複素正弦波(2)です。

$$e^{i\omega t} \quad (\omega \text{ は実数}) \quad \cdots (2)$$

基底(2)は直交基底となります。実際、ω が ω_1、ω_2 である 2 つの基底 $e^{i\omega_1 t}$、$e^{i\omega_2 t}$ の内積は、δ 関数の公式から次のように表わせます。

(注 1) 関数の内積については付録 D を参照しよう。また、δ 関数については付録 E を参照しよう。

$$\int_{-\infty}^{\infty} e^{i\omega_1 t} e^{-i\omega_2 t} dt = \int_{-\infty}^{\infty} e^{i(\omega_1 - \omega_2)t} dt = 2\pi\delta(\omega_1 - \omega_2) \quad \cdots (3)$$

この性質から、$\omega_1 \neq \omega_2$ のとき、基底(2)は直交することになります。

基底(2)の ω は実数であり、トビトビの値ではありません。そのため、基底(2)

で任意の関数 f(t) を表わすには、複素フーリエ級数のときのように一次結合が和の形ではなく、次のように積分の形になります。

$$f(t) = \int_{-\infty}^{\infty} F_1(\omega') e^{i\omega' t} d\omega' \quad \cdots (4)$$

（注2）関数名を F_1、積分変数を ω' としたのは以下の計算の便宜のためである。

この $F_1(\omega)$ が複素フーリエ級数におけるフーリエ係数 c_n に相当するものです。

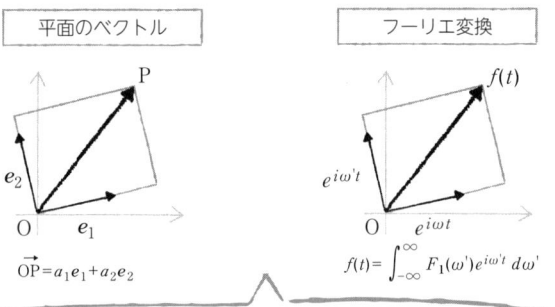

平面のベクトル	フーリエ変換
$\overrightarrow{OP} = a_1 e_1 + a_2 e_2$	$f(t) = \int_{-\infty}^{\infty} F_1(\omega') e^{i\omega' t} d\omega'$

> 平面のベクトル $\overrightarrow{OP}$ は直交する基底 e_1, e_2 の一次結合で表わせる（左図）。これと同様に、関数空間の1点 f(t) を基底の関数(2)で表わせる。それがフーリエ変換である。複素フーリエ級数のときとイメージは同じだが、フーリエ変換では ω がトビトビでなく、連続している。

フーリエ変換は基底 $e^{i\omega t}$ の係数

基底 $e^{i\omega t}$ の係数 $F_1(\omega)$ を求めるには、次のように(4)の両辺に基底 $e^{i\omega t}$（の共役な複素数）をかけ、積分します（すなわち、内積をとります）。これはベクトルを直交基底で表現する際の成分を求めるための技法です。

$$\int_{-\infty}^{\infty} f(t) e^{-i\omega t} dt$$

← $e^{-i\omega t}$ をかけたのは、複素数の世界の内積は一方を共役な複素数にしてかけ合わせるから

$$= \int_{-\infty}^{\infty} \left\{ \int_{-\infty}^{\infty} F_1(\omega') e^{i\omega' t} d\omega' \right\} e^{-i\omega t} dt$$

$$= \int_{-\infty}^{\infty} \int_{-\infty}^{\infty} F_1(\omega') e^{i\omega' t} e^{-i\omega t} dt d\omega'$$

← t と ω' の**二重積分**になる。二重積分は積分の順序を変更できる（☞付録B）

$$= \int_{-\infty}^{\infty} F_1(\omega') \int_{-\infty}^{\infty} e^{i(\omega' - \omega)t} dt d\omega'$$

$$= 2\pi \int_{-\infty}^{\infty} F_1(\omega') \delta(\omega'-\omega) d\omega' \quad \leftarrow \text{68 ページの(3)式を利用}$$

$$= 2\pi F_1(\omega) \quad \leftarrow \text{δ関数の公式（☞付録E）を利用}$$

こうして、基底 $e^{i\omega t}$ の係数 $F_1(\omega)$ が次のように表わせることがわかりました。

$$F_1(\omega) = \frac{1}{2\pi} \int_{-\infty}^{\infty} f(t) e^{-i\omega t} dt$$

この式を関数 $f(t)$ の「フーリエ変換」とする文献もありますが、多くは係数を簡単にするために両辺に 2π をかけ、左辺の $2\pi F_1(\omega)$ を $F(\omega)$ と置き、次のように記述します。

$$F(\omega) = \int_{-\infty}^{\infty} f(t) e^{-i\omega t} dt \quad \cdots (5)$$

これが本書で採用する関数 $f(t)$ の**フーリエ変換**です（☞ P.66 の(1)式）。すると、(4)は次のように表わせます（積分変数を ω に置き換えました）。

$$f(t) = \frac{1}{2\pi} \int_{-\infty}^{\infty} F(\omega) e^{i\omega t} d\omega \quad \cdots (6)$$

これが本書で採用する**逆フーリエ変換**です（☞ P.66 の(2)式）。

（注3）公式集を利用するときには、どのようなフーリエ変換の定義を利用しているのかをしっかり確認しないと、大きな間違いを犯すことになる。

（注4）本節の議論は δ 関数の公式（☞付録E）を利用している。その δ 関数の公式はフーリエ変換で説明されるのが普通で、同語反復（トートロジー）に陥っている。付録Fで、フーリエ級数の一般化として公式(5)(6)の関係を証明しているので、厳密さを求める読者はそこを参照してもらいたい。

フーリエ係数は時間領域から周波数領域へのマッピング

電気信号や音声などの世界では、t は時刻、$e^{i\omega t}$ は角周波数 ω を持つ複素正弦波の信号を表わします。すると、フーリエ変換(5)で求めた $F(\omega)$ は信号 $f(t)$ にどれだけ角周波数 ω の信号が含まれるかを求める式と解釈できます。

そこで、関数 $f(t)$ の世界を**時間領域**、$F(\omega)$ の世界を**周波数領域**（**スペクトル領域**ともいいます）と呼びます。フーリエ変換は与えられた信号を「時間領

域」から「周波数領域」へ移し変える操作なのです。

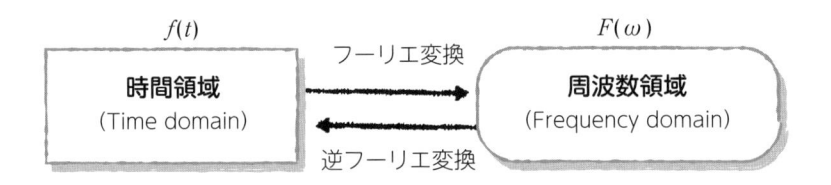

$f(t)$ 時間領域 (Time domain) →フーリエ変換→ $F(\omega)$ 周波数領域 (Frequency domain) ←逆フーリエ変換←

$f(t)$ と $F(\omega)$ の関係を立体的に見ると、次の図のようになります。これに似た図は、すでに第1章でも見ました（☞ P.37）。異なる点は、$F(\omega)$ が連続関数になることです。

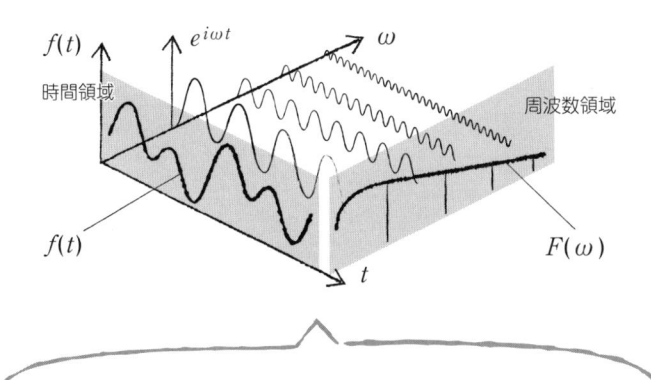

> 一般的な関数に含まれる周波数は連続的な値をとる。定義区間の限られた関数や周期関数の周波数がトビトビ値を持つのと異なる。ちなみに、フーリエ係数 c_n に対応するものがフーリエ変換で得られた式 $F(\omega)$ だ。（複素正弦波 $e^{i\omega t}$ のイメージを正弦波で描いている）。

まとめ

フーリエ変換の公式(5)に対して、その逆変換が公式(6)で示せることをベクトルのアイデアで確かめました。フーリエ級数や複素フーリエ級数と同じ考え方であることを理解してください。

2-3 フーリエ変換の性質

フーリエ変換について成立する公式を見てみましょう。これらの公式は、後の微分方程式の解法（☞第6章）や、線形応答の理論（☞第7章）に必須です。

線形性

関数 $f(t)$ の定数倍 $cf(t)$ や、2つの関数 $f(t)$, $g(t)$ の和 $f(t) + g(t)$ をフーリエ変換する際には、次の**線形性**を利用すると、計算が楽になることが多いです。

$$\left.\begin{array}{l}\displaystyle\int_{-\infty}^{\infty}\{cf(t)\}e^{-i\omega t}dt = c\int_{-\infty}^{\infty}f(t)e^{-i\omega t}dt \quad (c \text{ は定数}) \\ \displaystyle\int_{-\infty}^{\infty}\{f(t) + g(t)\}e^{-i\omega t}dt = \int_{-\infty}^{\infty}f(t)e^{-i\omega t}dt + \int_{-\infty}^{\infty}g(t)e^{-i\omega t}dt\end{array}\right\} \cdots(1)$$

言葉では、次のように表わされます。
「定数倍のフーリエ変換はフーリエ変換の定数倍」
「和のフーリエ変換はフーリエ変換の和」
この公式(1)は積分の性質なので、これ以上の説明は必要ないでしょう。

導関数のフーリエ変換

関数 $f(t)$ の導関数のフーリエ変換の公式を紹介しましょう。

関数 $f(t)$ をフーリエ変換した式を $F(\omega)$ とする。このとき、$f(t)$ の導関数 $f'(t) = \dfrac{df}{dt}$ をフーリエ変換した式は、$i\omega F(\omega)$ となる。すなわち、

$$F(\omega) = \int_{-\infty}^{\infty}f(t)e^{-i\omega t}dt \text{ のとき、} \int_{-\infty}^{\infty}f'(t)e^{-i\omega t}dt = i\omega F(\omega) \quad \cdots(2)$$

言葉では、次のように表わされます。

「微分のフーリエ変換はフーリエ変換の $i\omega$ 倍」

微分することは $i\omega$ をかけることになります。この簡潔性ゆえに、フーリエ変換は微分方程式の解法に大いに役立ちます。

〔証明〕

$$\int_{-\infty}^{\infty} f'(t)e^{-i\omega t}dt \quad \leftarrow \text{部分積分の公式を利用}$$

$$= \left[f(t)e^{-i\omega t}\right]_{-\infty}^{\infty} - \int_{-\infty}^{\infty} f(t)(-i\omega)e^{-i\omega t}dt \quad \leftarrow \frac{d}{dx}e^{kx} = ke^{kx} \text{ を利用}$$

実用的な仮定 $f(\pm\infty) = 0$ を利用 この項は 0 になる

$$= i\omega \int_{-\infty}^{\infty} f(t)e^{-i\omega t}dt$$

$$= i\omega F(\omega) \quad \textbf{(完)}$$

公式(2)を応用すれば、2階、さらには一般的な n 階の微分計算も容易です。

$$\left.\begin{array}{l} f''(t) = \dfrac{d^2 f}{dt^2} \text{ のフーリエ変換は } (i\omega)^2 F(\omega) \\[2mm] f^{(n)}(t) = \dfrac{d^n f}{dt^n} \text{ のフーリエ変換は } (i\omega)^n F(\omega) \end{array}\right\} \cdots(3)$$

（例） t の関数 $x = x(t)$ をフーリエ変換した式を $X(\omega)$ とします。このとき、微分の式 $\dfrac{d^2 x}{dt^2} + kx$（k は定数）のフーリエ変換は次のようになります。

$\dfrac{d^2 x}{dt^2} + kx$ のフーリエ変換

$$= (i\omega)^2 X(\omega) + kX(\omega) \quad \leftarrow \text{微分の公式(3)と線形性の公式(1)から}$$

$$= (-\omega^2 + k)X(\omega) \quad \leftarrow i^2 = -1 \text{ を利用}$$

まとめ

フーリエ変換の実際の計算に利用される公式を紹介しました。後の応用（☞第6章〜第7章）で登場する大切な公式です。

〔Column〕時間領域を狭めると、周波数領域が広がる

67ページの〔**例題9**〕で次の関数をフーリエ変換しました。

$f(t) = 1 \ \left(-\dfrac{\varepsilon}{2} \leq t \leq \dfrac{\varepsilon}{2}\right) \quad f(t) = 0$ （それ以外）

この関数 $f(t)$ は**矩形波**と呼ばれます。下図は ε が 1 の場合と 0.5 の場合について、変換後のグラフを描いたものです。

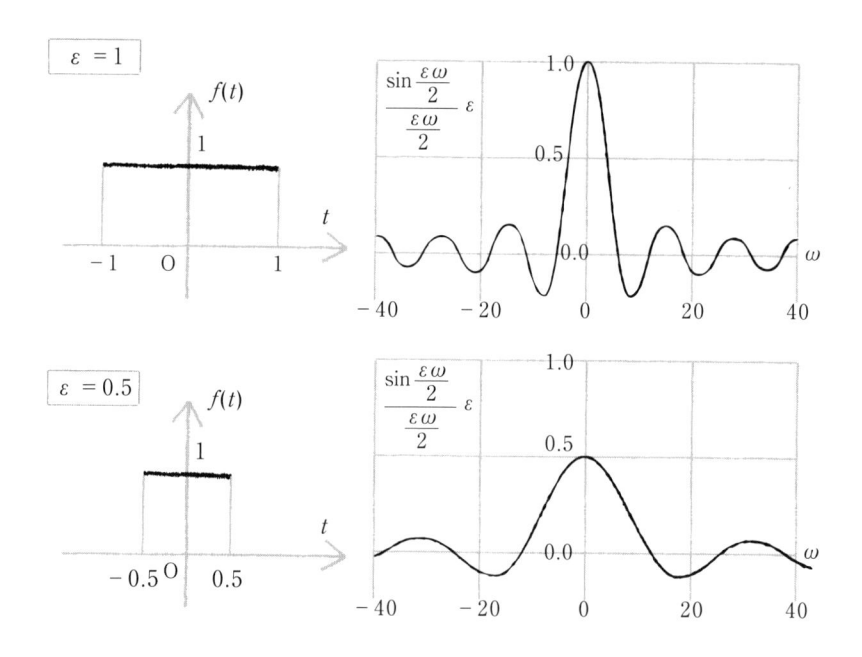

ε が大きい（すなわち、時間の幅が広い）矩形波には、$\omega = 0$ 近辺に主要な波が集中しています。それに対して、ε が小さい（すなわち、時間幅が狭い）矩形波には、（周波数的に）幅広くたくさんの波が寄り集まっていることがわかります。

この性質は応用上重要です。特に、t を位置とみなすとき、量子力学で位置と運動量の「不確定性原理」の論拠になる性質です。

第3章
ラプラス変換

応用数学で欠くことのできないラプラス変換について説明します。ラプラス変換はフーリエ変換と親子の関係にありますが、応用できる関数の範囲が広く、フーリエ変換よりも使いやすいです。

基礎編

第3章のガイダンス

先生：**ラプラス変換**について説明しよう。

生徒：**ラプラス**って何ですか？

先生：フランス革命やナポレオンの時代に活躍したフランスの学者の名だ（☞ P.81）。

生徒：どんな変換なんですか？

先生：フーリエ変換と同様、積分の形で定義される変換だ。すなわち、関数 $f(t)$ をラプラス変換した関数 $F(s)$ を次のように定義する。

（ラプラス変換） $F(s) = \int_0^\infty f(t)e^{-st}dt$　（s は複素数の世界で考える）…(1)

また、フーリエ変換と同様、この逆変換がある。

（逆ラプラス変換） $f(t) = \dfrac{1}{2\pi i}\int_{c-i\infty}^{c+i\infty} F(s)e^{st}ds$　（c は実数の定数）…(2)

生徒：何の役に立つんですか？

先生：**線形微分方程式**の解法や、**線形応答理論**に利用される。

生徒：むずかしそうですね。

先生：まあ、それはこれからのお楽しみ。まずは、ラプラス変換(1)の使い方を理解することが肝心だ。

生徒：わかりました。でも、(1)はフーリエ変換に似ていますね。

先生：たしかに。数学的にはフーリエ変換から生まれたと解釈できる。親子が似るようなものだよ。

生徒：でも、フーリエ変換のように積分には虚数が入っていないので、簡単そうだ！

先生：それは甘い。(1)の（ ）の中の注釈を読んでごらん。積分に含まれる s は複素数なんだ。**複素正弦波**が隠れているんだ。

生徒：そうか。面倒そうですね。

先生：実をいうと、フーリエ変換よりも計算が楽になる。

生徒：どうしてですか？

先生：フーリエ変換は大切な関数に対して積分が収束しないという問題があるんだ。

生徒：どういうことですか？

先生：たとえば、一番簡単な関数の1つである定数関数 $y = 1$ は、フーリエ変換できない。

（例1） $\int_{-\infty}^{\infty} 1 \cdot e^{-i\omega t} \, dt = \left[\dfrac{e^{-i\omega t}}{-i\omega} \right]_{-\infty}^{\infty} =$ 収束しない！

生徒：たしかに！

先生：でも、この関数 $y = 1$ のラプラス変換の積分は収束する。

（例2） $\int_{0}^{\infty} 1 \cdot e^{-st} \, dt = \left[\dfrac{e^{-st}}{-s} \right]_{0}^{\infty} = \dfrac{1}{s}$

生徒：でも、s がたとえば -1 だと、次のように発散し、$\left[\dfrac{e^{-st}}{-s} \right]_{0}^{\infty}$ は値を持ちませんよね。

$$\lim_{t \to \infty} e^{-st} = \lim_{t \to \infty} e^{t} = \infty$$

先生：いいところに気づいたね。ラプラス変換を考えるとき、われわれは常に「良い条件」の下で計算することにするんだよ。すなわち、(1)の積分が収束する s の範囲内で計算することを仮定するんだ。この例の場合には、s の実数部は正と仮定するんだ。

生徒：なんか、勝手ですね。

先生：しかし、実用上それで問題は起こらない。また、得られる**複素関数**には「解析接続」という優れた性質がある。微分不可能な点や線をまたがない限り、その良い条件の解がそのまま生きるんだ。

生徒：え？　複素関数を理解しなければならないんですか？

先生：厳密なことをいえば、知る必要がある。特に逆ラプラス変換(2)は複素関数の積分なんだ。しかし、実のところ、知らなくても大丈夫。逆に、知らないほうが普通だ。知らなくても、複素数の積分を回避する手段があるからね。

生徒：それはうれしい！

先生：では、ラプラス変換の話を始めよう。

3-1 ラプラス変換の公式

「ラプラス変換」とはどんなものかについて見ていきましょう。簡単な計算例を通して、この変換の計算法を理解してください。

ラプラス変換の定義

変数 t の関数 $f(t)$ （$t \geq 0$）に対して、次の関数 $F(s)$ を求めることを、関数 $f(t)$ の**ラプラス変換**といいます。

$$F(s) = \int_0^\infty f(t)e^{-st}dt \quad \cdots (1)$$

(注1) この(1)を**片側ラプラス変換**という。「両側ラプラス変換」もあるが、この(1)が一般的だ。

この(1)の $f(t)$ は**原関数**または **t 関数**と呼ばれます。また、$F(s)$ は**像関数**または **s 関数**と呼ばれます。

関数 $f(t)$ が t 関数と呼ばれるのは、多くの場合、関数 f の変数に time（時刻）の t が用いられるからです。また、関数 $F(s)$ が s 関数と呼ばれるのは、多くの文献で、関数 F の変数に s が用いられるからです。

注意すべきは、積分変数 t は実数ですが、s は複素数の世界で考えられていることです。そして、(1)の積分が収束するような適当な数が仮定されます。

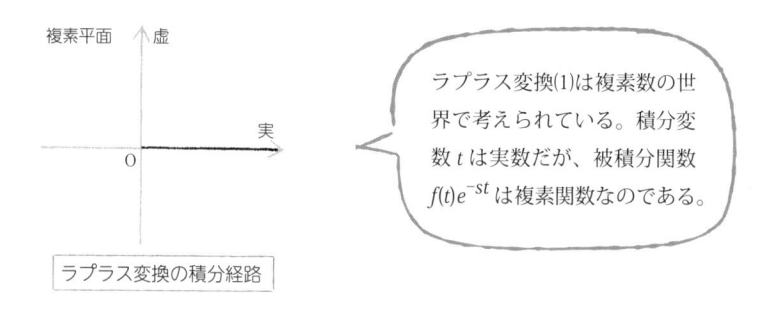

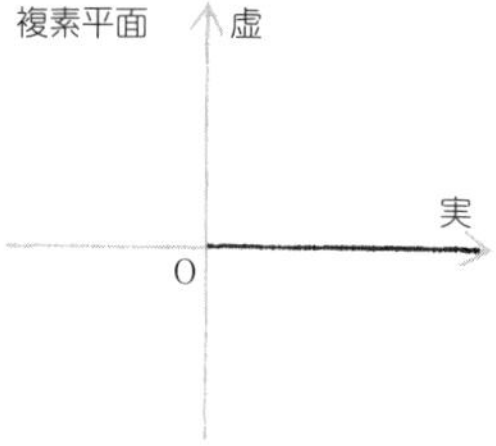

> ラプラス変換(1)は複素数の世界で考えられている。積分変数 t は実数だが、被積分関数 $f(t)e^{-st}$ は複素関数なのである。

ラプラス変換の積分経路

ラプラス変換にも逆変換がある

フーリエ変換には逆フーリエ変換がありました。ラプラス変換にも逆変換があります。(1)のように関数 $f(t)$ に対し、$F(s)$ が定義されているとき、次のような逆の関係が成立します。これを**逆ラプラス変換**と呼びます。

$$f(t) = \frac{1}{2\pi i} \int_{c-i\infty}^{c+i\infty} F(s)e^{st}ds \quad (c \text{ は実数の定数}) \quad \cdots (2)$$

(注2) この(2)が(1)の逆変換になることの証明は次節（☞ 3-2）に回す。

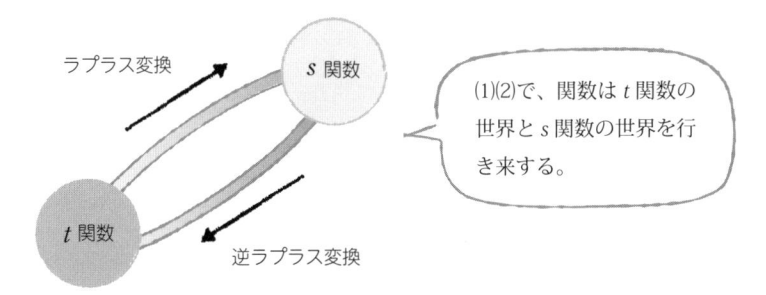

(1)(2)で、関数は t 関数の世界と s 関数の世界を行き来する。

定数 c が唐突に現われましたが、(2)の積分が収束するような値なら何でも可です。先にも述べたように、一般的にラプラス変換では、積分が収束するように適当な値を仮定します。

逆ラプラス変換の式(2)は複素数の積分です。その計算には複素関数の積分の知識が必要になります。そう思うと憂鬱になるかもしれませんが、大丈夫です。逃げ道があります。それについては、後で説明します（☞ 3-5）。

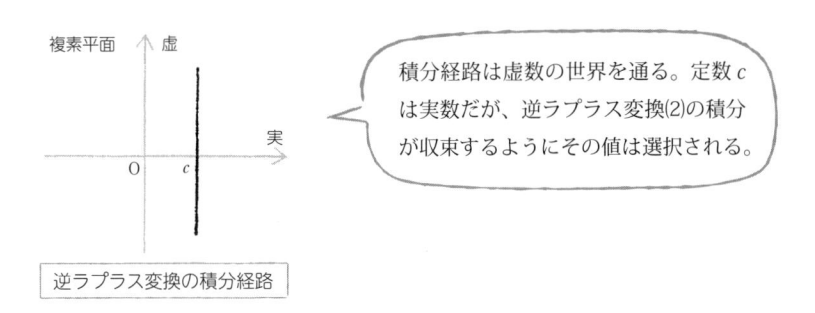

積分経路は虚数の世界を通る。定数 c は実数だが、逆ラプラス変換(2)の積分が収束するようにその値は選択される。

逆ラプラス変換の積分経路

具体例で見てみよう

具体的な関数で 78 ページのラプラス変換(1)の計算をしてみましょう。

〔**例題 10**〕次の関数をラプラス変換せよ。ただし、$a > 0$

$$f(t) = \begin{cases} e^{-at} & (t \geq 0) \\ 0 & (t < 0) \end{cases} \quad \cdots(3)$$

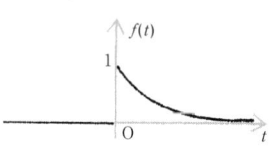

(**解**) ラプラス変換(1)に(3)を代入します。

$$F(s) = \int_0^\infty e^{-at} \times e^{-st} dt$$

$$= \int_0^\infty e^{-(s+a)t} dt \quad \longleftarrow \text{指数法則 } a^m a^n = a^{m+n} \text{ を利用}$$

$$= \left[-\frac{e^{-(s+a)t}}{s+a} \right]_0^\infty \quad \longleftarrow \text{積分公式を利用} \quad \int_a^b e^{kx} dx = \left[\frac{1}{k} e^{kx} \right]_a^b$$

$$= \left(-\frac{e^{-(s+a) \times \infty}}{s+a} \right) - \left(-\frac{e^{(s+a) \times 0}}{s+a} \right)$$

$$= -\frac{0}{s+a} + \frac{1}{s+a} \quad \longleftarrow e^{-\infty} = 0 \quad e^0 = 1 \text{ を利用}$$

$$= \frac{1}{s+a} \quad (\text{答})$$

ここで、<u>$s + a$ の実数部が正となるような s を考えている</u>ことに注意してください。このとき、$e^{-(s+a)t}$ は $t \to \infty$ のときに 0 に収束するからです。

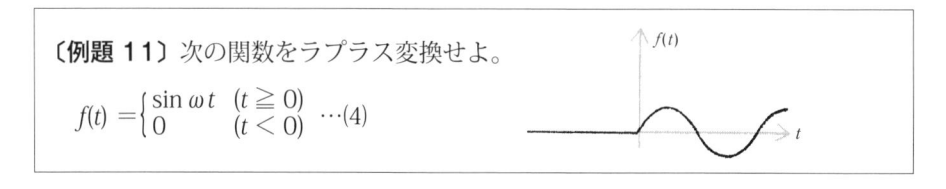

〔**例題 11**〕次の関数をラプラス変換せよ。

$$f(t) = \begin{cases} \sin \omega t & (t \geq 0) \\ 0 & (t < 0) \end{cases} \quad \cdots(4)$$

(解) 78ページのラプラス変換(1)に(4)を代入します。

$$F(s) = \int_0^\infty \sin\omega t \cdot e^{-st} dt$$

$$= \left[\sin\omega t \; \frac{e^{-st}}{-s}\right]_0^\infty - \int_0^\infty \omega\cos\omega t \; \frac{e^{-st}}{-s} dt \quad \Leftarrow \text{部分積分の公式を利用} \quad \int_a^b u'v\, dx = \left[uv\right]_a^b - \int_a^b uv'\, dx$$

$$= \frac{\omega}{s} \int_0^\infty \cos\omega t \cdot e^{-st} dt \quad \Leftarrow \; t\to\infty \text{のとき、}s>0\text{として、}\sin\omega t \cdot e^{-st}\to 0$$

$$= \frac{\omega}{s}\left\{\left[\cos\omega t \; \frac{e^{-st}}{-s}\right]_0^\infty - \int_0^\infty (-\omega\sin\omega t)\frac{e^{-st}}{-s} dt\right\} \quad \Leftarrow \text{上の部分積分の公式を利用}$$

$$= \frac{\omega}{s}\left\{\frac{1}{s} - \frac{\omega}{s}\int_0^\infty \sin\omega t \cdot e^{-st} dt\right\} \quad \Leftarrow \; t\to\infty \text{のとき、}s>0\text{として、}\cos\omega t \cdot e^{-st}\to 0 \quad \text{また、}\cos 0 = 1$$

$$= \frac{\omega}{s}\left\{\frac{1}{s} - \frac{\omega}{s} F(s)\right\} \quad \Leftarrow \; F(s)\text{が }\{\;\}\text{の中に現われたことに注意}$$

これから $F(s)$ を求めて、

$$F(s) = \frac{\omega}{s^2 + \omega^2} \quad \textbf{(答)}$$

まとめ

ラプラス変換を実際に計算しました。理論は複素数の世界ですが、計算は実数の世界と同じであることに注意します。

〔memo〕ラプラス

ラプラス変換の「ラプラス」は、フランス革命期やナポレオン時代に活躍したフランスの数学者**ラプラス**（Pierre-Simon Laplace、1749年〜1827年）の名にちなんでいます。物理学や天文学、そして確率論でも大変有名です。彼の名の付けられたものには、ほかに「ラプラス方程式」「ラプラス演算子」などがあります。

ラプラスは物理的な問題を解くために線形微分方程式を研究していましたが、その際にラプラス変換の手法を確立したといわれます。

3-2 ラプラス変換はフーリエ変換の拡張

前節（☞ 3-1）ではラプラス変換の定義を機械的に述べました。ここでは、その誕生の秘密とともに、ラプラス変換とその逆変換の公式が成立することを解き明かします。

ラプラス変換はフーリエ変換の拡張

第2章で説明したフーリエ変換は数学的に美しい姿をしています。複素正弦波 $e^{i\omega t}$ を素直に重ねた形をしているからです。が、欠点があります。よく使う関数に対し、積分が発散するのです。

たとえば、77ページでも見たように、$f(t) = 1$ という単純な関数に対しても、そのフーリエ変換は収束しません。

$$F(\omega) = \int_{-\infty}^{\infty} f(t) e^{-i\omega t} dt = \int_{-\infty}^{\infty} e^{-i\omega t} dt = 収束しない！$$

(注) 世界を超関数に広げれば、これは δ 関数で表わされる（☞ 付録 E）。

この例からわかるように、フーリエ変換は、積分変数 t を $\pm\infty$ にしたときに 0 に近づかないような関数に対して、計算不可能なのです。

「積分が求められない！」と嘆いていても始まりません。積分が求められるようにお化粧しましょう。

すなわち、適当な数 c を導入して、実用上の関数 $f(t)$ をアレンジした次の関数 $f_1(t)$ を考えます。

$$f_1(t) = f(t) e^{-ct} \quad (t \geqq 0) \quad \cdots(1)$$

この c を適当に決めることで、積分変数 t を $\pm\infty$ にしたときに $f_1(t)$ を 0 に収束させられるのです。

e^{-ct} を関数にかけることで、フーリエ変換の積分が収束するようにする。

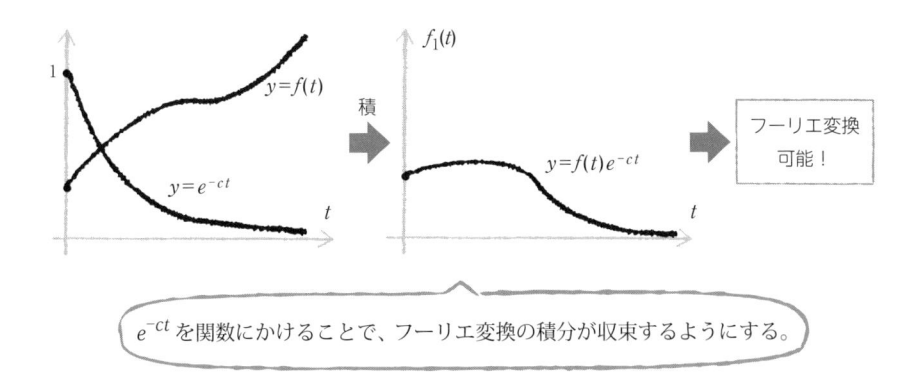

(1)の関数 $f_1(t)$ は $t \geqq 0$ で定義されていますが、$t < 0$ では 0 と拡張しておきます。

$$f_1(t) = 0 \quad (t < 0) \quad \cdots(2)$$

こうすれば関数 $f_1(t)$ はフーリエ変換が可能になります。

フーリエ変換の式に $f_1(t)$ を代入しましょう。変換後の式を $F_1(\omega)$ と置きました。

$$F_1(\omega) = \int_{-\infty}^{\infty} f_1(t) e^{-i\omega t} dt = \int_0^{\infty} f(t) e^{-ct} e^{-i\omega t} dt = \int_0^{\infty} f(t) e^{-(c+i\omega)t} dt \quad \cdots(3)$$

ここで指数部の $c + i\omega$ を s と置き換え、この s で (3) を表わしてみます。

$$F_1\left(\frac{s-c}{i}\right) = \int_0^{\infty} f(t) e^{-st} dt \quad \cdots(4)$$

この左辺を新たに $F(s)$ とします。

$$F(s) = F_1\left(\frac{s-c}{i}\right) \quad \cdots(5)$$

(4)(5)をまとめて、次のように表わせます。

$$F(s) = \int_0^{\infty} f(t) e^{-st} dt \quad \cdots(6)$$

この(6)が 78 ページの(1)式で示した**ラプラス変換**です。

$s = c + i\omega$ は複素数です。その存在領域を、**複素領域**、**s 領域**、**s 空間**などと呼びます。

ちなみに、変数 t の存在する空間を **t 領域**や **t 空間**と呼びます。

| t 領域 | | s 領域 |

ラプラス変換

78ページの(1)で導入した（sの実数部）cは、ラプラス変換が収束するように選ぶ必要があります。sは複素平面全体を動けるとは限りません。

逆ラプラス変換は逆フーリエ変換の応用

前ページの(3)はフーリエ変換です。そこで、次のように逆フーリエ変換が考えられます（☞ P.66）。

$$f_1(t) = \frac{1}{2\pi} \int_{-\infty}^{\infty} F_1(\omega) e^{i\omega t} d\omega \quad \cdots (7)$$

$f_1(t)$，$F_1(\omega)$は82～83ページの(1)～(3)で定義されます。(1)を(7)に代入して、

$$f(t)e^{-ct} = \frac{1}{2\pi} \int_{-\infty}^{\infty} F_1(\omega) e^{i\omega t} d\omega \quad (t \geq 0)$$

両辺にe^{ct}をかけると、

$$f(t) = \frac{1}{2\pi} \int_{-\infty}^{\infty} F_1(\omega) e^{(c+i\omega)t} d\omega \quad \cdots (8)$$

ここで、前ページの(4)と同様に、指数部の$c + i\omega$をsと置き換え、このsを用いて上の積分(8)を表わしてみます。置換積分の公式を用いて、

$$f(t) = \frac{1}{2\pi i} \int_{c-i\infty}^{c+i\infty} F_1\left(\frac{s-c}{i}\right) e^{st} ds \quad \cdots (9)$$

これに前ページの(5)を代入してみます。

$$f(t) = \frac{1}{2\pi i} \int_{c-i\infty}^{c+i\infty} F(s) e^{st} ds \quad \cdots (10)$$

これが前ページのラプラス変換(6)に対する**逆ラプラス変換**です。

積分変数$s = c + i\omega$は複素数です（c，ωは実数）。その積分経路は次の図のように複素数の世界を通ります。

[図: 複素平面上の積分経路。s の虚数部を縦軸、s の実数部を横軸とし、実軸上の点 c を通る垂直な直線が積分経路として示されている]

> 逆ラプラス変換の積分経路は実軸を外れ、複素数の世界を突っ切ることになる。

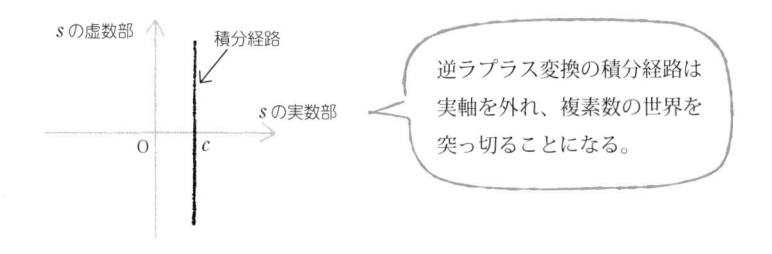

話が込み入ったので、(1)〜(10)の式の流れを図に示しましょう（下図）。

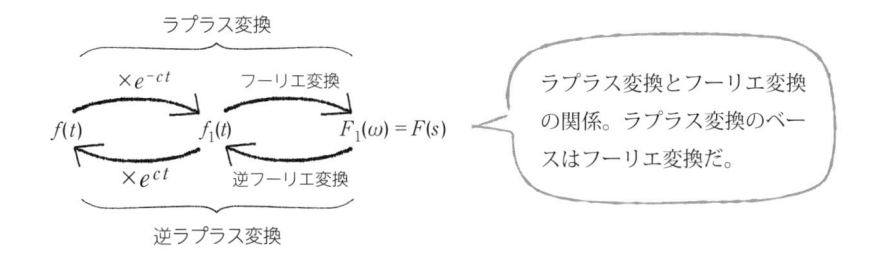

[図: ラプラス変換とフーリエ変換の関係図。$f(t)$ に $\times e^{-ct}$ を掛けて $f_1(t)$ となり、フーリエ変換して $F_1(\omega) = F(s)$ となる。逆向きは逆フーリエ変換し、$\times e^{ct}$ を掛けて $f(t)$ に戻る。全体の往路が「ラプラス変換」、復路が「逆ラプラス変換」]

> ラプラス変換とフーリエ変換の関係。ラプラス変換のベースはフーリエ変換だ。

波のイメージで理解

　フーリエ級数やフーリエ変換のイメージは、複素正弦波 $e^{i\omega t}$ を重ね合わせて関数 $f(t)$ を表わすことでした。ラプラス変換はそれに修正を加えたものです。

　フーリエ変換で用いる複素正弦波はおとなし過ぎて、±∞に大きくなるような「腕白」な関数を表わしきれません。そこで、増大する複素正弦波 $e^{st} = e^{(c+i\omega)t}$ を導入します。そうすることで、相対的に元の腕白な関数は抑えられ、係数を求めるための積分（＝ラプラス変換の積分）が収束するようになります。

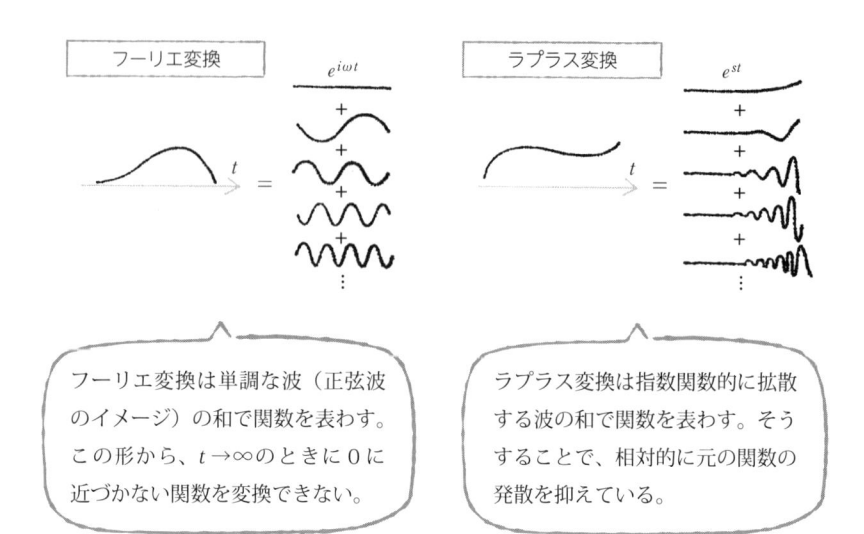

| フーリエ変換 $e^{i\omega t}$ | ラプラス変換 e^{st} |

フーリエ変換は単調な波（正弦波のイメージ）の和で関数を表わす。この形から、$t \to \infty$のときに0に近づかない関数を変換できない。

ラプラス変換は指数関数的に拡散する波の和で関数を表わす。そうすることで、相対的に元の関数の発散を抑えている。

まとめ

ラプラス変換はフーリエ変換をアレンジすることで生まれました。このアレンジにより、変換できる関数の種類が増大し、応用の世界が飛躍的に広がります。

3-3 有名な関数のラプラス変換とラプラス変換表

関数が与えられるたびにラプラス変換の計算をするのは面倒です。そこで、計算済みの表が用意されています。

有名な関数のラプラス変換

有名な関数について、ラプラス変換して得られる関数 $F(s)$ を実際に求めましょう。

〔例題 12〕次の関数をラプラス変換せよ。

$f(t) = 1$

(解) 78ページのラプラス変換の定義式(1)に代入して、

$$F(s) = \int_0^\infty 1 \times e^{-st} dt = \left[-\frac{e^{-st}}{s}\right]_0^\infty$$

$$= \left(-\frac{e^{-s \times \infty}}{s}\right) - \left(-\frac{e^0}{s}\right) = \frac{1}{s} \quad \text{(答)}$$

e^{-st} の不定積分は $\dfrac{-e^{-st}}{s}$

$e^0 = 1 \quad e^{-s \times \infty} = 0$
(s の実数部分が正のとき)

〔例題 13〕次の関数をラプラス変換せよ。

$f(t) = \delta(t)$

(解) ラプラス変換の定義と、δ 関数の公式（☞付録E）から、

$$F(s) = \int_0^\infty \delta(t) e^{-st} dt = \int_{-\infty}^\infty \delta(t) e^{-st} dt$$

e^{-st} の t に 0 を代入

$= e^{-s \times 0} = 1$ (答)

(注) 積分下端の 0 は、このとき −0（負の側から 0 に近づける）と解釈する。

〔例題 14〕次の関数をラプラス変換せよ。
$f(t) = t$

（解）78ページのラプラス変換の定義式(1)に代入して、

$$F(s) = \int_0^\infty t \times e^{-st} dt$$

$$= \left[t \left(-\frac{e^{-st}}{s} \right) \right]_0^\infty - \int_0^\infty (t)' \left(-\frac{e^{-st}}{s} \right) dt$$

$$= -\int_0^\infty \left(-\frac{e^{-st}}{s} \right) dt$$

$$= \frac{1}{s} \int_0^\infty e^{-st} dt = \frac{1}{s^2} \quad \text{（答）}$$

部分積分の公式を利用
$$\int_a^b u'v\, dx = \left[uv \right]_a^b - \int_a^b uv'\, dx$$

有名な関数のラプラス変換表

同様の計算をして、以下の表が得られます。このような表を**ラプラス変換表**と呼びます。

ラプラス変換表

t 関数	s 関数	t 関数	s 関数
1（ステップ関数）	$\dfrac{1}{s}$	$\sin \omega t$（三角関数）	$\dfrac{\omega}{s^2 + \omega^2}$
t^n（べき関数）	$\dfrac{n!}{s^{n+1}}$	$\cos \omega t$（三角関数）	$\dfrac{s}{s^2 + \omega^2}$
e^{at}（指数関数）	$\dfrac{1}{s-a}$	$\delta(t)$（δ関数）	1

この表と次節（☞ 3-4）の「ラプラス変換の性質」を組み合わせると、応用の場は劇的に広がります。

まとめ

ラプラス変換の計算は面倒です。そこで、用意されたラプラス変換表を用いて、その計算をするのが一般的です。そのための表のつくり方を紹介しました。

3-4 ラプラス変換の性質

実際にラプラス変換表を利用する際に必須となる有名な公式を見ていきましょう。前節（☞ 3-3）でまとめたラプラス変換表と組み合わせることで、ラプラス変換の応用力は100倍パワーアップします。

ラプラス変換は1対1対応

異なる関数 $f(t)$, $g(t)$ をラプラス変換すると、次の式で表わせるように、それぞれ異なる関数 $F(s)$, $G(s)$ が生まれます。この性質のお陰で、逆ラプラス変換が可能になります。この性質は **1対1対応** と呼ばれます。

$$f(t) \neq g(t) \quad \text{ならば、} \quad F(s) \neq G(s)$$

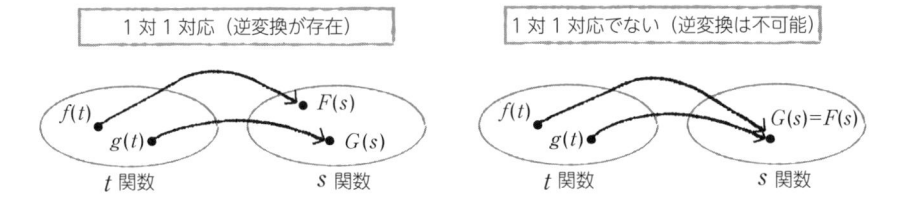

この「1対1」という性質は応用上大切です。ラプラス変換表からラプラス変換される前の関数を求めることができるからです（もし「1対1」でなければ、ラプラス変換表から変換前の関数を確定することはできません）。

ラプラス変換と微分

微分した関数 $f'(t)$ をラプラス変換してみましょう。関数 $f(t)$ をラプラス変換した関数を $F(t)$ とすると、大変単純な公式が導き出されます。

$$\int_0^\infty f'(t)e^{-st}dt$$
$$= \left[f(t)e^{-st}\right]_0^\infty - \int_0^\infty f(t)(e^{-st})'dt \;\Longleftarrow$$
$$= f(\infty)e^{-\infty \times s} - f(0)e^{-0 \times t} + s\int_0^\infty f(t)e^{-st}dt \;\Longleftarrow$$
$$= sF(s) - f(0)$$

> 部分積分の公式を利用
> $$\int_a^b u'v\,dx = \left[uv\right]_a^b - \int_a^b uv'\,dx$$

> $e^0 = 1$
> また、実用的な関数では、
> $t \to \infty$ のとき、
> $f(t)e^{-st} \to 0$

すなわち、次の公式が成立します。

$$\int_0^\infty f'(t)e^{-st}dt = sF(s) - f(0) \quad \cdots(1)$$

ラプラス変換した関数（s 関数）で考えれば、「微分は s をかけて初期値を引く」という実に簡単な式になるのです。

t 空間		s 空間
$\dfrac{d}{dt}f(t)$	⟺	$s \times F(s) - f(0)$

> ラプラス変換すると、微分計算がかけ算になる。

n 階微分については、この公式 (1) を n 階繰り返し利用すれば公式が得られます。たとえば、2 階の微分については、次の公式が成立します。

$$\int_0^\infty f''(t)e^{-st}dt = s^2F(s) - sf(0) - f'(0)$$

ラプラス変換の推移則

関数 $e^{-at}f(t)$（a は定数）をラプラス変換してみましょう（$f(t)$ をラプラス変換した関数を $F(s)$ と表わします）。

$$\int_0^\infty e^{-at}f(t)e^{-st}dt$$
$$= \int_0^\infty f(t)e^{-(s+a)t}dt \;\Longleftarrow \text{指数法則 } a^m a^n = a^{m+n} \text{ を利用}$$
$$= F(s+a) \quad \cdots(2)$$

(2)はラプラス変換の**推移則**などと呼ばれ、次のようにまとめられます。

$f(t)$ のラプラス変換を $F(s)$ とすると、$e^{-at}f(t)$ のラプラス変換は $F(s+a)$

$$f(t) \xrightarrow{\text{ラプラス変換}} F(s) \quad \text{のとき、} \quad e^{-at}f(t) \xrightarrow{\text{ラプラス変換}} F(s+a)$$

ラプラス変換の相似則

関数 $f(at)$（$a > 0$）をラプラス変換してみましょう。置換積分して、

$$\int_0^\infty f(at)e^{-st}dt = \int_0^\infty f(t)e^{-s\frac{t}{a}}\frac{1}{a}dt = \frac{1}{a}\int_0^\infty f(t)e^{-\frac{s}{a}t}dt = \frac{1}{a}F\left(\frac{s}{a}\right) \quad \cdots(3)$$

(3)はラプラス変換の**相似則**などと呼ばれ、次のようにまとめられます

$f(t)$ のラプラス変換を $F(s)$ とすると、$f(at)$ のラプラス変換は $\frac{1}{a}F\left(\frac{s}{a}\right)$

$$f(t) \xrightarrow{\text{ラプラス変換}} F(s) \quad \text{のとき、} \quad f(at) \xrightarrow{\text{ラプラス変換}} \frac{1}{a}F\left(\frac{s}{a}\right)$$

ラプラス変換の性質のまとめ

以上の結果は、微分方程式（☞第6章）で利用するので、表にしておきます。

公式の名称	t 関数	s 関数
1対1対応	$f(t) \neq g(t)$	$F(s) \neq G(s)$
線形性	$cf(t)$	$cF(s)$
線形性	$f(t) + g(t)$	$F(s) + G(s)$
相似則	$f(at)$	$\frac{1}{a}F\left(\frac{s}{a}\right)$
微分公式1	$f'(t)$	$sF(s) - f(0)$
微分公式2	$f''(t)$	$s^2F(s) - sf(0) - f'(0)$
推移則	$e^{-at}f(t)$	$F(s + a)$

（注）$F(s)$, $G(s)$ は $f(t)$, $g(t)$ をラプラス変換した関数。a, c は定数とする。なお、線形性は積分の性質から証明される。

まとめ

ラプラス変換表を利用して逆ラプラス変換する際には、上記の表の性質がよく利用されます。この性質について説明しました。

3-5 逆ラプラス変換の実際

後の章（☞第6章～第7章）で説明しますが、応用上、逆ラプラス変換は重要です。その実際を見ていきましょう。ラプラス変換の公式を逆用することになります。

逆ラプラス変換の仕方

逆ラプラス変換をするのに、そのための公式（☞P.79の(2)）を利用するのは大変です。そこで、実際の逆ラプラス変換の仕方を見てみましょう。以下では、t 関数を $f(t)$, $g(t)$ とし、それをラプラス変換した s 関数を順に $F(s)$, $G(s)$ とします。

（注1）ラプラス変換表から求めるときには、$t < 0$ の領域の t 関数の値は 0 とみなす。

〔**例題 15**〕次の関数を逆ラプラス変換せよ。
$$G(s) = \frac{1}{s+2}$$

（**解1**）88ページのラプラス変換表にある次の公式を利用します。

（**公式**）$f(t) = e^{at}$ のラプラス変換は $F(s) = \dfrac{1}{s-a}$

$G(s) = \dfrac{1}{s+2}$ より、この公式の a を -2 と置き換えて、$g(t) = e^{-2t}$ （**答**）

（**解2**）ラプラス変換表とその変換の性質（☞P.88・P.91）を組み合わせます。ラプラス変換表には次の公式があります。

（**公式**）$f(t) = 1$ のラプラス変換は $F(s) = \dfrac{1}{s}$

また、次の推移則があります。

（公式） $f(t)$ のラプラス変換が $F(s)$ のとき、$e^{-at}f(t)$ のラプラス変換は $F(s+a)$

$G(s) = \dfrac{1}{s+2}$ を「$\dfrac{1}{s}$ の s を $s+2$ に置き換えた」関数と解釈すると、以上2つの公式を組み合わせて、$g(t) = e^{-2t} \times 1 = e^{-2t}$ **（答）**

この〔例題15〕の**（解1）（解2）**からわかるように、公式の使い方は1通りではありません。

〔**例題16**〕次の関数を逆ラプラス変換せよ。
$G(s) = \dfrac{s+2}{(s+1)^2}$

（解） 次のように式変形します（これを**部分分数に分解する**といいます）。

$G(s) = \dfrac{1}{s+1} + \dfrac{1}{(s+1)^2}$ …(1)

さらに、ラプラス変換表を利用します。

（公式） 1 のラプラス変換は $\dfrac{1}{s}$　t のラプラス変換は $\dfrac{1}{s^2}$ …(2)

（注2）91ページのラプラス変換表の中のべき関数の公式「t^n」の n に1を代入することで、「t のラプラス変換は $\dfrac{1}{s^2}$」が得られる。

上の式(1)はこの公式(2)の s を $s+1$ と置き換えています。したがって、〔例題15〕の**（解2）**でも見たように、ラプラス変換表から得られた(2)の関数に $e^{-1 \times t}$ をかければよいのです。

$g(t) = e^{-1 \times t}(1+t) = e^{-t}(1+t)$ **（答）**

〔**例題17**〕次の関数を逆ラプラス変換せよ。
$G(s) = \dfrac{s+b}{s^2+a^2}$

（解） 次のように分数を分解します。

$$G(s) = \frac{s}{s^2 + a^2} + \frac{b}{a} \frac{a}{s^2 + a^2} \quad \cdots (3)$$

さらに、ラプラス変換表を利用します。

（公式） $\cos \omega t$, $\sin \omega t$ のラプラス変換は順に $\dfrac{s}{s^2 + \omega^2}$ $\dfrac{\omega}{s^2 + \omega^2}$

この2つの公式と、ラプラス変換の線形性（☞ P.91）を利用して、

$$g(t) = \cos at + \frac{b}{a} \sin at \quad \text{（答）}$$

まとめ

逆ラプラス変換の計算は、公式を組み合わせることで、積分の計算をしなくても求められることを確かめました。

第4章
離散フーリエ変換(DFT)と離散コサイン変換(DCT)

デジタル信号のように離散的なデータのフーリエ変換を説明します。実際のデータから周波数成分を取り出すには不可欠な技法です。計算に「行列」を用いますが、積だけの計算です。

Guidance

第4章のガイダンス

先生：**離散フーリエ変換（DFT）**と**離散コサイン変換（DCT）**について説明しよう。

生徒：「離散フーリエ変換」と「離散コサイン変換」って何ですか？

先生：**離散データ**を対象にして、そこに含まれる周波数成分を調べる理論だ。

生徒：「離散データ」？

先生：順番に説明しよう。連続して観測される電波や音、光、地震波なども、分析のためにコンピュータに取り込む際には、デジタルデータになる。アナログデータをコンピュータで直接分析するのはむずかしいからだ。

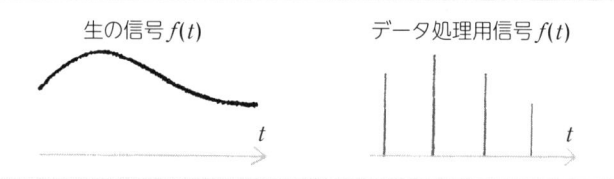

生の信号 $f(t)$ 　　　　データ処理用信号 $f(t)$

生徒：デジタルデータって、要するに数値のデータですよね。

先生：そうだ。フーリエ解析では、このデジタル化された信号データを**離散信号**と呼ぶんだ。その離散信号から周波数成分を取り出す技法が離散フーリエ変換と離散コサイン変換だ。

生徒：フーリエ級数やフーリエ変換ではダメなんですか？

先生：残念ながら、そのままでは使えない。理由は単純だ。積分に意味がなくなるからだ。

（フーリエ級数） $c_n = \dfrac{1}{T}\displaystyle\int_{-\frac{T}{2}}^{\frac{T}{2}} f(t) e^{-i\frac{2n\pi}{T}t} dt$ 　　**（フーリエ変換）** $\displaystyle\int_{-\infty}^{\infty} f(t) e^{-i\omega t} dt$

生徒：そうか、積分は通常、なめらかなグラフを持つ関数を対象にしますものね。

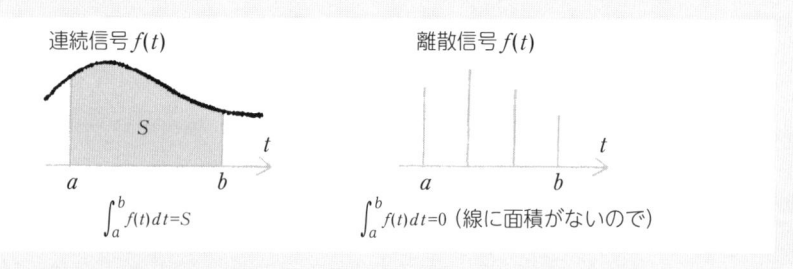

連続信号 $f(t)$ 　　　　離散信号 $f(t)$

$\displaystyle\int_a^b f(t)dt = S$ 　　　　$\displaystyle\int_a^b f(t)dt = 0$（線に面積がないので）

先生：でも、これまでの考え方の延長にあるから、むずかしくないので安心していい。
生徒：ほっとします。でも、実際にどんなところで利用されているんですか？
先生：さっき話したように、連続信号をコンピュータ処理するときに利用される。たとえば、地震波や宇宙からの光にどのような周波数成分（すなわち、波長成分）が含まれているかを調べたいときに利用される。
生徒：そうか、フーリエ変換などよりも、より現場や実験に近い場で利用されるんですね。
先生：そうともいえる。さらに、もっと身近なところでも利用されているんだ。
生徒：どんなところですか？
先生：デジカメで写真を撮ると、**JPEG**という規格で圧縮されるのが一般的だ。
生徒：あ、知っています。写真をメールで送ってもらうときのファイルの拡張子にも、「○○○.jpg」などと付けられていますよね。
先生：その圧縮には離散コサイン変換が利用されているのが一般的だ。離散コサイン変換は離散フーリエ変換の応用とも考えられるデータ処理技術だ。
生徒：フーリエ解析は現象を正弦波の立場で捉える（すなわち、周波数成分に分解する）というのが基本ですよね。それがどうしてデータ圧縮に利用できるんですか？
先生：信号を周波数成分に分解すると、当然、低い周波数と高い周波数が取り出せる。人間は高い周波数に鈍感なんだ。だから、高い周波数成分をカットして、情報を圧縮する方法を思いついた。それを実現するのが離散コサイン変換だ。音の世界でも、**MP3**という圧縮規格で利用されているよ。
生徒：ますます面白くなってきました。
先生：では、離散フーリエ変換と離散コサイン変換の話を始めよう。

4-1 離散フーリエ変換(DFT)のための離散信号

実験などの測定量は離散的な値です。また、音や映像のデジタル処理は離散的な信号値を対象にします。このようなデータを離散信号といいます。離散フーリエ変換のための離散信号の表現法を見ていきます。

離散信号

映像や音声などの信号の多くは連続信号であり、数学的には連続的な関数 $x(t)$ で表わされます。実験データとして記録したり、デジタル処理したりするには、その連続信号 $x(t)$ を一定の間隔に区切って数値化するという操作が必要になります。こうして得られた信号を**離散信号**といい、その信号の取得操作を**サンプリング**と呼びます。また、区切りの間隔 D を**サンプリング周期**と呼びます。

(注) サンプリング周期の逆数を**サンプリング周波数**という。

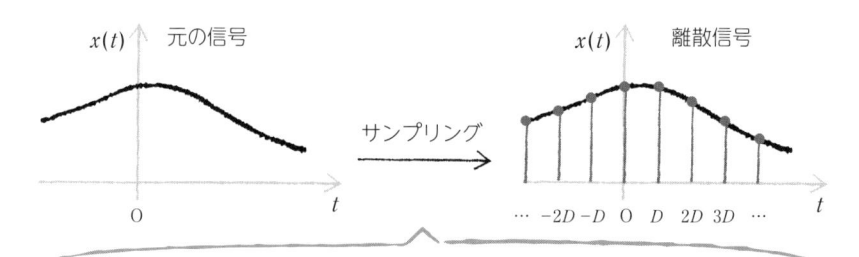

サンプリングとは、連続信号 $x(t)$ を時間 D ごとに区切り、離散信号のデータ列 …, $x(-2D)$, $x(-D)$, $x(0)$, $x(D)$, $x(2D)$, … に変換する操作(D がサンプリング周期)。

有限時間の信号をサンプリング

連続信号 $x(t)$ があり、調べる時間を次の有限時間とします。

$0 \leq t < T$ (T は正の定数) …(1)

ちなみに、長い信号をブロックに区切って処理したいときには、そのブロッ

クの幅を T にすればよいでしょう。

以下では、話を具体的にするために取り出す信号を4個とし、離散フーリエ変換のための離散信号のサンプリング法を見ていきます。

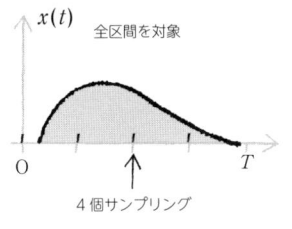

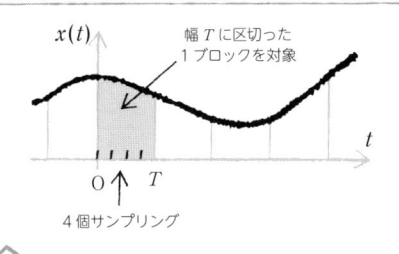

長く続く信号を等間隔 T に区切ってブロック処理する場合のサンプリングが右の図。この場合を意識して(1)の $0 \leq t < T$ で、右端に等号を入れていない。

では、連続信号 $x(t)$（$0 \leq t < T$）から4つの離散信号をサンプリングします。(1)の区間幅 T を4等分し、各等分点からサンプリングデータを取得します。すると、信号間隔 D（すなわち、サンプリング周期 D）は次の式を満たします。

$$T = 4D$$

また、サンプリング時刻は次のように表わせます。

$$t = 0, \ D, \ 2D, \ 3D$$

これらの時刻で信号 $x(t)$ の値を求めると、時系列の次の信号列が得られます。

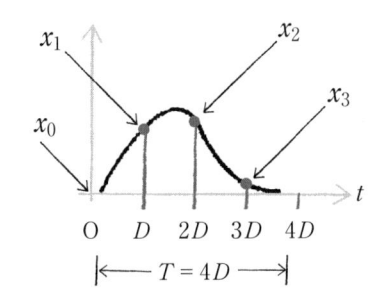

$$x_0, \ x_1, \ x_2, \ x_3$$

信号列の値 x_n と連続信号 $x(t)$ は次の関係で結ばれています。

$$x_n = x(nD) \quad (n = 0, \ 1, \ 2, \ 3) \quad \cdots(2)$$

この離散信号が4個の場合の(2)を N 個に一般化すると次のようになります。

$$x_n = x(nD) \quad \left(n = 0,\ 1,\ 2,\ 3,\ \cdots, N-1 \quad \text{また、}\ D = \frac{T}{N} \right) \quad \cdots(3)$$

これが後述する連続信号と**離散フーリエ変換**の離散信号の関係式です。

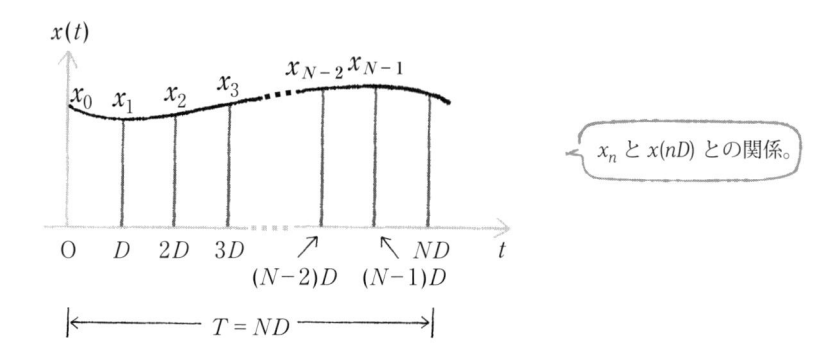

x_n と $x(nD)$ との関係。

|まとめ|

連続信号 $x(t)$ から離散フーリエ変換（DFT）のための N 個の離散信号 x_0, x_1, x_2, $\cdots$, x_{N-1} を取り出すとき、その式が上記(3)となることを説明しました。

4-2 離散フーリエ変換(DFT)の考え方と応用

離散的な信号値を対象にするフーリエ変換を離散フーリエ変換（略してDFT）といいます。DFTの話はややこしいので、4つの信号値の場合に話を具体化して考え方を見ていきましょう。

離散フーリエ変換

連続信号をフーリエ変換したり、フーリエ級数展開したりすると、信号に含まれる周波数の情報が得られました（☞第1章〜第2章）。同様に、離散信号からも周波数の情報を得たいことがあります。この離散信号のフーリエ変換が**離散フーリエ変換**（Discrete Fourier Transform、略して**DFT**）です。「フーリエ変換」と名づけられていますが、内実はフーリエ級数に近い理論です。有限時間の信号を扱うからです。

さて、これまで調べたフーリエ変換やフーリエ級数では積分が基本でした。しかし、離散信号を積分すると、その値は0になってしまいます。積分は面積計算ですが、離散信号を表わす線には面積がないからです。そこで、特別の技が必要になります。

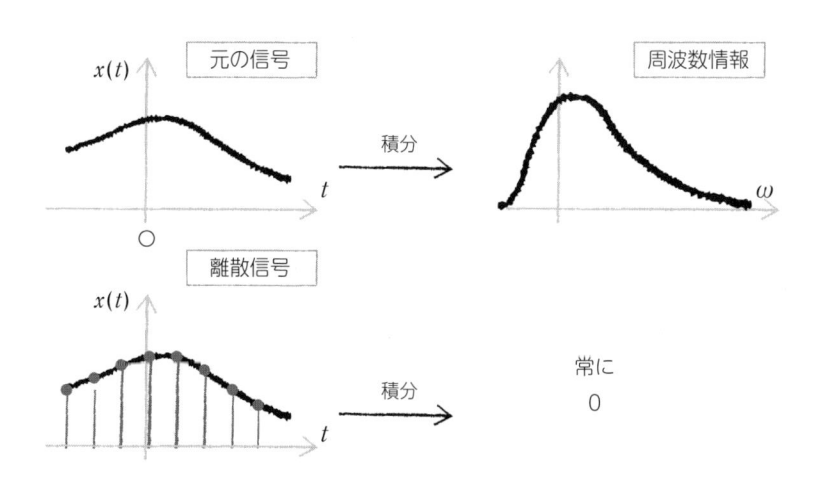

離散信号を同数の複素指数関数で表わす

話を具体化するために、連続信号 $x(t)$ ($0 \leqq t < T$) からサンプリング周期 D で 4 個の離散信号 x_0, x_1, x_2, x_3 を切り出す場合を考えます。このとき、次の関係があります（☞P.99）。

$$T = 4D \quad \cdots(1)$$

$$x_n = x(nD) \quad (n = 0, 1, 2, 3) \quad \cdots(2)$$

ところで、有限区間 $0 \leqq t < T$ で連続的な信号 $x(t)$ を分析する手段として、複素フーリエ級数がありました（☞P.59）。

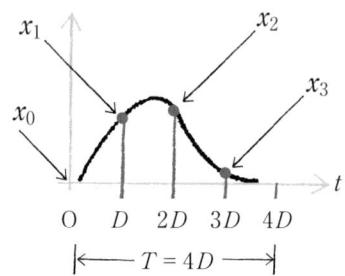

$$x(t) = \cdots + c_{-2}e^{i\frac{2\pi}{T} \times (-2t)} + c_{-1}e^{i\frac{2\pi}{T}(-t)} + c_0 \times 1 + c_1 e^{i\frac{2\pi}{T}t}$$
$$+ c_2 e^{i\frac{2\pi}{T} \times 2t} + c_3 e^{i\frac{2\pi}{T} \times 3t} + \cdots \quad \cdots(3)$$

離散信号(2)の x_0, x_1, x_2, x_3 はこの連続信号 $x(t)$ から切り出されたものなので、当然(3)のような級数で表わされます。しかし、信号列は $x_0 \sim x_3$ の 4 個です。無限個の複素正弦波 $e^{i\frac{2\pi n}{T}t}$ (n は整数) を用いるのは大げさです。

情報的に個数が同じ次の 4 個の複素正弦波だけを用いれば十分です。

$$1, e^{i\frac{2\pi}{T}t}, e^{i\frac{2\pi}{T} \times 2t}, e^{i\frac{2\pi}{T} \times 3t} \quad \cdots(4)$$

すると、(2)の離散信号列 x_0, x_1, x_2, x_3 は(4)を用いた一次結合で次のように表わせます（(1)を用いて、T を $4D$ に置き換えています）。

$$x_n = c_0 + c_1 e^{i\frac{2\pi}{4D}t} + c_2 e^{i\frac{2\pi}{4D} \times 2t} + c_3 e^{i\frac{2\pi}{4D} \times 3t} \quad (c_0 \sim c_3 \text{ は定数}) \quad \cdots(5)$$

（注）(5) の $c_0 \sim c_3$ は(3)の c_n (n は整数) と一致するとは限らない。

これが 4 つの離散信号の離散フーリエ変換（DFT）の基本式になります。

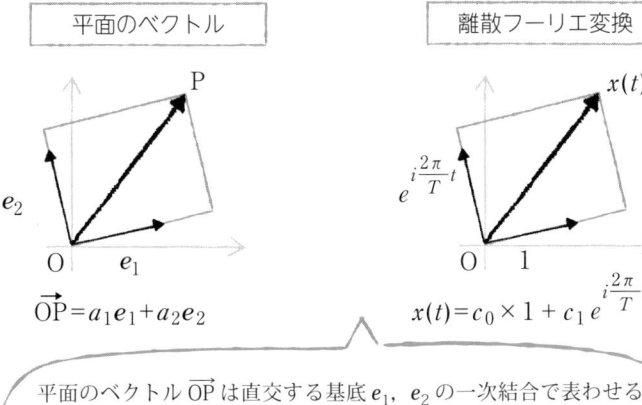

平面のベクトル $\vec{OP}$ は直交する基底 e_1, e_2 の一次結合で表わせる（左図）。これと同様に、4つの離散信号を4次元ベクトルと考えれば、それは4つの複素正弦波(4)の一次結合で表わされることになる（右の図では(4)の最初の2つの基底を示している）。それが(5)だ。

こうして、離散信号 $x_0 \sim x_3$ から周波数情報 $c_0 \sim c_3$ が得られる準備ができました。以下のようにして、離散信号から周波数成分が分離できるのです。

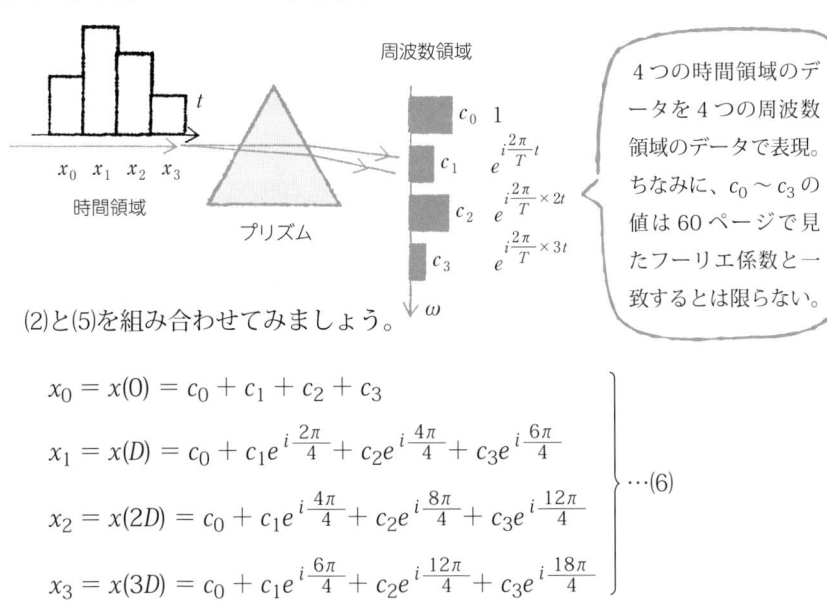

4つの時間領域のデータを4つの周波数領域のデータで表現。ちなみに、$c_0 \sim c_3$ の値は60ページで見たフーリエ係数と一致するとは限らない。

(2)と(5)を組み合わせてみましょう。

$$\left.\begin{aligned}
x_0 &= x(0) = c_0 + c_1 + c_2 + c_3 \\
x_1 &= x(D) = c_0 + c_1 e^{i\frac{2\pi}{4}} + c_2 e^{i\frac{4\pi}{4}} + c_3 e^{i\frac{6\pi}{4}} \\
x_2 &= x(2D) = c_0 + c_1 e^{i\frac{4\pi}{4}} + c_2 e^{i\frac{8\pi}{4}} + c_3 e^{i\frac{12\pi}{4}} \\
x_3 &= x(3D) = c_0 + c_1 e^{i\frac{6\pi}{4}} + c_2 e^{i\frac{12\pi}{4}} + c_3 e^{i\frac{18\pi}{4}}
\end{aligned}\right\} \cdots(6)$$

これが離散フーリエ変換の係数 c_n と信号値 x_n を結びつける具体式です。

行列で表現

全体を見渡すのが得意な**行列**形式を利用して、前ページの(6)を表わしてみましょう。

$$\begin{pmatrix} x_0 \\ x_1 \\ x_2 \\ x_3 \end{pmatrix} = \begin{pmatrix} 1 & 1 & 1 & 1 \\ 1 & e^{i\frac{2\pi}{4}} & e^{i\frac{4\pi}{4}} & e^{i\frac{6\pi}{4}} \\ 1 & e^{i\frac{4\pi}{4}} & e^{i\frac{8\pi}{4}} & e^{i\frac{12\pi}{4}} \\ 1 & e^{i\frac{6\pi}{4}} & e^{i\frac{12\pi}{4}} & e^{i\frac{18\pi}{4}} \end{pmatrix} \begin{pmatrix} c_0 \\ c_1 \\ c_2 \\ c_3 \end{pmatrix} \quad \cdots (7)$$

この右辺にある正方行列は有名な形をしています。各行ベクトルが直交しているのです。このとき、各成分を共役な複素数にして転置した行列（これを**随伴行列**といいます）が役に立ちます。その随伴行列を(7)の両辺にかけてみましょう。

$$\begin{pmatrix} 1 & 1 & 1 & 1 \\ 1 & e^{-i\frac{2\pi}{4}} & e^{-i\frac{4\pi}{4}} & e^{-i\frac{6\pi}{4}} \\ 1 & e^{-i\frac{4\pi}{4}} & e^{-i\frac{8\pi}{4}} & e^{-i\frac{12\pi}{4}} \\ 1 & e^{-i\frac{6\pi}{4}} & e^{-i\frac{12\pi}{4}} & e^{-i\frac{18\pi}{4}} \end{pmatrix} \begin{pmatrix} x_0 \\ x_1 \\ x_2 \\ x_3 \end{pmatrix}$$

← 随伴行列、行列の積については付録Gを参照

$$= \begin{pmatrix} 1 & 1 & 1 & 1 \\ 1 & e^{-i\frac{2\pi}{4}} & e^{-i\frac{4\pi}{4}} & e^{-i\frac{6\pi}{4}} \\ 1 & e^{-i\frac{4\pi}{4}} & e^{-i\frac{8\pi}{4}} & e^{-i\frac{12\pi}{4}} \\ 1 & e^{-i\frac{6\pi}{4}} & e^{-i\frac{12\pi}{4}} & e^{-i\frac{18\pi}{4}} \end{pmatrix} \begin{pmatrix} 1 & 1 & 1 & 1 \\ 1 & e^{i\frac{2\pi}{4}} & e^{i\frac{4\pi}{4}} & e^{i\frac{6\pi}{4}} \\ 1 & e^{i\frac{4\pi}{4}} & e^{i\frac{8\pi}{4}} & e^{i\frac{12\pi}{4}} \\ 1 & e^{i\frac{6\pi}{4}} & e^{i\frac{12\pi}{4}} & e^{i\frac{18\pi}{4}} \end{pmatrix} \begin{pmatrix} c_0 \\ c_1 \\ c_2 \\ c_3 \end{pmatrix} \quad \cdots (8)$$

この(8)の右辺を計算し、左辺と右辺を交換してみましょう。

$$4\begin{pmatrix} c_0 \\ c_1 \\ c_2 \\ c_3 \end{pmatrix} = \begin{pmatrix} 1 & 1 & 1 & 1 \\ 1 & e^{-i\frac{2\pi}{4}} & e^{-i\frac{4\pi}{4}} & e^{-i\frac{6\pi}{4}} \\ 1 & e^{-i\frac{4\pi}{4}} & e^{-i\frac{8\pi}{4}} & e^{-i\frac{12\pi}{4}} \\ 1 & e^{-i\frac{6\pi}{4}} & e^{-i\frac{12\pi}{4}} & e^{-i\frac{18\pi}{4}} \end{pmatrix} \begin{pmatrix} x_0 \\ x_1 \\ x_2 \\ x_3 \end{pmatrix} \quad \cdots(9)$$

← 行列を計算し、オイラーの公式（☞P.58）を利用して複素指数関数の値を実際に計算

さらに、左辺のフーリエ係数を次の $X_0 \sim X_3$ で表わしましょう。

$$4\begin{pmatrix} c_0 \\ c_1 \\ c_2 \\ c_3 \end{pmatrix} = \begin{pmatrix} X_0 \\ X_1 \\ X_2 \\ X_3 \end{pmatrix} \quad \cdots(10)$$

← 文献によっては、この(10)の置き換えをしないものもある。その場合、結論となる次の(11)(12)の公式は変わる

すると、(9)は次のように表わされます。

$$\begin{pmatrix} X_0 \\ X_1 \\ X_2 \\ X_3 \end{pmatrix} = \begin{pmatrix} 1 & 1 & 1 & 1 \\ 1 & e^{-i\frac{2\pi}{4}} & e^{-i\frac{4\pi}{4}} & e^{-i\frac{6\pi}{4}} \\ 1 & e^{-i\frac{4\pi}{4}} & e^{-i\frac{8\pi}{4}} & e^{-i\frac{12\pi}{4}} \\ 1 & e^{-i\frac{6\pi}{4}} & e^{-i\frac{12\pi}{4}} & e^{-i\frac{18\pi}{4}} \end{pmatrix} \begin{pmatrix} x_0 \\ x_1 \\ x_2 \\ x_3 \end{pmatrix} \quad \cdots(11)$$

(10)の置き換えに合わせて、(7)も $X_0 \sim X_3$ で表わしましょう。

$$\begin{pmatrix} x_0 \\ x_1 \\ x_2 \\ x_3 \end{pmatrix} = \frac{1}{4} \begin{pmatrix} 1 & 1 & 1 & 1 \\ 1 & e^{i\frac{2\pi}{4}} & e^{i\frac{4\pi}{4}} & e^{i\frac{6\pi}{4}} \\ 1 & e^{i\frac{4\pi}{4}} & e^{i\frac{8\pi}{4}} & e^{i\frac{12\pi}{4}} \\ 1 & e^{i\frac{6\pi}{4}} & e^{i\frac{12\pi}{4}} & e^{i\frac{18\pi}{4}} \end{pmatrix} \begin{pmatrix} X_0 \\ X_1 \\ X_2 \\ X_3 \end{pmatrix} \cdots (12)$$

前ページの(11)を 4 個の離散信号 { x_0, x_1, x_2, x_3 } の**離散フーリエ変換**（DFT）と呼びます。そして、(12)を(11)の**逆離散フーリエ変換**（**IDFT**：Inverse Discrete Fourier Transform）と呼びます。

「離散フーリエ変換」といっても、理論展開はフーリエ級数の応用であることに注意してください。

実際に計算するには

オイラーの公式（☞ P.58）を用いて、(11)(12)を実際に計算してみましょう。

$$\begin{pmatrix} X_0 \\ X_1 \\ X_2 \\ X_3 \end{pmatrix} = \begin{pmatrix} 1 & 1 & 1 & 1 \\ 1 & -i & -1 & i \\ 1 & -1 & 1 & -1 \\ 1 & i & -1 & -i \end{pmatrix} \begin{pmatrix} x_0 \\ x_1 \\ x_2 \\ x_3 \end{pmatrix}$$

$$\begin{pmatrix} x_0 \\ x_1 \\ x_2 \\ x_3 \end{pmatrix} = \frac{1}{4} \begin{pmatrix} 1 & 1 & 1 & 1 \\ 1 & i & -1 & -i \\ 1 & -1 & 1 & -1 \\ 1 & -i & -1 & i \end{pmatrix} \begin{pmatrix} X_0 \\ X_1 \\ X_2 \\ X_3 \end{pmatrix}$$

オイラーの公式を利用
$e^{i\theta} = \cos\theta + i\sin\theta$
これから、
$e^{i\frac{\pi}{2}} = i$ 　 $e^{i\pi} = -1$
などが得られる

これが4つの離散信号に対する離散フーリエ変換とその逆変換の式です。式の中の正方行列を見ると、ある種の規則性が見て取れます。この規則性に着目して離散フーリエ変換とその逆変換を高速に算出するアルゴリズムが**FFT（高速フーリエ変換）**です（☞第5章）。

このFFTについては各種のパッケージソフトが市販されています。また、汎用表計算ソフトのExcelにもアドインとして付属しています。そこで、離散フーリエ変換の計算を手計算で行なうことは稀です。

いろいろな公式がある

本書では、102ページの和(5)の係数 $c_0 \sim c_3$ を、105ページの(10)を用いて作為的に $X_0 \sim X_3$ に置き換えました。その $X_0 \sim X_3$ をもって離散フーリエ変換と逆離散フーリエ変換を定義しました。しかし、文献によってはこの置き換えをしないものもあります（文献によって、ちょっとした定義の揺れがあるため）。

このような問題はフーリエ級数でもフーリエ変換でも起こっています。本書では、極力多くの文献で採用されているものを定義に利用していますが、他の文献に掲載されている公式を利用するときには確認が必要です。

n 個の離散信号に一般化してみよう

以上の議論は離散信号が4個で構成されている場合です。これを一般化するのは容易でしょう。

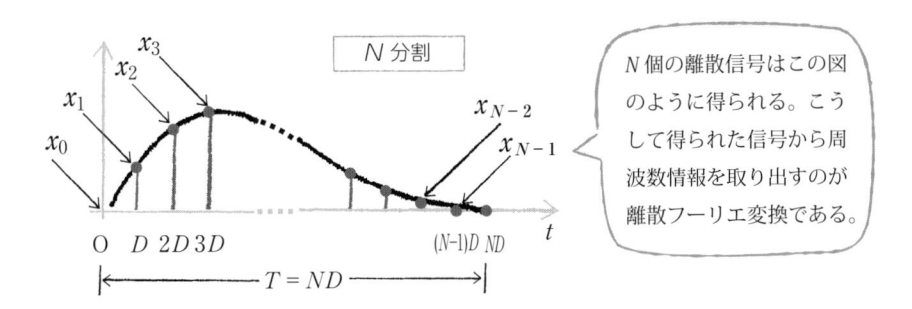

N個の離散信号はこの図のように得られる。こうして得られた信号から周波数情報を取り出すのが離散フーリエ変換である。

N個の離散信号 x_0, x_1, x_2, x_3, …, x_{N-1} の**離散フーリエ変換**と、その逆の**逆離散フーリエ変換**は次のように求められます。

$$\begin{pmatrix} X_0 \\ X_1 \\ X_2 \\ \dots \\ X_{N-1} \end{pmatrix} = \begin{pmatrix} 1 & 1 & 1 & \dots & 1 \\ 1 & e^{-i\frac{2\pi}{N}} & e^{-i\frac{4\pi}{N}} & \dots & e^{-i\frac{2\pi(N-1)}{N}} \\ 1 & e^{-i\frac{4\pi}{N}} & e^{-i\frac{8\pi}{N}} & \dots & e^{-i\frac{4\pi(N-1)}{N}} \\ \dots & \dots & \dots & & \dots \\ 1 & e^{-i\frac{2\pi(N-1)}{N}} & e^{-i\frac{4\pi(N-1)}{N}} & \dots & e^{-i\frac{2\pi(N-1)(N-1)}{N}} \end{pmatrix} \begin{pmatrix} x_0 \\ x_1 \\ x_2 \\ \dots \\ x_{N-1} \end{pmatrix} \quad \cdots (13)$$

$$\begin{pmatrix} x_0 \\ x_1 \\ x_2 \\ \dots \\ x_{N-1} \end{pmatrix} = \frac{1}{N} \begin{pmatrix} 1 & 1 & 1 & \dots & 1 \\ 1 & e^{i\frac{2\pi}{N}} & e^{i\frac{4\pi}{N}} & \dots & e^{i\frac{2\pi(N-1)}{N}} \\ 1 & e^{i\frac{4\pi}{N}} & e^{i\frac{8\pi}{N}} & \dots & e^{i\frac{4\pi(N-1)}{N}} \\ \dots & \dots & \dots & & \dots \\ 1 & e^{i\frac{2\pi(N-1)}{N}} & e^{i\frac{4\pi(N-1)}{N}} & \dots & e^{i\frac{2\pi(N-1)(N-1)}{N}} \end{pmatrix} \begin{pmatrix} X_0 \\ X_1 \\ X_2 \\ \dots \\ X_{N-1} \end{pmatrix} \quad \cdots (14)$$

実際に計算してみよう

〔例題 18〕離散信号列 $\{x_0, x_1, x_2, x_3\}$ が $\{1, 1, 0, 0\}$ のとき、離散フーリエ変換（DFT）の係数 $X_0 \sim X_3$ を求めよ。

（解）105 ページの(11)より、

$$\begin{pmatrix} X_0 \\ X_1 \\ X_2 \\ X_3 \end{pmatrix} = \begin{pmatrix} 1 & 1 & 1 & 1 \\ 1 & -i & -1 & i \\ 1 & -1 & 1 & -1 \\ 1 & i & -1 & -i \end{pmatrix} \begin{pmatrix} 1 \\ 1 \\ 0 \\ 0 \end{pmatrix} = \begin{pmatrix} 2 \\ 1-i \\ 0 \\ 1+i \end{pmatrix} \quad (答)$$

← 行列の積については付録 G を参照

この〔例題 18〕の（答）を解釈してみましょう。

まず、結果を 102 ページの(5)の一次結合に代入してみます。105 ページの(10)に従って $X_0 \sim X_3$ を元の係数 $c_0 \sim c_3$ に変換すると、(5)は次のように表わせます。

$$x(t) = \frac{1}{2} + \frac{1-i}{4} e^{i\frac{2\pi}{4D}t} + 0 \times e^{i\frac{2\pi}{4D} \times 2t} + \frac{1+i}{4} e^{i\frac{2\pi}{4D} \times 3t} \quad \cdots(15)$$

この式から、102 ページの複素正弦波(4)の関与する割合が次のように得られます。

$$\frac{1}{2} : \left|\frac{1-i}{4}\right| : 0 : \left|\frac{1+i}{4}\right|$$

整理して、比は次のようになります。

$2 : \sqrt{2} : 0 : \sqrt{2}$

絶対値の公式（☞付録A）を利用
$|1-i| = |1+i| = \sqrt{2}$

定数成分（周波数が 0）が、一番大きな値を占めていることがわかります。

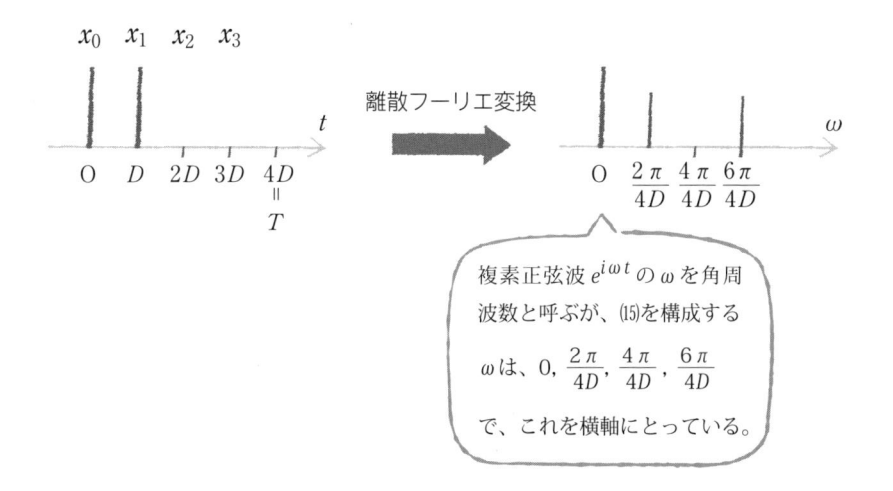

複素正弦波 $e^{i\omega t}$ の ω を角周波数と呼ぶが、(15)を構成する ω は、$0, \frac{2\pi}{4D}, \frac{4\pi}{4D}, \frac{6\pi}{4D}$ で、これを横軸にとっている。

まとめ

離散フーリエ変換（DFT）と逆離散フーリエ変換（IDFT）について、公式(13)(14)を導き出しました。理論の展開はフーリエ級数のときと同じです。

4-3 離散コサイン変換(DCT)のための離散信号

MP3 や JPEG など、情報圧縮の分野でよく利用される離散コサイン変換について見ていきます。ここでは、離散コサイン変換のための離散信号の表現法を紹介します。

離散コサイン変換（DCT）のためのサンプリング

映像や音声などの信号の多くは連続信号であり、数学的には連続的な関数 $x(t)$ で表わされます。それから離散信号を取り出すことを**サンプリング**と呼びます。また、区切りの間隔 D を**サンプリング周期**と呼びます。

ここまでは、前節（☞ 4-1・4-2）の離散フーリエ変換と同じです。異なるのは、そのサンプリング時刻の設定です。具体的に3個の離散信号を切り出す場合で調べてみましょう。

時間 T の連続信号から3個の離散信号を取り出すときに、**離散コサイン変換**（DCT）では、次の時刻に取り出します。

$$t = \frac{D}{2},\ \frac{3D}{2},\ \frac{5D}{2} \quad \cdots(1)$$

すなわち、サンプリング区間の中点でサンプリングを行なうのです。

(注) 離散コサイン変換は通常8個のデータを対象にする。3個の場合は意味がないが、理論の流れを見るには小さくてちょうどよい。

離散フーリエ変換（DFT）の場合のサンプリングとの違いを明示するために、離散コサイン変換（DCT）と DFT の場合を図に併記してみます。

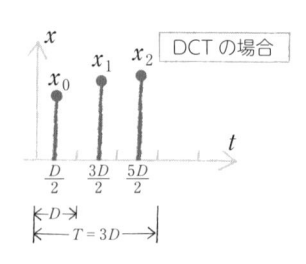

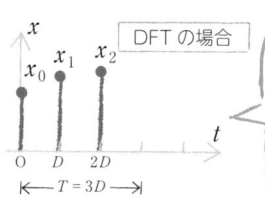

左図が離散コサイン変換（DCT）のサンプリング時間のとり方。離散フーリエ変換（DFT）と時間をずらしたのは、以下に述べる偶関数化が自然になるからである。

ここで、D はサンプリング周期で、次のように求められます。

$$D = \frac{T}{3} \quad (すなわち、T = 3D) \quad \cdots(2)$$

後述するように（☞ 4-4）、離散コサイン変換は、与えられた離散信号を縦軸で折り返して偶関数化します。その折り返しがしやすいように、このようなサンプリングを行なうのです。つまり、(1)の時刻にサンプリングすることで、縦軸で折り返したとき、$t = 0$ のデータが埋もれません。また、原点付近で関数が滑らかになり、後述するように（☞ 4-5）、周波数の低い成分が大きく寄与できるようになります。

連続信号 $x(t)$ と離散コサイン変換の離散信号の関係

(1)の時刻に対応する3個の信号列を $\{x_0, x_1, x_2\}$ とします。元の連続信号 $x(t)$ とは次の関係が成り立ちます。

$$x_0 = x\left(\frac{D}{2}\right) \quad x_1 = x\left(\frac{3D}{2}\right) \quad x_2 = x\left(\frac{5D}{2}\right) \quad \cdots(3)$$

信号 $x(t)$ と離散コサイン変換のための離散信号との関係(3)。

以上の離散信号が3個の場合の(3)を N 個に一般化すると次のようになります。

$$x_n = x\left(nD + \frac{D}{2}\right) \quad \left(n = 0, 1, 2, 3, \cdots, N - 1 \quad また、D = \frac{T}{N}\right) \quad \cdots(4)$$

これが連続信号と DCT の離散信号の関係式です。

まとめ

連続信号 $x(t)$ から離散コサイン変換（DCT）のための N 個の離散信号 x_0, x_1, x_2, $\cdots$, x_{N-1} を取り出すとき、その式は上記(4)になります。

4-4 離散コサイン変換（DCT）の考え方

前節（☞ 4-3）に引き続き、離散コサイン変換の実際について見てみましょう。この変換は8個の離散信号を対象にするのが普通ですが、まず3個に対して説明します。理論の流れが見やすいからです。

離散コサイン変換は離散フーリエ変換と似て非

　離散コサイン変換は DCT（Discrete Cosine Transform）と略されます。離散信号を扱うという意味では離散フーリエ変換（DFT）の応用です。

　しかし、離散フーリエ変換は複素数を返すのに対して、離散コサイン変換（DCT）は常に実数を返すという大きな違いもあります。これから説明するように、数学的には**フーリエ余弦級数**（☞ P.52）に近いのです。

離散信号を拡張

　離散コサイン変換では、最初にサンプリングで得られた離散信号を加工します。離散信号を縦軸について折り返し、左右対称にするのです。すなわち、データの偶関数化をするのです。

　具体的に3個の離散信号の場合を見てみましょう。この離散信号は前節（☞ 4-3）で見たように右図のようにサンプリングされます。元の連続信号 $x(t)$ と離散信号列 $\{x_0, x_1, x_2\}$ は次の関係が成立しています（☞ P.111 の(3)式）。

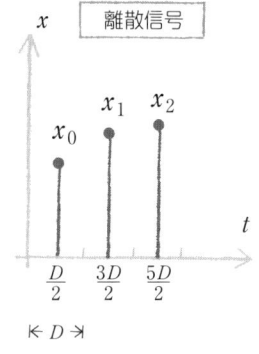

$$x_0 = x\left(\frac{D}{2}\right) \quad x_1 = x\left(\frac{3D}{2}\right) \quad x_2 = x\left(\frac{5D}{2}\right)$$

（ここで考える区間幅 $T = 3D$）　…(1)

離散コサイン変換では、この 3 個の離散データを次の図のように縦軸について折り返し、左右対称になるように拡張します。このとき、定義区間は次のようになる（区間幅は $2T$ になる）ことに注意します。

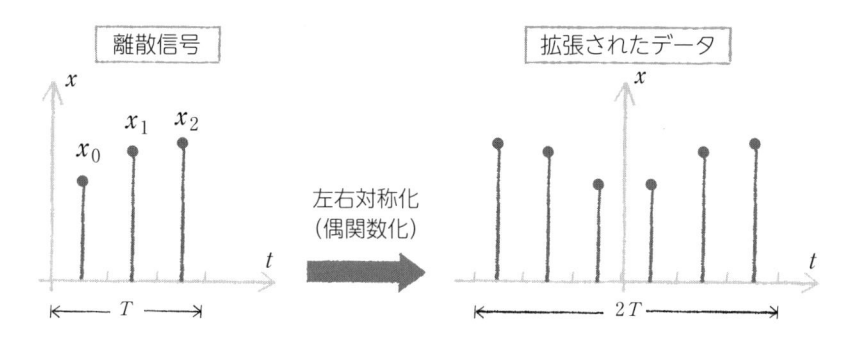

$-T \leqq t \leqq T$ …(2)

左右対称なグラフは余弦（cos）を用いて表現可

縦軸について左右対称な連続的な関数 $f(t)$（$-\dfrac{L}{2} \leqq t \leqq \dfrac{L}{2}$）を分析する手段として、フーリエ余弦級数があります（☞ P.52）。

$$f(t) = a_0 + a_1 \cos \frac{2\pi t}{L} + a_2 \cos \frac{4\pi t}{L} + a_3 \cos \frac{6\pi t}{L} + \cdots + a_n \cos \frac{2n\pi t}{L} + \cdots \quad \cdots(3)$$

(1)の離散信号 x_0, x_1, x_2 は連続信号 $x(t)$ から切り出されたものです。そこで当然(3)の公式のような級数で表わされます。(2)より、フーリエ余弦級数(3)の L は $L = 2T$ と置き換えられるので、次のように表わされます。

$$x(t) = a_0 + a_1 \cos \frac{\pi t}{T} + a_2 \cos \frac{2\pi t}{T} + a_3 \cos \frac{3\pi t}{T} + \cdots + a_n \cos \frac{n\pi t}{T} + \cdots$$

ところで、信号列は x_0, x_1, x_2 の 3 個です。無限個の余弦関数 $\cos \dfrac{n\pi t}{T}$（n は 0 以上の整数）を用いるのは大げさです。情報的に個数が同じ次の 3 個の関数だけを用いれば十分です。

$$1, \quad \cos \frac{\pi t}{T}, \quad \cos \frac{2\pi t}{T} \quad \cdots(4)$$

すると、(1)の離散信号列は(4)を用いた一次結合で次のように表わせます。

$$x(t) = a_0 + a_1\cos\frac{\pi}{T}t + a_2\cos\frac{2\pi}{T}t \quad (a_0,\ a_1,\ a_2\text{ は定数}) \quad \cdots(5)$$

これが3つの離散信号の離散コサイン変換（DCT）の基本式になります。

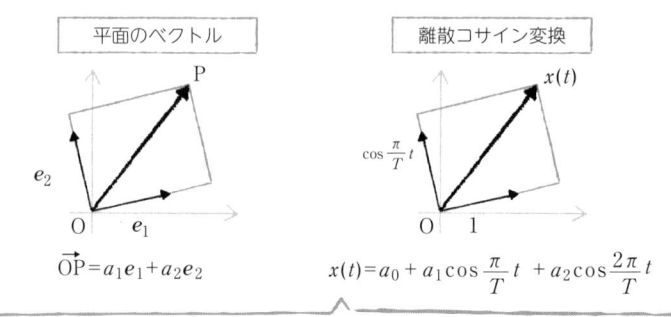

平面のベクトル

$\vec{OP} = a_1e_1 + a_2e_2$

離散コサイン変換

$x(t) = a_0 + a_1\cos\frac{\pi}{T}t + a_2\cos\frac{2\pi}{T}t$

平面のベクトルOPは直交する基底 e_1, e_2 の一次結合で表わせる（左図）。これと同様に、3つの離散信号を3次元ベクトルと考えれば、それは前ページの3つの「余弦波」(4)の一次結合で表わされることになる（右の図では(4)の最初の2つの基底を示している）。

（注1）(5)の $a_0 \sim a_2$ は前ページ(3)の $a_0 \sim a_2$ と一致するとは限らない。

こうして、離散信号 x_0, x_1, x_2 から前ページの三角関数(4)の周波数成分 a_0, a_1, a_2 が得られます。この a_0, a_1, a_2 を **DCT係数** と呼びます。

(5)は(4)の「余弦波」で離散信号 x_0, x_1, x_2 を表わしたことになります。DCT係数 a_0, a_1, a_2 はこれらの波がどれくらい含まれているかを表わす係数なのです。

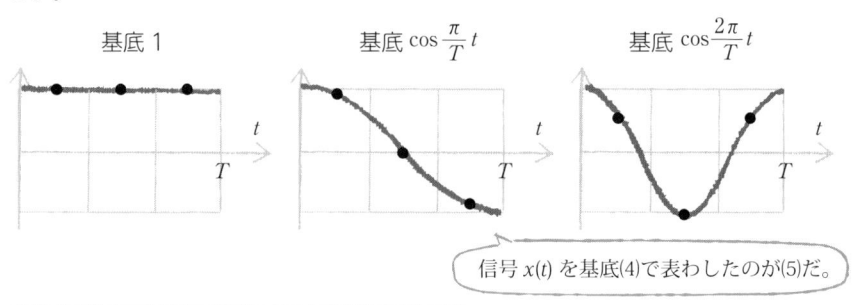

基底 1　　　基底 $\cos\frac{\pi}{T}t$　　　基底 $\cos\frac{2\pi}{T}t$

信号 $x(t)$ を基底(4)で表わしたのが(5)だ。

DCT係数 a_n を求める式を導き出そう

式(5)に110ページの(1)を代入してみましょう。(1)から、$T = 3D$ なので、

$$x_0 = x\left(\frac{D}{2}\right) = a_0 + a_1\cos\frac{\pi}{3D}\frac{D}{2} + a_2\cos\frac{2\pi}{3D}\frac{D}{2}$$

$$x_1 = x\left(\frac{3D}{2}\right) = a_0 + a_1\cos\frac{\pi}{3D}\frac{3D}{2} + a_2\cos\frac{2\pi}{3D}\frac{3D}{2}$$

$$x_2 = x\left(\frac{5D}{2}\right) = a_0 + a_1\cos\frac{\pi}{3D}\frac{5D}{2} + a_2\cos\frac{2\pi}{3D}\frac{5D}{2}$$

分数を整理し、見やすいように行列を用いて表わしてみましょう。

$$\begin{pmatrix} x_0 \\ x_1 \\ x_2 \end{pmatrix} = \begin{pmatrix} 1 & \cos\frac{\pi}{6} & \cos\frac{2\pi}{6} \\ 1 & \cos\frac{3\pi}{6} & \cos\frac{6\pi}{6} \\ 1 & \cos\frac{5\pi}{6} & \cos\frac{10\pi}{6} \end{pmatrix} \begin{pmatrix} a_0 \\ a_1 \\ a_2 \end{pmatrix} \quad \cdots(6)$$

(6)の右辺の正方行列は有名な形をしています。各列ベクトルが直交しているのです。このとき、転置行列をつくり、(6)の両辺に左からかけると式が美しくなることが知られています。実際に計算してみましょう。

$$\begin{pmatrix} 1 & 1 & 1 \\ \cos\frac{\pi}{6} & \cos\frac{3\pi}{6} & \cos\frac{5\pi}{6} \\ \cos\frac{2\pi}{6} & \cos\frac{6\pi}{6} & \cos\frac{10\pi}{6} \end{pmatrix} \begin{pmatrix} x_0 \\ x_1 \\ x_2 \end{pmatrix}$$

行列の積については付録Gを参照

$$= \begin{pmatrix} 1 & 1 & 1 \\ \cos\frac{\pi}{6} & \cos\frac{3\pi}{6} & \cos\frac{5\pi}{6} \\ \cos\frac{2\pi}{6} & \cos\frac{6\pi}{6} & \cos\frac{10\pi}{6} \end{pmatrix} \begin{pmatrix} 1 & \cos\frac{\pi}{6} & \cos\frac{2\pi}{6} \\ 1 & \cos\frac{3\pi}{6} & \cos\frac{6\pi}{6} \\ 1 & \cos\frac{5\pi}{6} & \cos\frac{10\pi}{6} \end{pmatrix} \begin{pmatrix} a_0 \\ a_1 \\ a_2 \end{pmatrix}$$

$$= \begin{pmatrix} 3 & 0 & 0 \\ 0 & \dfrac{3}{2} & 0 \\ 0 & 0 & \dfrac{3}{2} \end{pmatrix} \begin{pmatrix} a_0 \\ a_1 \\ a_2 \end{pmatrix}$$

さらに、行列 $\begin{pmatrix} 3 & 0 & 0 \\ 0 & \dfrac{3}{2} & 0 \\ 0 & 0 & \dfrac{3}{2} \end{pmatrix}$ の逆行列 $\begin{pmatrix} \dfrac{1}{3} & 0 & 0 \\ 0 & \dfrac{2}{3} & 0 \\ 0 & 0 & \dfrac{2}{3} \end{pmatrix}$ を左からかけてみましょう。

> 逆行列については付録Gを参照

$$\begin{pmatrix} \dfrac{1}{3} & 0 & 0 \\ 0 & \dfrac{2}{3} & 0 \\ 0 & 0 & \dfrac{2}{3} \end{pmatrix} \begin{pmatrix} 1 & 1 & 1 \\ \cos\dfrac{\pi}{6} & \cos\dfrac{3\pi}{6} & \cos\dfrac{5\pi}{6} \\ \cos\dfrac{2\pi}{6} & \cos\dfrac{6\pi}{6} & \cos\dfrac{10\pi}{6} \end{pmatrix} \begin{pmatrix} x_0 \\ x_1 \\ x_2 \end{pmatrix} = \begin{pmatrix} a_0 \\ a_1 \\ a_2 \end{pmatrix}$$

> 行列の積については付録Gを参照

計算し、等号の左右を入れ替えます。

$$\begin{pmatrix} a_0 \\ a_1 \\ a_2 \end{pmatrix} = \begin{pmatrix} \dfrac{1}{3} & \dfrac{1}{3} & \dfrac{1}{3} \\ \dfrac{2}{3}\cos\dfrac{\pi}{6} & \dfrac{2}{3}\cos\dfrac{3\pi}{6} & \dfrac{2}{3}\cos\dfrac{5\pi}{6} \\ \dfrac{2}{3}\cos\dfrac{2\pi}{6} & \dfrac{2}{3}\cos\dfrac{6\pi}{6} & \dfrac{2}{3}\cos\dfrac{10\pi}{6} \end{pmatrix} \begin{pmatrix} x_0 \\ x_1 \\ x_2 \end{pmatrix} \quad \cdots(7)$$

この(7)が3つの離散信号の**離散コサイン変換**（DCT）です。離散信号からDCT係数を求める式です。それに対して、前ページの(6)を**逆離散コサイン変**

換（**IDCT**：Inverse Discrete Cosine Transform）と呼びます。

（注2）DFTのときと同様、文献によって定数倍の違いがあることに注意しよう。

DCT係数 a_n を求めてみよう

行列には親しみがわかないという人も多いはずです。そこで、具体式を見るために(7)を展開してみましょう。

$$
\left.
\begin{aligned}
a_0 &= \frac{1}{3}\{x_0 + x_1 + x_2\} \\
a_1 &= \frac{\sqrt{3}}{3}\{x_0 - x_2\} \\
a_2 &= \frac{1}{3}\{x_0 - 2x_1 + x_2\}
\end{aligned}
\right\} \cdots (8)
$$

← (7)の cos の値を計算し、展開 $\cos\dfrac{\pi}{6}=\dfrac{\sqrt{3}}{2}$ などを利用している

この(8)が3つの離散信号の離散コサイン変換の具体式です。

まとめ

3つの離散信号について、その離散コサイン変換の式を求めました。考え方は離散フーリエ変換（DFT）やフーリエ級数と変わりません。

〔memo〕(6)式の正方行列の各列が直交していることの確認 ─────

115ページの(6)式の正方行列の列ベクトルは、実際に計算すると、次のようになります。

$$
1\text{列目}\begin{pmatrix}1\\1\\1\end{pmatrix}\quad 2\text{列目}\begin{pmatrix}\dfrac{\sqrt{3}}{2}\\0\\-\dfrac{\sqrt{3}}{2}\end{pmatrix}\quad 3\text{列目}\begin{pmatrix}\dfrac{1}{2}\\-1\\\dfrac{1}{2}\end{pmatrix}
$$

たとえば、2列目の列ベクトルと3列目の列ベクトルの内積は次のように0になります。

$$
\frac{\sqrt{3}}{2}\frac{1}{2} + 0\times(-1) + \left(-\frac{\sqrt{3}}{2}\right)\frac{1}{2} = 0
$$

これから、2列目の列ベクトルと3列目の列ベクトルは直交していることがわかります。他の列ベクトルについても、同様なことが成立します。この性質は、連続信号 $x(t)$ から取り出す離散信号の数 N によりません。

4-5 離散コサイン変換(DCT)の実際と情報圧縮

離散コサイン変換は MP3 や JPEG などの情報圧縮に利用されると述べましたが、その実際を詳しく見てみましょう。

8個の離散信号の離散コサイン変換

前節（☞ 4-4）では、3個の離散信号に対する離散コサイン変換を見ました。JPEG や MP3 では、8個の離散信号を取り扱うのが一般的です。

そこで、3個の離散信号に対する離散コサイン変換とその逆変換（☞ P.115〜P.116 の(6)(7)式）を8個の場合に拡張します。

8個の離散信号を $x_0, x_1, x_2, \cdots, x_7$ とし、DCT 係数を $a_0, a_1, \cdots, a_7$ としましょう。連続信号 $x(t)$ と DCT 係数は次の関係で結ばれています。

$$x(t) = a_0 + a_1 \cos \frac{\pi t}{T} + a_2 \cos \frac{2\pi t}{T} + \cdots + a_7 \cos \frac{7\pi t}{T}$$

また、離散信号と DCT 係数は次の式で結ばれます。

$$\begin{pmatrix} a_0 \\ a_1 \\ a_2 \\ \cdots \\ a_7 \end{pmatrix} = \begin{pmatrix} \frac{1}{8} & \frac{1}{8} & \frac{1}{8} & \cdots & \frac{1}{8} \\ \frac{1}{4}\cos\frac{\pi}{16} & \frac{1}{4}\cos\frac{3\pi}{16} & \frac{1}{4}\cos\frac{5\pi}{16} & \cdots & \frac{1}{4}\cos\frac{15\pi}{16} \\ \frac{1}{4}\cos\frac{2\pi}{16} & \frac{1}{4}\cos\frac{6\pi}{16} & \frac{1}{4}\cos\frac{10\pi}{16} & \cdots & \frac{1}{4}\cos\frac{30\pi}{16} \\ \cdots & \cdots & \cdots & & \cdots \\ \frac{1}{4}\cos\frac{7\pi}{16} & \frac{1}{4}\cos\frac{21\pi}{16} & \frac{1}{4}\cos\frac{35\pi}{16} & \cdots & \frac{1}{4}\cos\frac{105\pi}{16} \end{pmatrix} \begin{pmatrix} x_0 \\ x_1 \\ x_2 \\ \cdots \\ x_7 \end{pmatrix} \quad \cdots (1)$$

（注）前節（☞ 4-4）の3個の場合と同様に導き出される。

$$\begin{pmatrix} x_0 \\ x_1 \\ x_2 \\ \cdots \\ x_7 \end{pmatrix} = \begin{pmatrix} 1 & \cos\dfrac{\pi}{16} & \cos\dfrac{2\pi}{16} & \cdots & \cos\dfrac{7\pi}{16} \\ 1 & \cos\dfrac{3\pi}{16} & \cos\dfrac{6\pi}{16} & \cdots & \cos\dfrac{21\pi}{16} \\ 1 & \cos\dfrac{5\pi}{16} & \cos\dfrac{10\pi}{16} & \cdots & \cos\dfrac{35\pi}{16} \\ \cdots & \cdots & \cdots & \cdots & \cdots \\ 1 & \cos\dfrac{15\pi}{16} & \cos\dfrac{30\pi}{16} & \cdots & \cos\dfrac{105\pi}{16} \end{pmatrix} \begin{pmatrix} a_0 \\ a_1 \\ a_2 \\ \cdots \\ a_7 \end{pmatrix} \quad \cdots(2)$$

この(1)が 8 個の離散信号に対する**離散コサイン変換**(DCT)、(2)が**逆離散コサイン変換**(IDCT)です。

なお、離散フーリエ変換(DFT)など、他のフーリエ解析の公式と同様、文献によって公式に違いがあることに注意しましょう。

実際の離散信号を離散コサイン変換してみよう

離散コサイン変換を理解するために、具体的なデータで(1)の公式を利用しましょう。

〔例題 19〕 $0 \leqq t \leqq \pi$ で定義された次の関数 $x(t)$ について、この区間を 8 等分して得られる離散信号を離散コサイン変換せよ。

$x(t) = \pi - t$

(**解**) 右の図から、離散信号として次の値が得られます。

$\dfrac{15\pi}{16}, \dfrac{13\pi}{16}, \dfrac{11\pi}{16}, \dfrac{9\pi}{16},$

$\dfrac{7\pi}{16}, \dfrac{5\pi}{16}, \dfrac{3\pi}{16}, \dfrac{\pi}{16} \quad \cdots(3)$

(1)を利用して、Excel を用いて DCT 係数

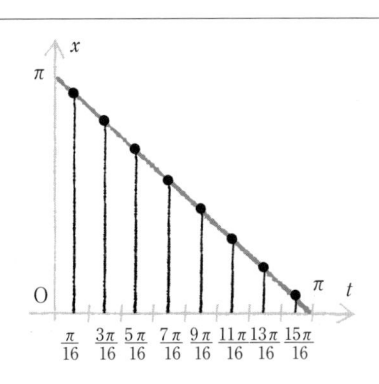

を求めてみましょう。以下のワークシートから、次の DCT 係数が得られます。

$a_0 = 1.57 \quad a_1 = 1.27 \quad a_2 = 0.00 \quad a_3 = 0.13$
$a_4 = 0.00 \quad a_5 = 0.04 \quad a_6 = 0.00 \quad a_7 = 0.01$ **（答）**

得られた DCT 係数を右に図示してみましょう。周波数の小さいほうに大きな値を持つ DCT 係数が偏っていることに注意してください。

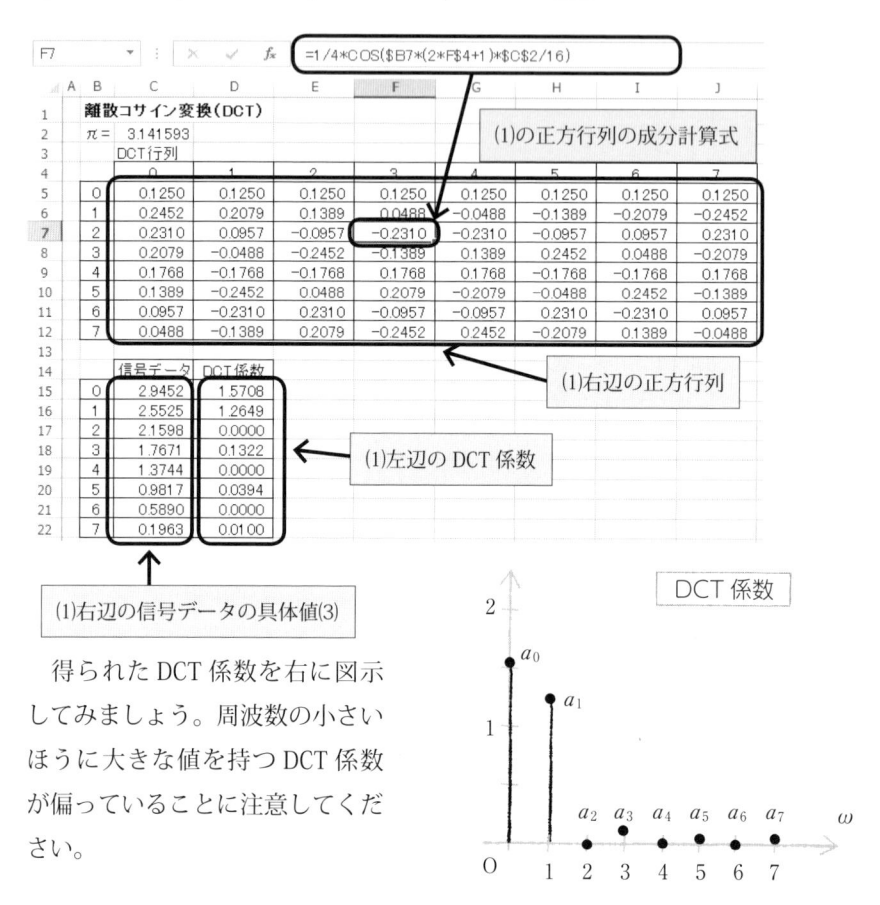

〔memo〕離散フーリエ変換、離散コサイン変換と Excel ─────

　離散フーリエ変換、離散コサイン変換は行列を多用します。その計算を確かめるには Excel が便利です。行列の計算のための関数が簡単に利用できるからです。代表例として次のようなものがあります。

　　MMULTI　　　… 行列の積の計算
　　MINV　　　　… 逆行列の計算
　　TRANSPOSE　… 転置行列の計算

離散コサイン変換(DCT)を用いたデータ圧縮

119ページの〔**例題19**〕で得られたDCT係数は、周波数の低い部分が大きくなっています。これは、サンプリングの時刻のとり方の工夫や偶関数化の工夫(☞4-4)からも予想できたことです。

そこで、情報量の少ない高い周波数成分を捨ててデータを圧縮することが可能になります。DCTがMP3やJPEGなどのデータ圧縮に利用されている理由はここにあります。

試しに、この〔**例題19**〕で、大きな値を持つ低い周波数成分 a_0, a_1 を残し、高い周波数成分 $a_2 \sim a_7$ をカット(すなわち、0に)してみましょう。

$$a_0 = 1.57 \quad a_1 = 1.27 \quad a_2 = a_3 = a_4 = a_5 = a_6 = a_7 = 0 \quad \cdots(4)$$

こうして修正したDCT係数を逆離散コサイン変換(☞P.119の(2)式)してみます(下図Excelの表)。

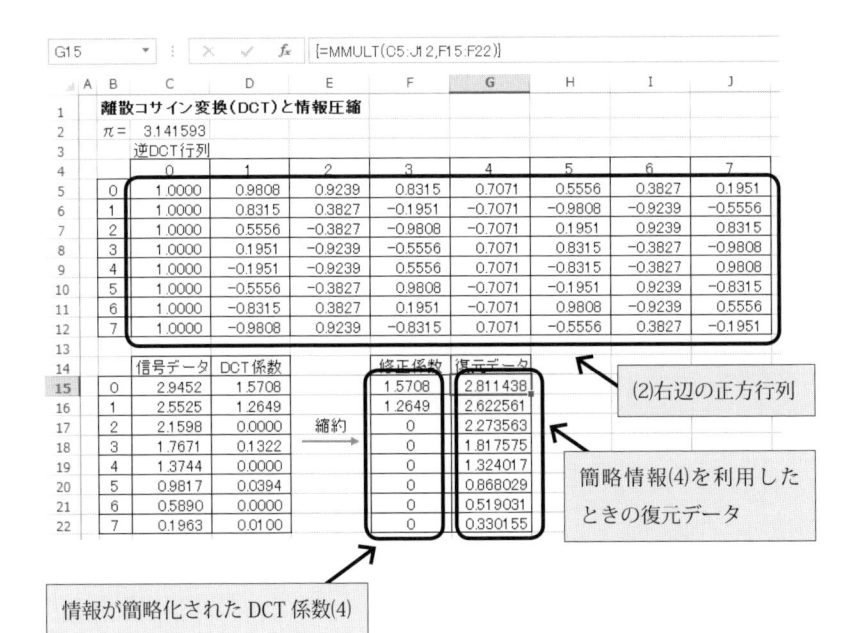

	A	B	C	D	E	F	G	H	I	J
1		離散コサイン変換(DCT)と情報圧縮								
2		$\pi =$	3.141593							
3			逆DCT行列							
4			0	1	2	3	4	5	6	7
5		0	1.0000	0.9808	0.9239	0.8315	0.7071	0.5556	0.3827	0.1951
6		1	1.0000	0.8315	0.3827	-0.1951	-0.7071	-0.9808	-0.9239	-0.5556
7		2	1.0000	0.5556	-0.3827	-0.9808	-0.7071	0.1951	0.9239	0.8315
8		3	1.0000	0.1951	-0.9239	-0.5556	0.7071	0.8315	-0.3827	-0.9808
9		4	1.0000	-0.1951	-0.9239	0.5556	0.7071	-0.8315	-0.3827	0.9808
10		5	1.0000	-0.5556	-0.3827	0.9808	-0.7071	-0.1951	0.9239	-0.8315
11		6	1.0000	-0.8315	0.3827	0.1951	-0.7071	0.9808	-0.9239	0.5556
12		7	1.0000	-0.9808	0.9239	-0.8315	0.7071	-0.5556	0.3827	-0.1951
13										
14			信号データ	DCT係数		修正係数	復元データ			
15		0	2.9452	1.5708		1.5708	2.811438			
16		1	2.5525	1.2649		1.2649	2.622561			
17		2	2.1598	0.0000	縮約	0	2.273563			
18		3	1.7671	0.1322		0	1.817575			
19		4	1.3744	0.0000		0	1.324017			
20		5	0.9817	0.0394		0	0.868029			
21		6	0.5890	0.0000		0	0.519031			
22		7	0.1963	0.0100		0	0.330155			

- (2)右辺の正方行列
- 簡略情報(4)を利用したときの復元データ
- 情報が簡略化されたDCT係数(4)

元の信号データに対して、情報の簡略化を行なった後の復元データは良い近似を与えています(次ページの表)。こうして、119ページの8個の信号デー

タ(3)を前ページの 2 個のデータ(4)（すなわち、$a_3 \sim a_7$ をカット）に縮約することができたのです。

この仕組みからわかるように、このデータ圧縮では元のデータを完全に復元することはできません。

x_n	信号データ	復元データ
0	2.9452	2.811438
1	2.5525	2.622561
2	2.1598	2.273563
3	1.7671	1.817575
4	1.3744	1.324017
5	0.9817	0.868029
6	0.5890	0.519031
7	0.1963	0.330155

〔情報圧縮の流れ〕

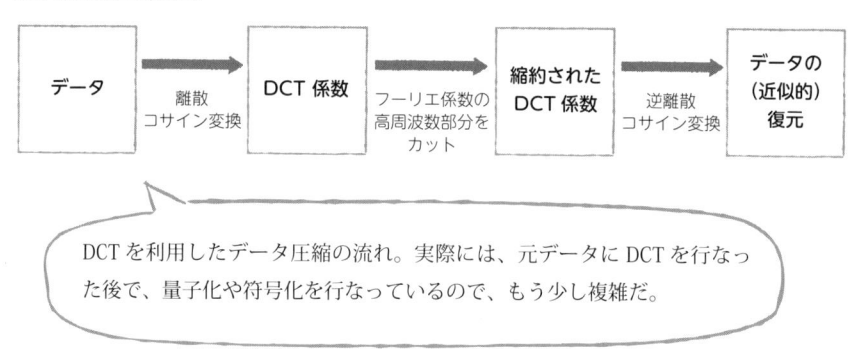

データ →（離散コサイン変換）→ DCT 係数 →（フーリエ係数の高周波数部分をカット）→ 縮約された DCT 係数 →（逆離散コサイン変換）→ データの（近似的）復元

DCT を利用したデータ圧縮の流れ。実際には、元データに DCT を行なった後で、量子化や符号化を行なっているので、もう少し複雑だ。

まとめ

離散コサイン変換（DCT）を具体例で説明しました。それによって、低周波数成分が大きくなり、高周波数成分が小さくなりやすいという性質を確かめました。さらに、この性質を利用して、データ圧縮の仕組みを説明しました。

〔Column〕画像データの DCT 圧縮

JPEG は画像圧縮の規格の 1 つですが、そこで採用されている方式が DCT による圧縮法です。

下図はその仕組みを表わしています。解説では 8 個のデータを対象にしましたが、画像の場合には 8 × 8 個のデータを 1 ブロックとして対象にします。

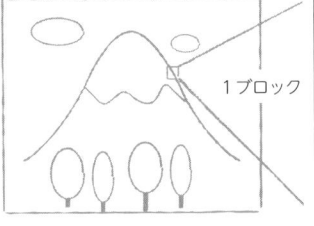

画像を 8 × 8 個の点からなるブロックに分割

1 ブロック

明るさの情報

267	272	277	281	283	283	283	283
272	279	281	284	287	284	284	284
278	283	288	291	286	284	284	284
287	289	290	288	288	287	287	287
287	288	289	290	290	283	283	283
289	289	289	289	288	285	285	285
290	290	289	291	290	285	285	285
290	290	289	289	291	286	286	286

↓ DCT 演算

網をかけたここだけを活かす →

427	−1	−12	−5.2	2.1	−1.7	−2.7	1.3
−23	−18	−6.2	−3.2	−2.9	−0.1	0.4	−1.2
−11	−9.3	−1.6	1.5	0.2	−0.9	−0.6	−0.1
−7.1	−1.9	0.2	1.5	0.9	−0.1	0	0.3
−0.6	−0.8	1.5	1.6	−0.1	−0.7	0.6	1.3
1.8	−0.2	1.6	−0.3	−0.8	1.5	1	−1
−1.3	−0.4	−0.3	−1.5	−0.5	1.7	1.1	−0.8
−2.6	1.6	−3.8	−1.8	1.9	1.2	−0.6	−0.4

↑ 網をかけない部分はカット

第5章
高速フーリエ変換（FFT）

大きなデータに対して離散フーリエ変換（DFT）を実際に行なうと、計算に時間がかかります。そこで発案されたのが高速フーリエ変換（FFT）です。その仕組みを説明します。

第 5 章のガイダンス

先生：**FFT（高速フーリエ変換）**の話をしよう。

生徒：何が高速なんですか？

先生：**DFT（離散フーリエ変換）**の計算を高速に行なえるということだ。

生徒：DFT って、離散信号を周波数成分に分解する計算法ですよね。

先生：そうだよ。たとえば、4 つの離散信号 x_0, x_1, x_2, x_3 を離散フーリエ変換する式は次のように与えられる。

$$\begin{pmatrix} X_0 \\ X_1 \\ X_2 \\ X_3 \end{pmatrix} = \begin{pmatrix} 1 & 1 & 1 & 1 \\ 1 & e^{-i\frac{2\pi}{4}} & e^{-i\frac{4\pi}{4}} & e^{-i\frac{6\pi}{4}} \\ 1 & e^{-i\frac{4\pi}{4}} & e^{-i\frac{8\pi}{4}} & e^{-i\frac{12\pi}{4}} \\ 1 & e^{-i\frac{6\pi}{4}} & e^{-i\frac{12\pi}{4}} & e^{-i\frac{18\pi}{4}} \end{pmatrix} \begin{pmatrix} x_0 \\ x_1 \\ x_2 \\ x_3 \end{pmatrix}$$

生徒：複素数の計算は苦手だな。

先生：実をいうとコンピュータもそうなんだ。複素数は「二元数」ともいわれるように、2 つの成分を含んでいる。だから、普通の 2 数の計算なら 1 回で済むところ、2 つの複素数の計算には 2 × 2 = 4 回の計算が伴うんだ。

生徒：でも、コンピュータは高速ですよね。たいした手間ではないのでは？

先生：たしかに、最近のコンピュータは高速だ。パソコンでも通常の計算なら十分こなしてくれる。しかし、処理する情報量も莫大になっている。

生徒：なるほど。

先生：4 つの離散信号を対象にした上の行列の計算式で、本体の正方行列（すなわち、DFT の変換行列）には 4 × 4 の複素数が含まれている。それが 1000 個の離散信号になったら、1000 × 1000 = 100 万の複素数が含まれることになる。細かい観測データを DFT で分析しようとしたら、もっと大きな数の離散データを扱う必要が出てくる。

生徒：それは大変だ！

先生：そこで、その計算を簡単にする方法が見つかった。それが FFT だ。

生徒：どんな計算法なんですか？

先生：離散フーリエ変換の式の特徴を活用する方法なんだ。

生徒：特徴？

先生：左に示した4つの離散信号の離散フーリエ変換の式を**オイラーの公式**（☞ P.58）を利用して書き下すと、次のようになる。

$$\begin{pmatrix} X_0 \\ X_1 \\ X_2 \\ X_3 \end{pmatrix} = \begin{pmatrix} 1 & 1 & 1 & 1 \\ 1 & -i & -1 & i \\ 1 & -1 & 1 & -1 \\ 1 & i & -1 & -i \end{pmatrix} \begin{pmatrix} x_0 \\ x_1 \\ x_2 \\ x_3 \end{pmatrix}$$

ここで、2行目と3行目の式を入れ替えてみよう。

$$\begin{pmatrix} X_0 \\ X_2 \\ X_1 \\ X_3 \end{pmatrix} = \begin{pmatrix} 1 & 1 & 1 & 1 \\ 1 & -1 & 1 & -1 \\ 1 & -i & -1 & i \\ 1 & i & -1 & -i \end{pmatrix} \begin{pmatrix} x_0 \\ x_1 \\ x_2 \\ x_3 \end{pmatrix}$$

生徒：あっ！ $E_1 = \begin{pmatrix} 1 & 1 \\ 1 & -1 \end{pmatrix}$ と $E_2 = \begin{pmatrix} 1 & -i \\ 1 & i \end{pmatrix}$ の2つだけから変換行列がつくられていますね。

$$\begin{pmatrix} 1 & 1 & 1 & 1 \\ 1 & -1 & 1 & -1 \\ 1 & -i & -1 & i \\ 1 & i & -1 & -i \end{pmatrix} = \begin{pmatrix} E_1 & E_1 \\ E_2 & -E_2 \end{pmatrix}$$

先生：このようなDFTの変換行列の特徴を利用して、DFTの計算を高速にこなすのがFFTの発想だよ。

生徒：ところで、先生、**DCT（離散コサイン変換）**ではこのような問題は起こらないんですか？

先生：DCTはDFTと違って、変換行列は実数だ。また、DCTは8個の離散信号を基本単位として処理する。したがって、JPEGやMPEGの圧縮をする際には、専用のハードウェア（LSI）を備え、高速に実行するんだ。

生徒：そうなんだ！

先生：では、FFTの話を始めよう。

5-1 バタフライ演算とシグナルフロー図

離散フーリエ変換（DFT）の計算を高速にこなす計算技法が高速フーリエ変換（Fast Fourier Transform）です。通常 FFT と略されます。ここでは、FFT で利用される言葉を解説します。

FFT の考え方

FFT は離散フーリエ変換（DFT）の計算を高速にこなす計算技法です。

DFT とは、簡単にいえば、N 個のデータ $\{x_0, x_1, x_2, \cdots, x_{N-1}\}$ と、N 個の複素正弦波の係数 $\{X_0, X_1, X_2, \cdots, X_{N-1}\}$ を次の式で結び付ける変換のことです。(1)が DFT、(2)が IDFT の変換式となります（☞ P.108）。

$$\begin{pmatrix} X_0 \\ X_1 \\ X_2 \\ \cdots \\ X_{N-1} \end{pmatrix} = \begin{pmatrix} 1 & 1 & 1 & \cdots & 1 \\ 1 & e^{-i\frac{2\pi}{N}} & e^{-i\frac{4\pi}{N}} & \cdots & e^{-i\frac{2\pi(N-1)}{N}} \\ 1 & e^{-i\frac{4\pi}{N}} & e^{-i\frac{8\pi}{N}} & \cdots & e^{-i\frac{4\pi(N-1)}{N}} \\ \cdots & \cdots & \cdots & \cdots & \cdots \\ 1 & e^{-i\frac{2\pi(N-1)}{N}} & e^{-i\frac{4\pi(N-1)}{N}} & \cdots & e^{-i\frac{2\pi(N-1)(N-1)}{N}} \end{pmatrix} \begin{pmatrix} x_0 \\ x_1 \\ x_2 \\ \cdots \\ x_{N-1} \end{pmatrix} \quad \cdots(1)$$

$$\begin{pmatrix} x_0 \\ x_1 \\ x_2 \\ \cdots \\ x_{N-1} \end{pmatrix} = \frac{1}{N} \begin{pmatrix} 1 & 1 & 1 & \cdots & 1 \\ 1 & e^{i\frac{2\pi}{N}} & e^{i\frac{4\pi}{N}} & \cdots & e^{i\frac{2\pi(N-1)}{N}} \\ 1 & e^{i\frac{4\pi}{N}} & e^{i\frac{8\pi}{N}} & \cdots & e^{i\frac{4\pi(N-1)}{N}} \\ \cdots & \cdots & \cdots & \cdots & \cdots \\ 1 & e^{i\frac{2\pi(N-1)}{N}} & e^{i\frac{4\pi(N-1)}{N}} & \cdots & e^{i\frac{2\pi(N-1)(N-1)}{N}} \end{pmatrix} \begin{pmatrix} X_0 \\ X_1 \\ X_2 \\ \cdots \\ X_{N-1} \end{pmatrix} \quad \cdots(2)$$

(注 1) 本章では離散信号を一般化して「データ」と呼ぶことにする。

(注 2) 文献によって異なる定義があることに注意しよう。行列の計算法については付録 G を参照。

ところで、これらの変換式を見ればわかるように、N 個の離散信号のデータを(1)(2)を用いて実際に処理するには、N^2 回の複素数の積の計算が必要になります。複素数の積の計算は、計算機でも手間取ります。そこで、大きな N に対しては多大な計算時間を要することになります。

> **(例)** データ数 $N = 4$ の場合の乗算数は $4 \times 4 = 4^2$ 回

$$\begin{pmatrix} X_0 \\ X_1 \\ X_2 \\ X_3 \end{pmatrix} = \begin{pmatrix} 1 & 1 & 1 & 1 \\ 1 & e^{-i\frac{2\pi}{4}} & e^{-i\frac{4\pi}{4}} & e^{-i\frac{6\pi}{4}} \\ 1 & e^{-i\frac{4\pi}{4}} & e^{-i\frac{8\pi}{4}} & e^{-i\frac{12\pi}{4}} \\ 1 & e^{-i\frac{6\pi}{4}} & e^{-i\frac{12\pi}{4}} & e^{-i\frac{18\pi}{4}} \end{pmatrix} \begin{pmatrix} x_0 \\ x_1 \\ x_2 \\ x_3 \end{pmatrix}$$

4次の正方行列に4次の列ベクトルをかけるので、計 4^2 回の乗算が行なわれる。一部は実数計算だが、それは考慮しない。

ところが、その複素数の積の計算回数を大幅に減少させる工夫が見つかりました。計算順序を変えて、同類の小さな計算に小分けするのです。こうすることで、N が大きいとき、積の計算を約 $N\log_2 N$ に比例する回数で済ませられます。

たとえば、1 ギガバイトほどのデータを処理しようとすると、計算時間が 1 年と 1 分に比せられるくらいに、計算時間の短縮が可能になります。その計算技法が FFT です。

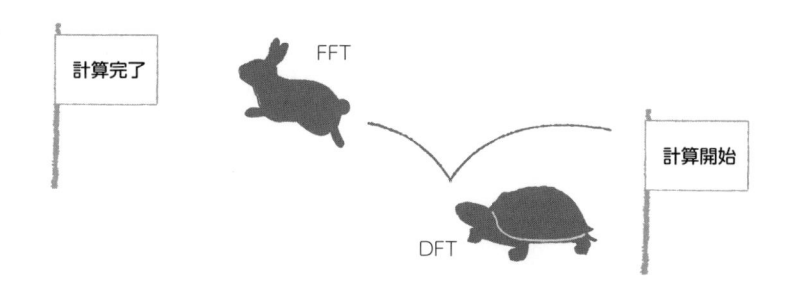

FFT の方法はいくつかあります。本書では、FFT を最初に広めた２人の学者（Cooley と Tukey）の示した方法（1965 年）を紹介することにしましょう。

この方法にも、**周波数間引き型 FFT**、**時間間引き型 FFT** の２タイプがありますが、前者の「周波数間引き型 FFT」に対応するものを説明します。フーリエ変換後の値（周波数データ）を並べ替える方法です。

<small>（注3）「時間間引き型 FFT」はフーリエ変換前の値（時間データ）を並べ替える方法である。基本的に周波数間引き型 FFT と同じ考え方が用いられる。</small>

さて、世の中にはすべてうまくいくということは稀です。FFT の場合にも、すべてのデータを高速に変換してくれるわけではありません。データ数 **N は 2 のべき乗**（すなわち、2^m（$m = 1, 2, \cdots$））に制限されるのです。

回転子の導入

128 ページの DFT の公式(1)を見ると、複素指数関数が雑多に入り組んでいるので複雑です。簡略化するために次の記号 W_N を導入します。

$$W_N = e^{-i\frac{2\pi}{N}} \quad \cdots(3)$$

これを利用すると、DFT の公式(1)は次のように見やすくなります。

$$\begin{pmatrix} X_0 \\ X_1 \\ X_2 \\ \cdots \\ X_{N-1} \end{pmatrix} = \begin{pmatrix} 1 & 1 & 1 & \cdots & 1 \\ 1 & W_N & W_N^2 & \cdots & W_N^{N-1} \\ 1 & W_N^2 & W_N^4 & \cdots & W_N^{2(N-1)} \\ \cdots & \cdots & \cdots & \cdots & \cdots \\ 1 & W_N^{N-1} & W_N^{2(N-1)} & \cdots & W_N^{(N-1)(N-1)} \end{pmatrix} \begin{pmatrix} x_0 \\ x_1 \\ x_2 \\ \cdots \\ x_{N-1} \end{pmatrix} \quad \cdots(4)$$

(3)で定義されたこの変換行列の中の W_N を**回転子**（または**回転因子**）と呼びます。(3)の複素指数関数のべき乗が複素平面上では回転を表わすからです（☞ 付録 A、右の〔memo〕）。

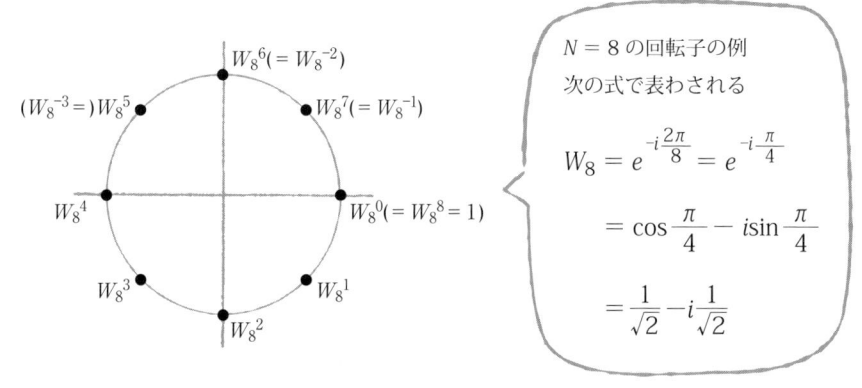

$N = 8$ の回転子の例
次の式で表わされる

$$W_8 = e^{-i\frac{2\pi}{8}} = e^{-i\frac{\pi}{4}}$$
$$= \cos\frac{\pi}{4} - i\sin\frac{\pi}{4}$$
$$= \frac{1}{\sqrt{2}} - i\frac{1}{\sqrt{2}}$$

〔memo〕ド・モアブルの定理 ───────────────

FFT では回転子のべき乗 W_N^k を多用します。それを実際に計算する際に利用される公式が次の**ド・モアブルの定理**です。

$$(\cos\theta + i\sin\theta)^k = \cos k\theta + i\sin k\theta$$

実際に W_N^k を計算してみましょう。オイラーの公式（☞ P.58）から、

$$W_N = e^{-i\frac{2\pi}{N}} = \cos\left(-\frac{2\pi}{N}\right) + i\sin\left(-\frac{2\pi}{N}\right)$$

すると、ド・モアブルの定理から、次の式が導き出されます。

$$W_N^k = \cos k\left(-\frac{2\pi}{N}\right) + i\sin k\left(-\frac{2\pi}{N}\right) = \cos\frac{2\pi k}{N} - i\sin\frac{2\pi k}{N}$$

バタフライ演算

後述するように、FFT の計算は「**2つのデータを加減し、さらに回転子 W_N の k 乗をかける**」という基本演算からできています（$k = 0, 1, \cdots, N-1$）。この演算を図示すると、それが蝶の羽の形に似ていることから、**バタフライ演算**と呼びます。そして、その蝶の羽の形に似た図をバタフライ演算の**シグナルフロー図**と呼びます。

以下に、本書で用いる2つのバタフライ演算のシグナルフロー図を示します。

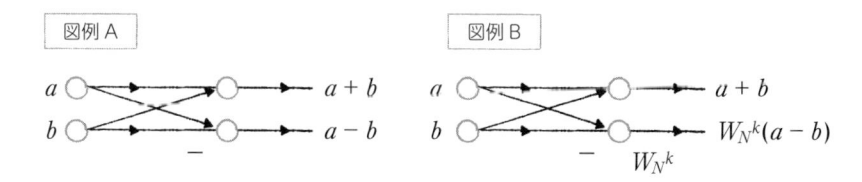

図例 A

$a \to a+b$
$b \to a-b$

図例 B

$a \to a+b$
$b \to W_N^k(a-b)$
W_N^k

第5章 高速フーリエ変換（FFT）

これらの図は、言葉で次のように表わされます。

図例A：2つのデータ a,b を入力したとき、2つの和を一方に、2つの差を他方に出力。

図例B：2つのデータ a,b を入力したとき、2つの和を一方に、2つの差に W_N^k をかけた値を他方に出力。

|ま|と|め|

FFT（高速フーリエ変換）はDFT（離散フーリエ変換）の計算を高速にこなす計算法です。その準備としてDFTの公式を明示し、その公式を簡略化する回転子と呼ばれる記号を紹介しました。また、FFTに特有なバタフライ演算とそれを図形化するシグナルフロー図についても説明しています。

5-2 小さなデータで高速フーリエ変換(FFT)の仕組みを見る

FFTは「ビットリバース」という順序にデータを並べ替えるのが基本です。その仕組みをデータ数 N が2と4の場合について見ていきます。

（注）FFTは2のべき乗（2^m の数（m は自然数））個のデータ数を対象にする。

$N = 2$ の FFT

最も簡単な $N = 2^1$（$= 2$）個のデータについて、FFTを見てみましょう。このとき、DFTの変換式は次のようになります（☞ P.130 の(4)式）。

$$\begin{pmatrix} X_0 \\ X_1 \end{pmatrix} = \begin{pmatrix} 1 & 1 \\ 1 & W_2 \end{pmatrix} \begin{pmatrix} x_0 \\ x_1 \end{pmatrix} \quad \cdots(1)$$

ここで、変換行列の中の W_2 は回転子で、次のように表わせます。

$$W_2 = e^{-i\frac{2\pi}{2}} \ (= e^{-i\pi} = -1)$$

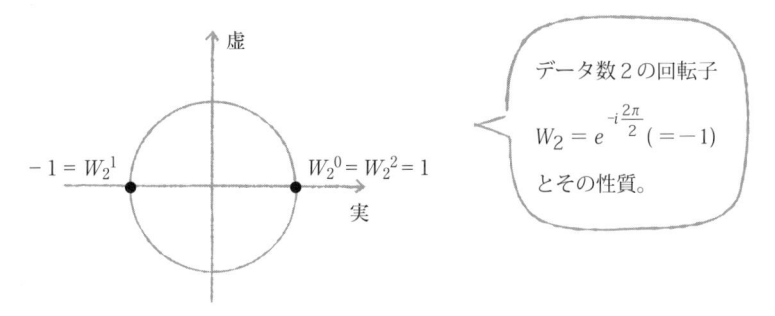

データ数2の回転子
$W_2 = e^{-i\frac{2\pi}{2}} (= -1)$
とその性質。

$-1 = W_2^1$、$W_2^0 = W_2^2 = 1$

(1)を展開し、$W_2 = -1$ を代入すると次の式が得られます。

$$\left. \begin{array}{l} X_0 = x_0 + x_1 \\ X_1 = x_0 - x_1 \end{array} \right\} \cdots(2)$$

シグナルフロー図は次のようになります。この図とそれが表わす処理を、回転子 W_2 に合わせて W2 と名づけます。

シグナルフロー図1

$x_0 + x_1$
$x_0 - x_1$
$\equiv$ W2 X_0, X_1

N = 4 の例

次に $N = 2^2 (= 4)$ 個のデータの FFT を考えてみましょう。このとき、DFT の変換式は次のようになります（☞ P.130 の(4)式）。

$$\begin{pmatrix} X_0 \\ X_1 \\ X_2 \\ X_3 \end{pmatrix} = \begin{pmatrix} 1 & 1 & 1 & 1 \\ 1 & W_4 & W_4^2 & W_4^3 \\ 1 & W_4^2 & W_4^4 & W_4^6 \\ 1 & W_4^3 & W_4^6 & W_4^9 \end{pmatrix} \begin{pmatrix} x_0 \\ x_1 \\ x_2 \\ x_3 \end{pmatrix} \quad \cdots(3)$$

ここで、回転子 W_4 は以下のようになります。

$$W_4 = e^{-i\frac{2\pi}{4}} \quad \left(= e^{-i\frac{\pi}{2}} = -i\right) \quad \cdots(4)$$

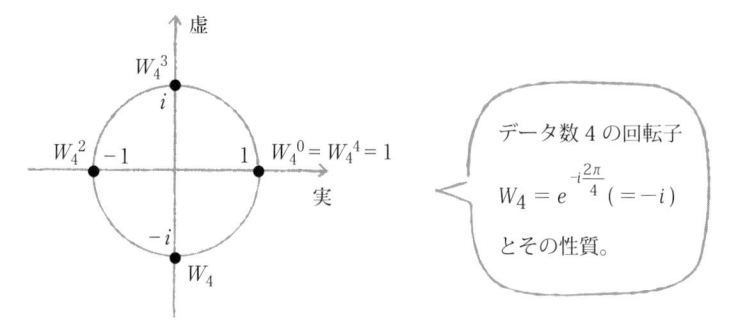

> データ数 4 の回転子 $W_4 = e^{-i\frac{2\pi}{4}} (= -i)$ とその性質。

(3)を展開し、$W_4 = -i$ を代入すると次の式が得られます。ここで、$i^2 = -1$

$X_0 = x_0 + x_1 + x_2 + x_3$

$X_1 = x_0 + x_1 W_4 - x_2 + x_3 W_4^3$

$X_2 = x_0 - x_1 + x_2 - x_3$

$X_3 = x_0 + x_1 W_4{}^3 - x_2 + x_3 W_4$

ここからが技です。これら 4 つの式について、X の添え字 0 〜 3 を**ビットリバース**した値の順に並べ替えるのです（下表）。

値	2進数	逆転	ビットリバース
0	00	00	0
1	01	10	2
2	10	01	1
3	11	11	3

ビットリバースとは数を 2 進数表示し、それを逆順にしたときの値のこと。

実際にこのビットリバースの値の順に、式を並べ替えてみましょう。

$X_0 = x_0 + x_1 + x_2 + x_3$

$X_2 = x_0 - x_1 + x_2 - x_3$

$X_1 = x_0 + x_1 W_4 - x_2 + x_3 W_4{}^3$

$X_3 = x_0 + x_1 W_4{}^3 - x_2 + x_3 W_4$

さらに、上下 2 式ずつのグループに分け、133 ページの $N = 2$ の処理式(2) の形式に変形します。

$\begin{bmatrix} X_0 = (x_0 + x_2) + (x_1 + x_3) \\ X_2 = (x_0 + x_2) - (x_1 + x_3) \end{bmatrix}$

$\begin{bmatrix} X_1 = (x_0 - x_2) + W_4(x_1 + x_3 W_4{}^2) = W_4{}^0(x_0 - x_2) + W_4{}^1(x_1 - x_3) \\ X_3 = (x_0 - x_2) + W_4(x_1 W_4{}^2 + x_3) = W_4{}^0(x_0 - x_2) - W_4{}^1(x_1 - x_3) \end{bmatrix}$

こうして、上 2 つ（X_0, X_2 の式）と下 2 つ（X_1, X_3 の式）は次のように 2 データのバタフライ演算の処理 W2 で表わせることがわかりました。

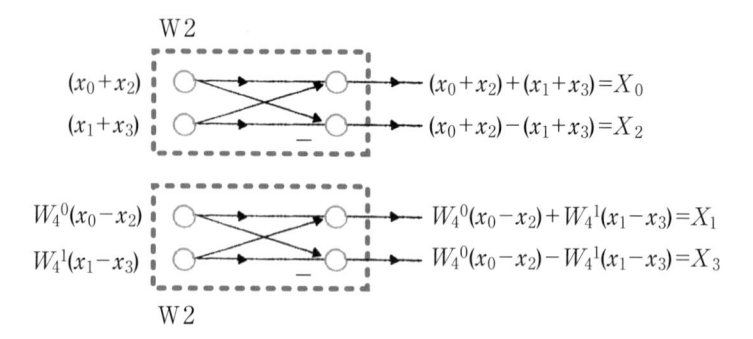

```
         W2
      ┌─────────┐
(x₀+x₂) ○──┬──×──┬─○ ──→ (x₀+x₂)+(x₁+x₃)=X₀
           │  ╲ │
(x₁+x₃) ○──┴──×──┴─○ ──→ (x₀+x₂)−(x₁+x₃)=X₂
      └────── − ──┘
```

$W_4^0(x_0-x_2)$ ○ ──→ ○ ──→ $W_4^0(x_0-x_2)+W_4^1(x_1-x_3)=X_1$

$W_4^1(x_1-x_3)$ ○ ──→ ○ ──→ $W_4^0(x_0-x_2)-W_4^1(x_1-x_3)=X_3$

         W2

4つのデータのFFTが2つのデータのFFTと結び付けられていることを強調するために、次のように表わしておきます。

シグナルフロー図2

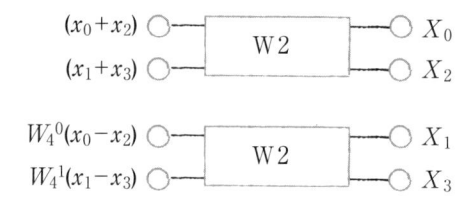

(x_0+x_2) ○ ──┐ ┌── ○ X_0
               │W2│
(x_1+x_3) ○ ──┘ └── ○ X_2

$W_4^0(x_0-x_2)$ ○ ──┐ ┌── ○ X_1
                    │W2│
$W_4^1(x_1-x_3)$ ○ ──┘ └── ○ X_3

さて、この2つのバタフライ演算W2の入力データ $(x_0 + x_2)$, $(x_1 + x_3)$, $W_4^0(x_0 - x_2)$, $W_4^1(x_1 - x_3)$ はどうやって算出されたのでしょう。それをバタフライ演算のシグナルフロー図で表わしてみましょう。それが下図です。

シグナルフロー図3

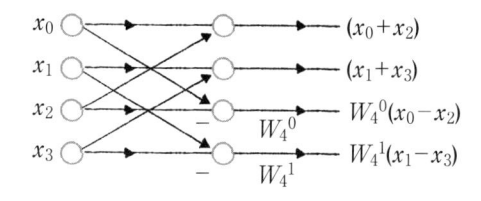

x_0 ○ ──→ ○ ──→ (x_0+x_2)
x_1 ○ ──→ ○ ──→ (x_1+x_3)
x_2 ○ ──→ ○ ──→ $W_4^0(x_0-x_2)$　　W_4^0
x_3 ○ ──→ ○ ──→ $W_4^1(x_1-x_3)$　　W_4^1

シグナルフロー図2と図3をまとめてみましょう。バタフライ演算を用いた $N = 4$ のときのシグナルフロー図が完成しました。

シグナルフロー図4

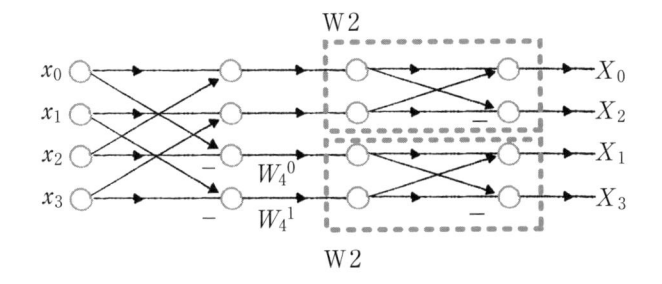

```
        W2
x₀ →○→⤫→○→⤫→○→⤫→○→ X₀
x₁ →○→⤫→○→⤫→○→⤫→○→ X₂
x₂ →○→⤫→○ −  W₄⁰ ○→⤫→○ − → X₁
x₃ →○→⤫→○ −  W₄¹ ○→⤫→○ − → X₃
        W2
```

シグナルフロー図2と図4をまとめて図示しましょう。

シグナルフロー図5

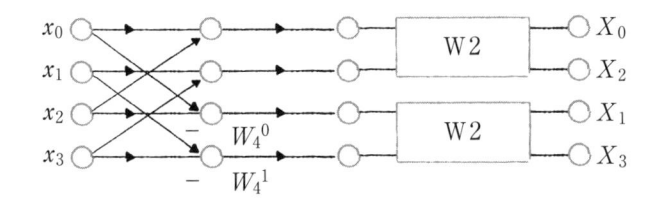

```
x₀ ○→⤫→○→→○→┌────┐→○ X₀
x₁ ○→⤫→○→→○→│ W2 │→○ X₂
                └────┘
x₂ ○→⤫→○ − W₄⁰ →┌────┐→○ X₁
x₃ ○→⤫→○ − W₄¹ →│ W2 │→○ X₃
                 └────┘
```

$N = 4$ のときのFFTの計算法は、$N = 4$ 独特のパターン処理部（シグナルフロー図3）と、その出力を $N = 2$ の方法で処理する部分（シグナルフロー図2）から構成されることになります。このシグナルフロー図4とそれが表わす処理を、回転子 W_4 に合わせて W4 と名づけます。

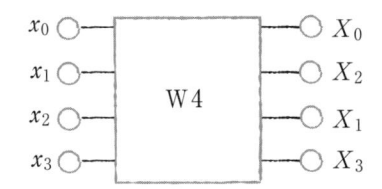

```
x₀ ○──┐         ┌──○ X₀
x₁ ○──┤         ├──○ X₂
      │   W4    │
x₂ ○──┤         ├──○ X₁
x₃ ○──┘         └──○ X₃
```

> **まとめ**
>
> データ数 N が2と4の場合について、FFT の仕組みを説明しました。$N = 4$ の処理は、DFT の変換式をビットリバース順に並べ替え、$N = 2$ の場合の形式に誘導することが基本です。次節では、$N = 8$ の場合を見ていきます。

第5章 高速フーリエ変換（FFT）

5-3 8個のデータで高速フーリエ変換(FFT)の仕組みを見る

データ数 N が4のFFTの処理は変換式をビットリバース順に並べ替えることで $\frac{N}{2} = 2$ の場合の形式に誘導できました（☞ 5-2）。このことをデータ数 N が8の場合でも確認しましょう。

ビットリバース順に並べ替え

$N = 2^3 (= 8)$ 個の離散信号の場合を考えてみましょう。このとき、DFTの変換式は次のようになります（☞ P.130 の(4)式）。

$$\begin{pmatrix} X_0 \\ X_1 \\ X_2 \\ \dots \\ X_7 \end{pmatrix} = \begin{pmatrix} 1 & 1 & 1 & \dots & 1 \\ 1 & W_8 & W_8^2 & \dots & W_8^7 \\ 1 & W_8^2 & W_8^4 & \dots & W_8^{14} \\ \dots & \dots & \dots & \dots & \dots \\ 1 & W_8^7 & W_8^{14} & \dots & W_8^{49} \end{pmatrix} \begin{pmatrix} x_0 \\ x_1 \\ x_2 \\ \dots \\ x_7 \end{pmatrix} \quad \cdots (1)$$

ここで、変換行列の中の W_8 は回転子で、次のように表わせます。

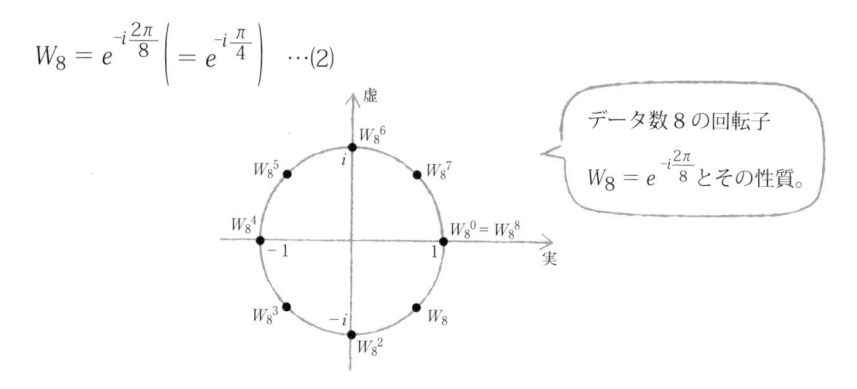

$$W_8 = e^{-i\frac{2\pi}{8}} \left(= e^{-i\frac{\pi}{4}} \right) \quad \cdots (2)$$

> データ数8の回転子
> $W_8 = e^{-i\frac{2\pi}{8}}$ とその性質。

さて、(2)から $W_8^4 = e^{-i\pi} = -1$ などが得られるので、(1)の変換行列の中の W_8 の累乗は、たとえば次のように簡略化されます。

(例) $W_8^{49} = W_8^{4 \times 11 + 5} = W_8^{4 \times 11} W_8^5 = (W_8^4)^{11} W_8^5 = (-1)^{11} W_8^5 = -W_8^5$

このような簡略化を施して、(1)の行列の式を展開してみましょう。さらに、X の添え字 $0 \sim 7$ をビットリバースにした次の順に並べ替えてみましょう。

$X_0, X_4, X_2, X_6,$
X_1, X_5, X_3, X_7

値	2進数	逆転	ビットリバース
0	000	000	0
1	001	100	4
2	010	010	2
3	011	110	6
4	100	001	1
5	101	101	5
6	110	011	3
7	111	111	7

(注1) $0 \sim 7$ のビットリバース順は上の表を参照しよう。

$$
\left.\begin{aligned}
X_0 &= x_0 + x_1 + x_2 + x_3 + x_4 + x_5 + x_6 + x_7 \\
X_4 &= x_0 - x_1 + x_2 - x_3 + x_4 - x_5 + x_6 - x_7 \\
X_2 &= x_0 + x_1 W_8^2 - x_2 - x_3 W_8^2 + x_4 + x_5 W_8^2 - x_6 - x_7 W_8^2 \\
X_6 &= x_0 - x_1 W_8^2 - x_2 + x_3 W_8^2 + x_4 - x_5 W_8^2 - x_6 + x_7 W_8^2 \\
X_1 &= x_0 + x_1 W_8 + x_2 W_8^2 + x_3 W_8^3 - x_4 - x_5 W_8 - x_6 W_8^2 - x_7 W_8^3 \\
X_5 &= x_0 - x_1 W_8 + x_2 W_8^2 - x_3 W_8^3 - x_4 + x_5 W_8 - x_6 W_8^2 + x_7 W_8^3 \\
X_3 &= x_0 + x_1 W_8^3 - x_2 W_8^2 - x_3 W_8^5 - x_4 - x_5 W_8^3 + x_6 W_8^2 + x_7 W_8^5 \\
X_7 &= x_0 - x_1 W_8^3 - x_2 W_8^2 + x_3 W_8^5 - x_4 + x_5 W_8^3 + x_6 W_8^2 - x_7 W_8^5
\end{aligned}\right\} \cdots (3)
$$

$N = 4$ の処理の形式に変形

$N = 4$ の処理で調べたように、(3)を上下 4 式ずつのグループに分け、$N = 4$ の処理 W4 を表わすシグナルフローに合致するように各式を変形します。ここで、次のような式変形を利用しています。

$$W_8^2 = \left(e^{-i\frac{2\pi}{8}}\right)^2 = e^{-i\frac{2\pi}{4}} = W_4$$

$$\left.\begin{cases} X_0 = \{(x_0+x_4)+(x_2+x_6)\}+\{(x_1+x_5)+(x_3+x_7)\} \\ X_4 = \{(x_0+x_4)+(x_2+x_6)\}-\{(x_1+x_5)+(x_3+x_7)\} \\ X_2 = W_4^0\{(x_0+x_4)-(x_2+x_6)\}+W_4^1\{(x_1+x_5)-(x_3+x_7)\} \\ X_6 = W_4^0\{(x_0+x_4)-(x_2+x_6)\}-W_4^1\{(x_1+x_5)-(x_3+x_7)\} \\ X_1 = \{W_8^0(x_0-x_4)+W_8^2(x_2-x_6)\}+\{W_8^1(x_1-x_5)+W_8^3(x_3-x_7)\} \\ X_5 = \{W_8^0(x_0-x_4)+W_8^2(x_2-x_6)\}-\{W_8^1(x_1-x_5)+W_8^3(x_3-x_7)\} \\ X_3 = W_4^0\{(W_8^0 x_0-x_4)-W_8^2(x_2-x_6)\}+W_4^1\{W_8^1(x_1-x_5)-W_8^3(x_3-x_7)\} \\ X_7 = W_4^0\{(W_8^0 x_0-x_4)-W_8^2(x_2-x_6)\}-W_4^1\{W_8^1(x_1-x_5)-W_8^3(x_3-x_7)\} \end{cases}\right\} \cdots(4)$$

こうして、上2つ（X_0, X_4, X_2, X_6 の式）と下2つ（X_1, X_5, X_3, X_7 の式）は、次のように $N=4$ の処理 W4 のシグナルフロー図で表わせることがわかります。

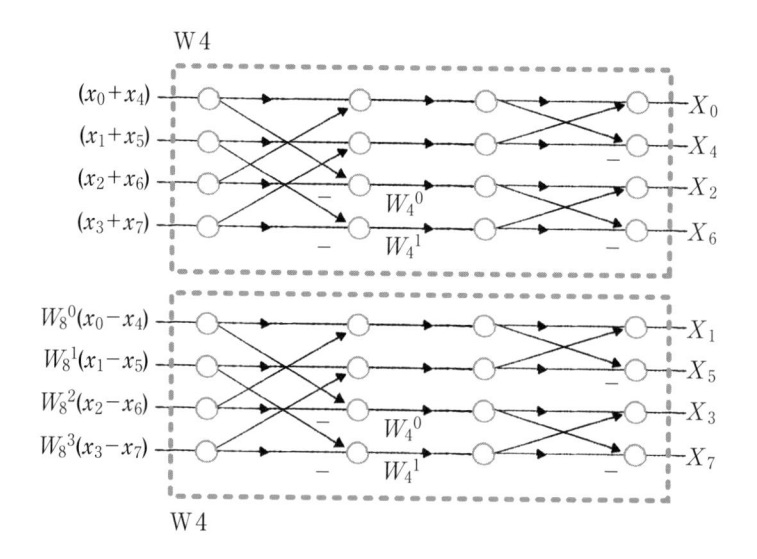

$N=8$ の処理が $N=4$ の処理 W4 と深く結びついていることを示すために、次のように図示しておきます。

シグナルフロー図 1

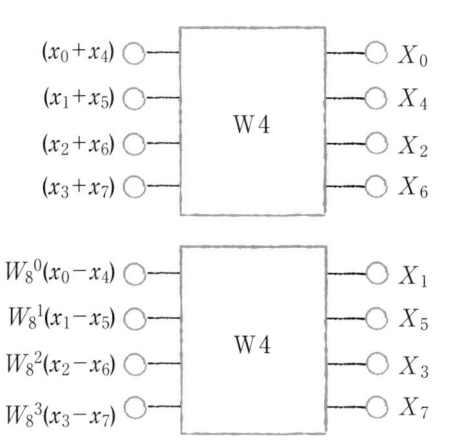

(図：W4ブロック2つ。上側W4の入力は (x_0+x_4), (x_1+x_5), (x_2+x_6), (x_3+x_7)、出力は X_0, X_4, X_2, X_6。下側W4の入力は $W_8^0(x_0-x_4)$, $W_8^1(x_1-x_5)$, $W_8^2(x_2-x_6)$, $W_8^3(x_3-x_7)$、出力は X_1, X_5, X_3, X_7。)

　さて、この2つの処理 W4 の入力データ $(x_0 + x_4)$, $(x_1 + x_5)$, $\cdots$, $W_8^0(x_0 - x_4)$, $W_8^1(x_1 - x_5)$, $\cdots$ はどうやって算出されたのでしょうか？　それをバタフライ演算を示すシグナルフロー図で表わしてみます。前節（☞ 5-2）の $N = 4$ のときのシグナルフロー図3で見たのと同じパターンが見えるはずです。

シグナルフロー図 2

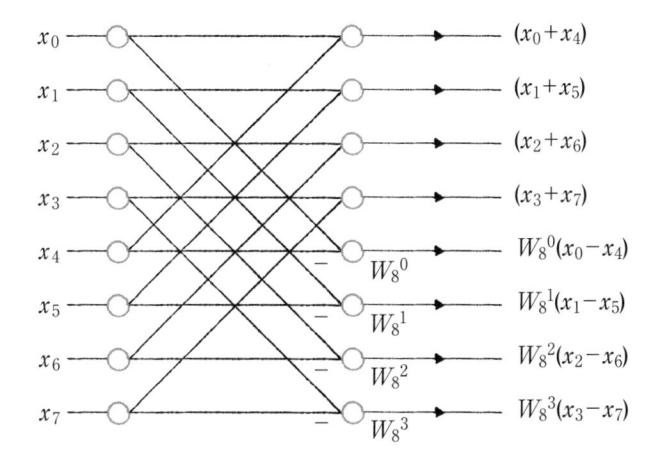

(図：x_0〜x_7 を入力とするバタフライ演算。出力は (x_0+x_4), (x_1+x_5), (x_2+x_6), (x_3+x_7), $W_8^0(x_0-x_4)$, $W_8^1(x_1-x_5)$, $W_8^2(x_2-x_6)$, $W_8^3(x_3-x_7)$。下側4本には W_8^0, W_8^1, W_8^2, W_8^3 が乗算される。)

　　　（注2）煩雑になるので、以降、N が8以上の場合は矢印を省略。

　これで、$N = 8$ のときの DFT の式(4)がシグナルフロー図で表わされました。シグナルフロー図1、2をまとめましょう。

シグナルフロー図3

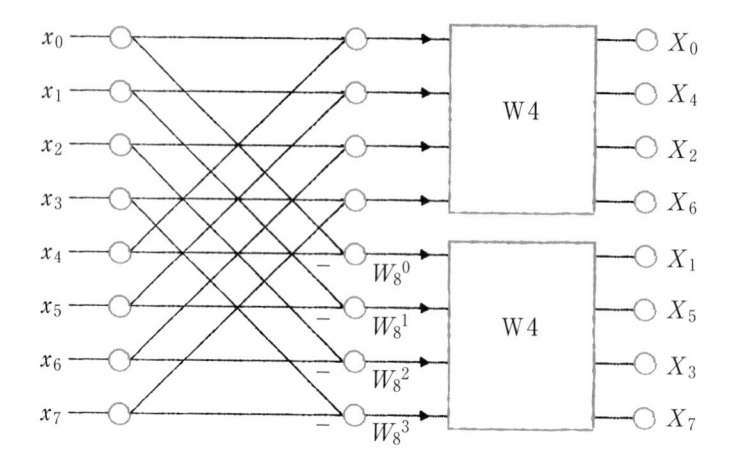

x_0 ○
x_1 ○
x_2 ○
x_3 ○
x_4 ○　　　W_8^0　W4
x_5 ○　　　W_8^1
x_6 ○　　　W_8^2　W4
x_7 ○　　　W_8^3

○ X_0
○ X_4
○ X_2
○ X_6
○ X_1
○ X_5
○ X_3
○ X_7

　ここまでくると一般化の道筋が見えてきます。次節（☞5-4）で、それを見ていきましょう。

|ま|と|め|

データ数 N が8の場合のFFTの処理をまとめました。結局、$N = 4$ のときと同様、$\dfrac{N}{2}$ の処理に帰着させられるのです。これを一般化すれば、FFTの公式が生まれます。

5-4 高速フーリエ変換（FFT）の公式化

これまで（☞ 5-1 〜 5-3）見てきたことを利用して、DFT の計算を高速にこなす高速フーリエ変換（FFT）を公式化しましょう。

一般化してまとめよう

データ数 N が 4, 8 の FFT の処理のシグナルフロー図をまとめてみましょう。

$N = 4$ のシグナルフロー図（P.137 のシグナルフロー図 5）

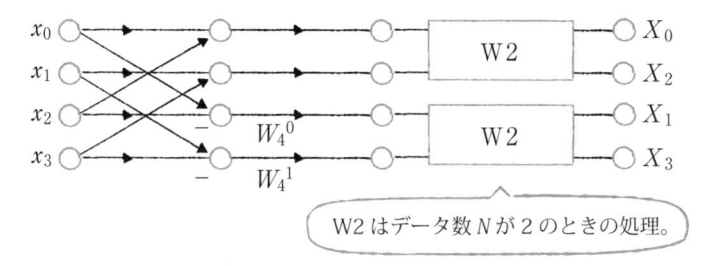

W2 はデータ数 N が 2 のときの処理。

$N = 8$ のシグナルフロー図（P.142 のシグナルフロー図 3）

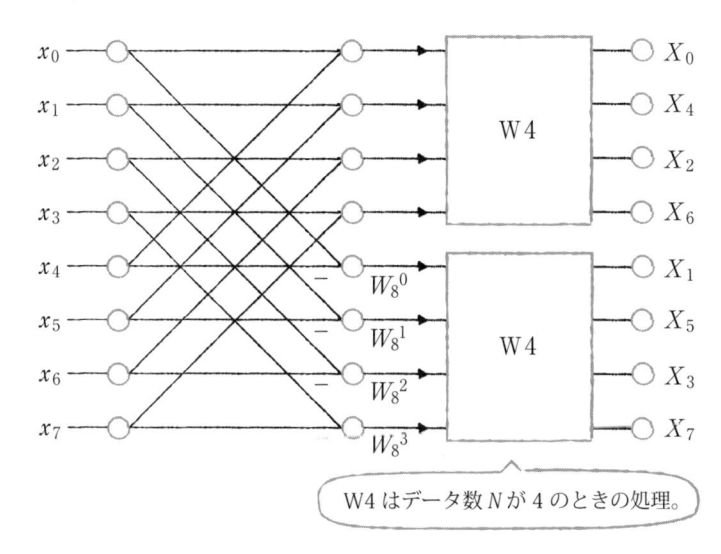

W4 はデータ数 N が 4 のときの処理。

このように2つの図を並べれば、一般化の道は簡単に見つけられます。すなわち、次の2ステップを繰り返すだけなのです（データ数 N は2のべき乗（すなわち、2^m（$m = 1, 2, 3, \cdots$））で表わせる数とします）。

< Step1 > 前処理をする

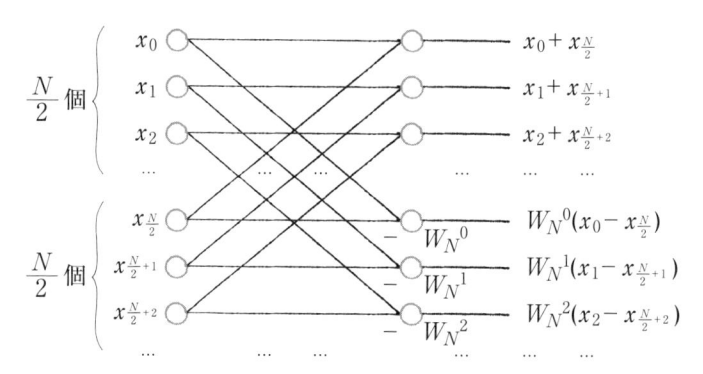

N 個の離散信号を時間順に縦に並べ、各信号から平行線に右に引きます。そして、上下2等分し、上半分から下半分に順に斜め線を平行に描きます。同様に、下半分から上半分に順に斜め線を平行に描きます。上半分のバタフライ演算は和演算とし、乗数は添付しません（☞ P.131 の図例 A）。下半分のバタフライ演算は差演算とし、順に回転子のべき乗 $W_N^0, W_N^1, W_N^2, \cdots, W_N^{\frac{N}{2}-1}$ を添付します（☞ P.131 の図例 B）。こうして得られたシグナルフロー図に従って計算を行ないます。

$\frac{N}{2}$ 個 $\begin{cases} x_0 \\ x_1 \\ x_2 \\ \cdots \end{cases}$ $\begin{matrix} x_0 + x_{\frac{N}{2}} \\ x_1 + x_{\frac{N}{2}+1} \\ x_2 + x_{\frac{N}{2}+2} \end{matrix}$

$\frac{N}{2}$ 個 $\begin{cases} x_{\frac{N}{2}} \\ x_{\frac{N}{2}+1} \\ x_{\frac{N}{2}+2} \\ \cdots \end{cases}$ $\begin{matrix} W_N^0(x_0 - x_{\frac{N}{2}}) \\ W_N^1(x_1 - x_{\frac{N}{2}+1}) \\ W_N^2(x_2 - x_{\frac{N}{2}+2}) \end{matrix}$

< Step2 > グループごとに $\frac{N}{2}$ 個の離散信号の FFT 処理に引き渡す

上半分と下半分で得られた演算結果を、それぞれ $\frac{N}{2}$ 個の離散信号のための FFT 処理 $W\frac{N}{2}$ に引き渡します。

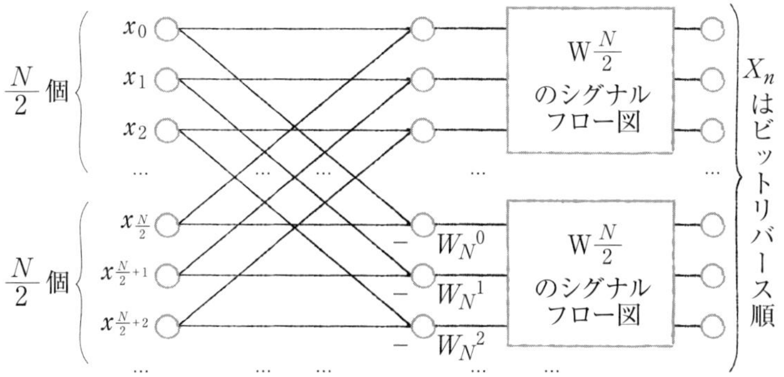

x_0
x_1
x_2
$x_{\frac{N}{2}}$
$x_{\frac{N}{2}+1}$
$x_{\frac{N}{2}+2}$
$\frac{N}{2}$ 個
$\frac{N}{2}$ 個
W_N^0
W_N^1
W_N^2
$W\frac{N}{2}$ のシグナルフロー図
$W\frac{N}{2}$ のシグナルフロー図
X_n はビットリバース順

以上の**＜ Step1 ＞＜ Step2 ＞**の手順を繰り返すと、データ数は２のべき乗なので、最後は２個のデータの FFT の計算に帰着します。このときの計算は簡単です（☞ P.133 の⑵式）。こうして、FFT による DFT の計算が完了します。ビットリバース順に DFT の係数 X_n が出力されることに注意しましょう。

（例） $N = 8$ の場合の FFT 処理

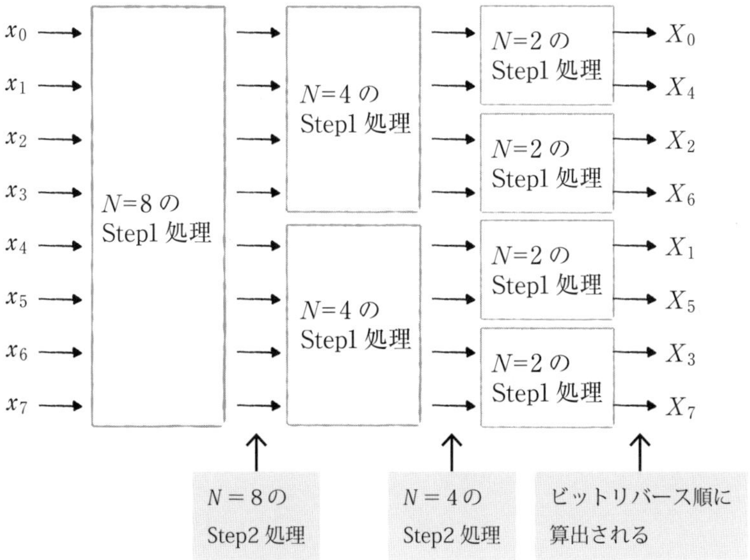

x_0
x_1
x_2
x_3
x_4
x_5
x_6
x_7
N=8 の Step1 処理
N=4 の Step1 処理
N=4 の Step1 処理
N=2 の Step1 処理
N=2 の Step1 処理
N=2 の Step1 処理
N=2 の Step1 処理
X_0
X_4
X_2
X_6
X_1
X_5
X_3
X_7
N＝8の Step2 処理
N＝4の Step2 処理
ビットリバース順に算出される

逆離散フーリエ変換（IDFT）の FFT

これまでの FFT は離散フーリエ変換（DFT）について見てきました。この議

論は逆離散フーリエ変換（IDFT）に対してもそのまま利用できます。回転子 W_N として値 $e^{i\frac{2\pi}{N}}$ を採用してみましょう。すると、逆離散フーリエ変換の定義式は次のように表わせます（☞P.128（2）式）。

$$\begin{pmatrix} x_0 \\ x_1 \\ x_2 \\ \cdots \\ x_{N-1} \end{pmatrix} = \frac{1}{N} \begin{pmatrix} 1 & 1 & 1 & \cdots & 1 \\ 1 & W_N & W_N^2 & \cdots & W_N^{N-1} \\ 1 & W_N^2 & W_N^4 & \cdots & W_N^{2(N-1)} \\ \cdots & \cdots & \cdots & \cdots & \cdots \\ 1 & W_N^{N-1} & W_N^{2(N-1)} & \cdots & W_N^{(N-1)(N-1)} \end{pmatrix} \begin{pmatrix} X_0 \\ X_1 \\ X_2 \\ \cdots \\ X_{N-1} \end{pmatrix} \cdots (1)$$

すると、逆離散フーリエ変換の式は離散フーリエ変換の式（☞P.130（4）式）と定数倍異なるだけです。したがって、処理手順 **< Step1 > < Step2 >** はこの(1)にもそのまま適用できることになります。ここまで見てきたFFTの手法は、そのまま逆離散フーリエ変換（IDFT）にも利用できるのです。

具体例で調べてみよう

実際に、ここで見た公式に従ってFFTを実行してみましょう。

〔例題20〕 $0 \leq t \leq 2\pi$ で定義された次の関数 $x(t)$ について、区間を8等分して離散信号を得ることにする。

$$x(t) = \begin{cases} t & (0 \leq t \leq \pi) \\ 2\pi - t & (\pi < t \leq 2\pi) \end{cases}$$

このとき得られた $2^3 = 8$ 個のデータについて、FFTの論理を用いて離散フーリエ変換せよ。

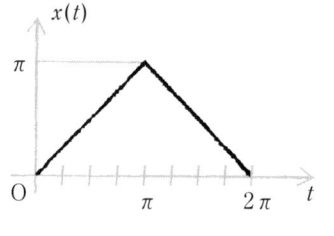

（解） 離散信号として、次の値が得られます。

$0, \dfrac{\pi}{4}, \dfrac{2\pi}{4}, \dfrac{3\pi}{4}, \pi, \dfrac{3\pi}{4}, \dfrac{2\pi}{4}, \dfrac{\pi}{4}$

$N = 8$ のデータに対して、先に示した **< Step1 >** のバタフライ演算を実行し、$N = 4$ の場合の処理 W4 に結果を引き渡します（**Step2**）。引き渡された $N = 4$ のデータに対して、先に示した **< Step1 >** のバタフライ演算を実行し、$N = 2$ の場合の処理 W2 に結果を引き渡します（**Step2**）。最後に W2 の処理をして FFT の処理が完了します（下表）。

n	データ	W8 Step1			出力
			W4 Step1	W2	
0	0	$0 + \pi = \pi$	$\pi + \pi = 2\pi$	$2\pi + 2\pi = 4\pi$	X_0
1	$\frac{\pi}{4}$	$\frac{\pi}{4} + \frac{3\pi}{4} = \pi$	$\pi + \pi = 2\pi$	$2\pi - 2\pi = 0$	X_4
2	$\frac{2\pi}{4}$	$\frac{2\pi}{4} + \frac{2\pi}{4} = \pi$	$\pi - \pi = 0$	$0 + 0 = 0$	X_2
3	$\frac{3\pi}{4}$	$\frac{3\pi}{4} + \frac{\pi}{4} = \pi$	$\pi - \pi = 0$	$0 - 0 = 0$	X_6
4	π	$0 - \pi = -\pi$	$-\pi + 0 = -\pi$	$-\pi - \frac{\sqrt{2}}{2}\pi$	X_1
5	$\frac{3\pi}{4}$	$e^{-i\frac{\pi}{4}}\left(\frac{\pi}{4} - \frac{3\pi}{4}\right) = \frac{-\sqrt{2}\pi + i\sqrt{2}\pi}{4}$	$\frac{-\sqrt{2}\pi + i\sqrt{2}\pi}{4} + \frac{-\sqrt{2}\pi - i\sqrt{2}\pi}{4} = -\frac{\sqrt{2}\pi}{2}$	$-\pi + \frac{\sqrt{2}\pi}{2}$	X_5
6	$\frac{2\pi}{4}$	$e^{-i\frac{2\pi}{4}}\left(\frac{2\pi}{4} - \frac{2\pi}{4}\right) = 0$	$-\pi - 0 = -\pi$	$-\pi + \frac{\sqrt{2}\pi}{2}$	X_3
7	$\frac{\pi}{4}$	$e^{-i\frac{3\pi}{4}}\left(\frac{3\pi}{4} - \frac{\pi}{4}\right) = \frac{-\sqrt{2}\pi - i\sqrt{2}\pi}{4}$	$-i\left(\frac{-\sqrt{2}\pi + i\sqrt{2}\pi}{4} - \frac{-\sqrt{2}\pi - i\sqrt{2}\pi}{4}\right) = \frac{\sqrt{2}\pi}{2}$	$-\pi - \frac{\sqrt{2}\pi}{2}$	X_7

第 5 章　高速フーリエ変換（FFT）

注意すべきは、計算値はビットリバース順に並んでいることです。周波数順に並べ替えるには、元に戻さなければなりません。

実際に DFT の係数 X_0, X_1, X_2, …, X_7 を示しましょう。

$$\left.\begin{array}{l} X_0 = 4\pi \, (\fallingdotseq 12.5) \quad X_1 = -\left(1 + \frac{\sqrt{2}}{2}\right)\pi \, (\fallingdotseq -5.4) \quad X_2 = 0 \\ X_3 = -\left(1 - \frac{\sqrt{2}}{2}\right)\pi \, (\fallingdotseq -0.9) \quad X_4 = 0 \quad X_5 = -\left(1 - \frac{\sqrt{2}}{2}\right)\pi \, (\fallingdotseq -0.9) \\ X_6 = 0 \quad X_7 = -\left(1 + \frac{\sqrt{2}}{2}\right)\pi \, (\fallingdotseq -5.4) \end{array}\right\} \textbf{(答)}$$

（注）この［例題 20］の（答）はすべて実数値だが、常にそうなるとは限らない。

まとめ

FFT の仕組みを一般的にパターン化しました。データ数 N が 8 の場合について理解すれば、一般化は容易です。

5-5 高速フーリエ変換（FFT）の乗算回数

FFTのアルゴリズムが積の計算回数を激減させることを見ていきます。たとえば、100万回の計算がなんと4600回に激減するのです。

乗算回数

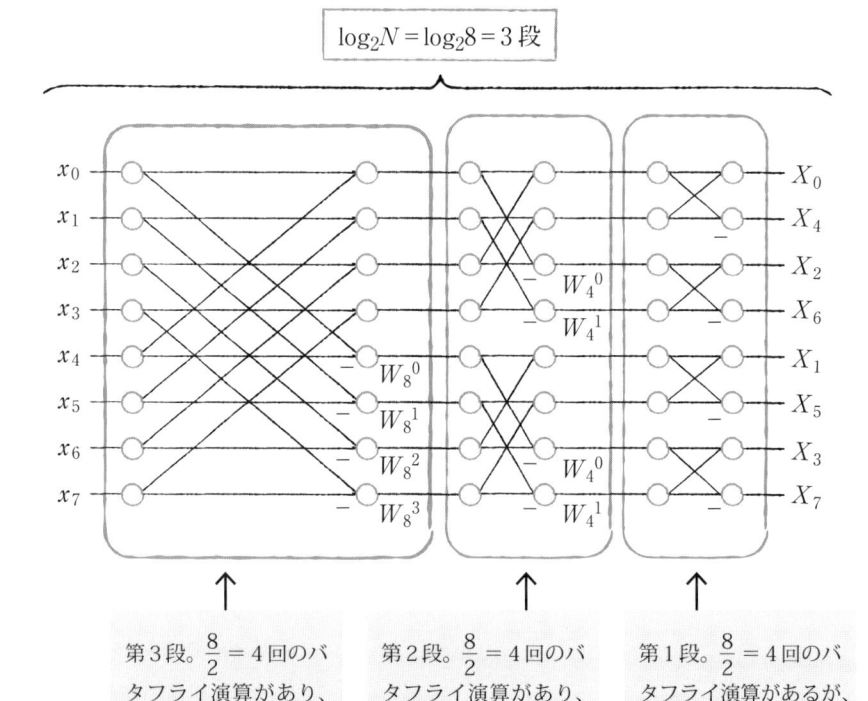

複素数の計算で時間のかかる乗算の回数を考えてみましょう。一般論はむずかしく聞こえるので、最初は具体的にデータ数 N が8の場合について見てみましょう。前節（☞ 5-3）で見たように、$N = 8$（$= 2^3$）の場合のシグナルフロー図は次のように横3段からなります。

$$\log_2 N = \log_2 8 = 3\,段$$

第3段。$\frac{8}{2} = 4$ 回のバタフライ演算があり、複素数の乗算も4回。	第2段。$\frac{8}{2} = 4$ 回のバタフライ演算があり、複素数の乗算も4回。	第1段。$\frac{8}{2} = 4$ 回のバタフライ演算があるが、乗算は0回。

この図から、バタフライの段数は $3 (= \log_2 N)$ であり、各段に $4 (= \frac{N}{2})$ 個の積のバタフライ演算があるので、乗算の回数は次のようになることがわかります。

$$(\log_2 N - 1) \times \frac{N}{2} = (3 - 1) \times 4 = 8 \text{ 回} \quad \cdots(1)$$

以上はデータ数 $N = 8$ （$= 2^3$）の場合です。これを一般化するのは容易でしょう。一般のデーター数 $N = 2^m$（m は 2 以上の自然数）の場合、左図の段は m 段になります。ただし、最後のデータ数が 2 処理の段では乗算がないので、乗算が行なわれる段数は $m - 1$ 段です。また、各段で乗算は回転子をかけるところだけなので、各段で $\frac{N}{2}$ 回の乗算が行なわれます。そこで、乗算の総数は(1)に例示したように、次のようになります。

$$(m - 1) \times \frac{N}{2} = (\log_2 N - 1) \times \frac{N}{2} \text{ 回} \quad \cdots(2)$$

乗算回数 N^2 と $(\log_2 N - 1) \times \frac{N}{2}$ の違い

前節（☞ 5-1）で見たように、データが N 個の場合の DFT の複素数の積の計算回数は N^2 です。

ここで、(2)の FFT の乗算回数と比べてみましょう。違いは、N が大きくなると莫大になることです。たとえば、データ数 $N = 1024$（$= 2^{10}$）を考えてみましょう。

$N^2 = 1024^2 ≒$ 約 1000000

$(\log_2 N - 1) \times \frac{N}{2} = (\log_2 1024 - 1) \times \frac{1024}{2} = 9 \times 512 ≒$ 約 4600

大きな違いがあることが見て取れます。1 回の計算を 1 円とお金に換算すれば、処理費用が約 100 万円と約 4600 円の差になるのです。

まとめ

FFT のアルゴリズムが複素数の乗算回数をいかに減少させるかを説明しました。大きなデータになればなるほど、この効果は絶大になります。

5-6 Excel標準アドインによる高速フーリエ変換(FFT)

手近なFFTのツールとして、Excelがあります。Excelには標準アドインとしてこのFFTの機能が付加されています。使い方を見ていきましょう。

ExcelのFFTは簡単

ExcelのFFTの使い方は簡単です。データを入力するだけでよいのです。次の例題で確かめてみましょう。この例題は前節（☞ 5-4）でも取り上げました。前節では手計算を利用しましたが、ここではExcelで計算します。

〔例題21〕$0 \leq t \leq 2\pi$ で定義された次の関数 $f(t)$ について、区間を8等分して離散信号を得ることにする。このとき得られた $2^3 = 8$ 個のデータについて、ExcelのFFTアドインを用いて離散フーリエ変換せよ。

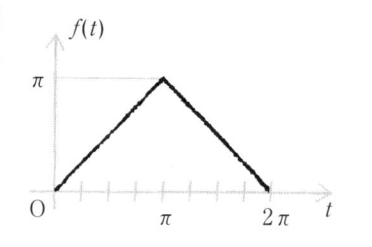

$$f(t) = \begin{cases} t & (0 \leq t \leq \pi) \\ 2\pi - t & (\pi < t \leq 2\pi) \end{cases}$$

（解）離散信号として、次の値が得られます。

$0, \dfrac{\pi}{4}, \dfrac{2\pi}{4}, \dfrac{3\pi}{4}, \pi, \dfrac{3\pi}{4}, \dfrac{2\pi}{4}, \dfrac{\pi}{4}$

これらをExcelワークシートに入力します（図1）。

入力後、Excelアドインの「データ分析」にある「フーリエ解析」を選択します（次ページの図2）。

図1

π は3.141592 と入力。

	A	B	C
1	データ		
2	0		
3	0.785398		
4	1.570796		
5	2.356194		
6	3.141593		
7	2.356194		
8	1.570796		
9	0.785398		

図2

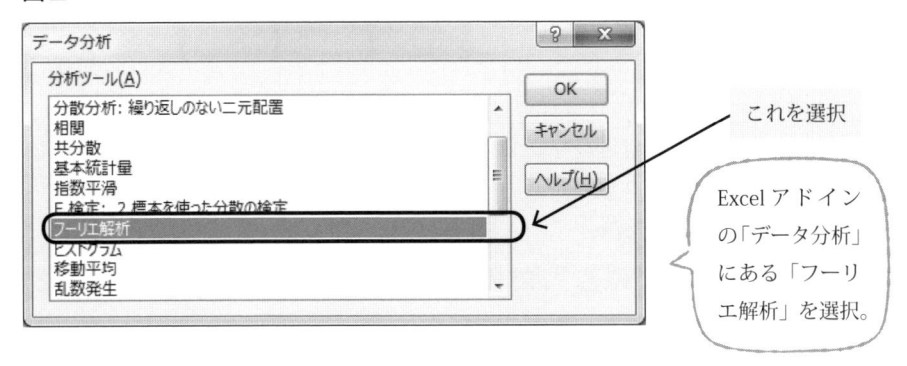

これを選択

Excelアドインの「データ分析」にある「フーリエ解析」を選択。

ダイアログボックスが表示されるので、データの入力範囲を設定します（**図3**）。

図3

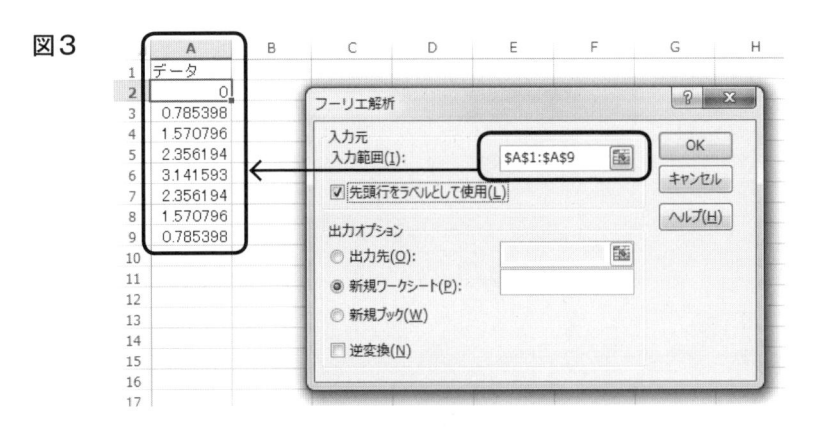

こうして、FFTによる算出結果が出力されます（**図4**）。

図4

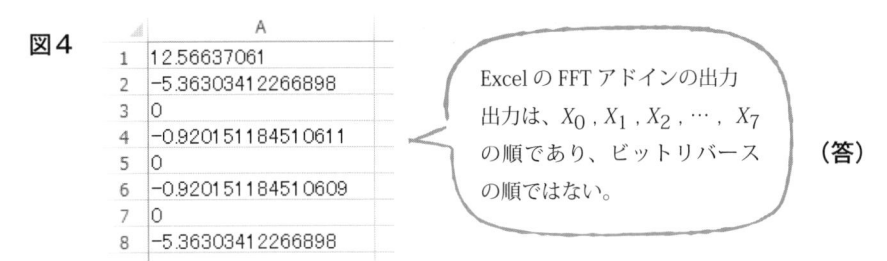

	A
1	12.56637061
2	-5.36303412266898
3	0
4	-0.920151184510611
5	0
6	-0.920151184510609
7	0
8	-5.36303412266898

ExcelのFFTアドインの出力
出力は、$X_0, X_1, X_2, \cdots, X_7$ の順であり、ビットリバースの順ではない。

（答）

|ま|と|め|

ExcelアドインのFFTの使い方を説明しました。使い方は単純です。

〔Column〕Excel による複素数計算

　DFT や FFT の計算を自分で行なうには複素数計算をしなければなりません。そのための身近なソフトウェアとして Excel が便利です。

　下の表は複素数計算のための代表的な Excel 関数です。

　実際に複素数計算のワークシートをつくろうとすると、意外に手間取ります。そのことからも、FFT のツールの有り難さがわかります。

関数名	意味
IMABS	複素数の絶対値を求める
IMAGINARY	複素数の虚数部の係数を求める
IMREAL	複素数の実数を求める
IMARGUMENT	複素数の偏角を求める
IMCONJUGATE	共役な複素数を文字列として求めます
IMCOS	複素数の cos の値を求めます
IMSIN	複素数の sin の値を求めます
IMDIV	2つの複素数の商を求めます
IMPRODUCT	2つの複素数の積を求めます
IMSUB	2つの複素数の差を求めます
IMSUM	2つ以上の複素数の和を求めます
IMEXP	e を底とする複素数の指数関数値を求めます
IMLN	e を底とする複素数の対数関数値を求めます
IMLOG10	10 を底とする複素数の対数関数値を求めます
IMLOG2	2 を底とする複素数の対数関数値を求めます
IMPOWER	複素数 z の整数乗値 z^n を求めます
IMSQRT	複素数の平方根の値を求めます

第6章
フーリエ解析と微分方程式

フーリエ解析は微分方程式の解法に威力を発揮します。微分方程式は自然現象や社会現象の記述に役立ちますが、その処理にフーリエ解析は不可欠な道具なのです。

第6章のガイダンス

先生：フーリエ解析の手法で**微分方程式**を解く方法を説明しよう。

生徒：「微分方程式」って何ですか？

先生：自然現象や社会現象の変化をミクロな関係で表わす方程式だ。

生徒：それがどうしてフーリエ級数やフーリエ変換、ラプラス変換と関係するんですか？

先生：思い出してほしい。フーリエ級数やフーリエ変換、そしてそのアレンジであるラプラス変換は、つまるところ、対象になる関数を正弦波や複素正弦波で表わすことだ。

生徒：それは理解しました。

先生：正弦波や複素正弦波には特徴がある。微分しても大きく形を変えないんだ。

$$(\sin t)' = \cos t \quad (\cos t)' = -\sin t \quad (e^{it})' = ie^{it}$$

生徒：そうか、正弦波を微分しても正弦波だし、複素正弦波を微分しても複素正弦波だ！

先生：そう、微分しても同じ世界にとどまる。これがありがたい。

生徒：どうしてですか？

先生：普段の生活で考えてみよう。関数を2人のSさんとCさんにたとえるとしよう。Sさんのポケットには100円、Cさんのポケットには500円が入っていたとする。

生徒：急に話が身近になりましたね。

先生：微分するということは、ポケットの形やその中身のお金を変えることだと考えられる。SさんとCさんが正弦波や複素正弦波の化身だとしたら、SさんとCさんのポケットの形やその中身は微分されても変わらない。せいぜい変わるのはSさんとCさんの順序くらいだ。

生徒：なるほど。

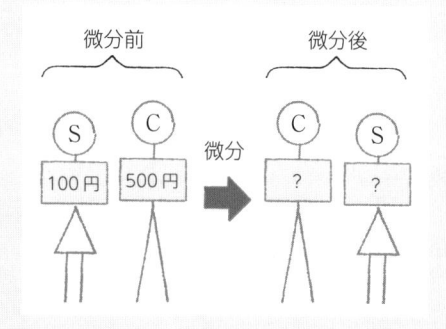

先生：すると、微分後、SさんとCさんのポケットの中身は当然、100円と500円になる。この仕組みで微分方程式が解けるんだ。

生徒：わかったような、わからないような……。

先生：まあ、いまはこれくらいにしておこう。

生徒：楽しみにしています。

先生：ところで、ラプラス変換は正弦波や複素正弦波そのものではなく、シンプルな指数関数の形をしている。指数関数は微分が楽だ。

$$(e^{-st})' = -se^{-st}$$

生徒：たしかに。

先生：このため、微分方程式を解くのがさらに簡単になる。それに、ラプラス変換では、公式も豊富だ。

生徒：だから、書店の微分方程式のコーナーにはラプラス変換の本が並べられているのですね。

先生：ところで、微分方程式といっても、いろいろなタイプがある。フーリエ級数やフーリエ変換、ラプラス変換が得意とするのは**線形微分方程式**だ。

生徒：「線形」って何ですか？

先生：振動の世界でよく利用される数学モデルで、小さく叩けば小さく、大きく叩けば大きく振動し、2人が叩けば別々に振動するというモデルだ。

生徒：それって、普通ですよね。

先生：そう。だから、線形モデルは大切なんだ。

生徒：そのモデルを表現する手段が線形微分方程式なんですね。

先生：そうだ。これは**線形応答理論**（☞第7章）とも密接に関係する。

生徒：なるほど。

先生：では、これからフーリエ解析で線形微分方程式を解く方法について説明することにしよう。

6-1 常微分方程式をフーリエ級数で解く

多くの自然現象は微分方程式で記述されます。その解法はフーリエ解析と相性が良いことが知られています。ここでは最も代表的な線形常微分方程式を、フーリエ級数を用いて解いてみます。

フーリエ級数と線形常微分方程式

ここでは、2階の**線形常微分方程式**と呼ばれる微分方程式の解法を見ていくことにします。これは一般的に次のような形をした微分方程式です（特に、$f(t) = 0$ のとき、2階の**線形斉次常微分方程式**と呼びます）。

$$\frac{d^2x}{dt^2} + a\frac{dx}{dt} + bx = f(t) \quad (a, b は定数)$$

フーリエ級数を利用した解法を次の具体例で見てみましょう。

(注1) このタイプの微分方程式の解法については、他にいくつかの有名な方法がある。

〔例題22〕次の $x = x(t)$ に関する微分方程式を解け。なお、$x(0) = 0$ 、$x'(0) = 0$ とする。

$$\frac{d^2x}{dt^2} + 3x = \cos t \quad \cdots (1)$$

この微分方程式は、たとえば次のような現象の記述に利用されます。
- バネに結ばれた固体が外力を受けるときの固体の位置 x
- コンデンサーとコイルからなる線形回路に外部電圧がかけられたときのコンデンサーに溜められた電気量 Q

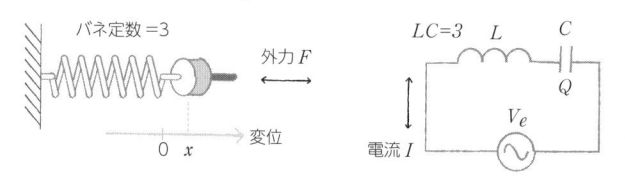

（解）次の5つのステップで解くことができます。

< Step1 > (1)からつくられる斉次常微分方程式の一般解を求める

(1)の非斉次項である右辺を0とした次の微分方程式を解いてみます。

$$\frac{d^2x}{dt^2} + 3x = 0 \quad \cdots (2)$$

次の(3)の $x_0(t)$ が(2)の解であることは、(2)の左辺に代入すればわかります。

$$x_0(t) = A\sin\sqrt{3}\,t + B\cos\sqrt{3}\,t \quad (A, B は定数) \quad \cdots (3)$$

(3)は2つの任意定数 A, B を含んでいるので、(2)の一般解です。

（注2）微分方程式では、任意の解を表わせる形を「一般解」といいます。2階の常微分方程式では、2つの任意定数を含んだ解が一般解となることが知られています。一般解でない解を「特殊解」といいます。

< Step2 > フーリエ級数を用いて特殊解を求める

題意の微分方程式(1)は 2π の平行移動で不変です。したがって、(1)の解は 2π の周期を持つ周期関数になります。また、(1)は t を $-t$ としても形が不変です。したがって、(1)の解は t に関して偶関数（縦軸に対してグラフは左右対称）になります。よって、$x(t)$ はフーリエ余弦級数（☞ P.52）で展開できます。

$$x(t) = a_0 + a_1\cos t + a_2\cos 2t + a_3\cos 3t + \cdots + a_n\cos nt + \cdots \quad \cdots (4)$$

$a_0, a_1, a_2, \cdots$ は定数です。両辺を微分して、

$$\frac{d^2x}{dt^2} = -1^2 a_1\cos t - 2^2 a_2\cos 2t - 3^2 a_3\cos 3t - \cdots - n^2 a_n\cos nt - \cdots \quad \cdots (5)$$

微分方程式(1)の左辺にこれら(4)(5)を代入し、まとめてみましょう。

(1)の左辺

$$= 3a_0 + (3-1^2)a_1\cos t + (3-2^2)a_2\cos 2t + (3-3^2)a_3\cos 3t + \cdots + (3-n^2)a_n\cos nt + \cdots$$

これが(1)の右辺 $\cos t$ に一致するので、係数を見比べて、

$$3a_0 = 0, (3-1^2)a_1 = 1, (3-2^2)a_2 = 0, (3-3^2)a_3 = 0, \cdots, (3-n^2)a_n = 0, \cdots$$

これらから、次のように $a_0, a_1, a_2, \cdots$ が求められます。

$$a_0 = 0, \ a_1 = \frac{1}{2}, \ a_2 = 0, \ a_3 = 0, \ \cdots, \ a_n = 0, \ \cdots$$

前ページの(4)式に代入して、特殊解 $x_1(t)$ が求められます。

$$x_1(t) = \frac{1}{2}\cos t \quad \cdots (6)$$

< Step3 > 与えられた方程式の一般解を求める

微分方程式に関する有名な定理から、前ページの斉次常微分方程式(2)の一般解 $x_0(t)$（式(3)）と、特殊解 $x_1(t)$（式(6)）の和が、156ページの微分方程式(1)の一般解 $x(t)$ になります。この定理を利用して、(1)の一般解は次のように表わせます。

$$x(t) = x_0(t) + x_1(t) = A\sin\sqrt{3}\,t + B\cos\sqrt{3}\,t + \frac{1}{2}\cos t \quad \cdots (7)$$

< Step4 > 初期条件を満たすように任意定数を決定

156ページの題意 $x(0) = 0$ より、(7)から、

$$x(0) = B + \frac{1}{2} = 0 \quad \cdots (8) \quad \longleftarrow \quad \sin 0 = 0 \ \ \cos 0 = 1 \text{ を利用}$$

(7)の両辺を微分して、

$$x'(t) = \sqrt{3}\,A\cos t - \sqrt{3}\,B\sin t - \frac{1}{2}\sin t \quad \longleftarrow \quad \begin{array}{l}(\sin t)' = \cos t \\ (\cos t)' = -\sin t \\ \text{を利用}\end{array}$$

これに156ページの初期条件 $x'(0) = 0$ を代入して、

$$x'(0) = \sqrt{3}\,A = 0 \quad \cdots (9) \quad \longleftarrow \quad \sin 0 = 0 \ \ \cos 0 = 1 \text{ を利用}$$

(8)(9)から、$A = 0 \quad B = -\frac{1}{2} \quad \cdots (10)$

< Step5 > 以上をまとめる

(7)(10)から、解答が得られます。

$$x(t) = -\frac{1}{2}\cos\sqrt{3}\,t + \frac{1}{2}\cos t = \frac{1}{2}(\cos t - \cos\sqrt{3}\,t) \quad \textbf{(答)}$$

まとめ

156ページの〔例題22〕から、有限区間を対象にする微分方程式や、解が周期性を持つ微分方程式の場合には、フーリエ級数（この例はその特殊な場合のフーリエ余弦級数）は便利な解法ツールになることを確認してください。

6-2 偏微分方程式をフーリエ級数で解く

偏微分方程式の解法にもフーリエ級数は役に立ちます。ここでは、熱伝導方程式の解法について説明します。

フーリエ級数を利用して偏微分方程式を解く

偏微分で表わされた微分方程式を**偏微分方程式**といいます。フーリエ級数を利用する解法をその偏微分方程式にも応用しましょう。

例として、**熱伝導方程式**と呼ばれる偏微分方程式を調べることにします。

〔例題 23〕次の $u = u(x, t)(0 \leqq x \leqq \pi)$ に関する偏微分方程式を解け。

$$\frac{\partial u}{\partial t} = \frac{\partial^2 u}{\partial x^2} \quad \cdots(1)$$

初期条件 $u(x, 0) = \begin{cases} x & (0 \leqq x < \frac{\pi}{2}) \\ \pi - x & (\frac{\pi}{2} \leqq x \leqq \pi) \end{cases} \quad \cdots(2)$

境界条件 $u(0, t) = u(\pi, t) = 0 \quad \cdots(3)$

$u(x, t)$ は、下図のように x 軸に置かれた直線状の針金について、時刻 t における温度分布を表わしています。

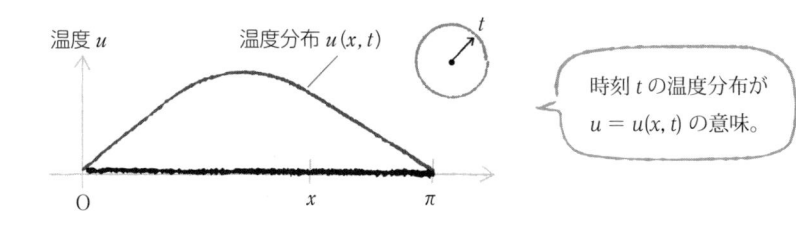

時刻 t の温度分布が $u = u(x, t)$ の意味。

前ページの初期条件(2)は、時刻 0 における温度分布が $u(x, 0)$ であることを示しています。

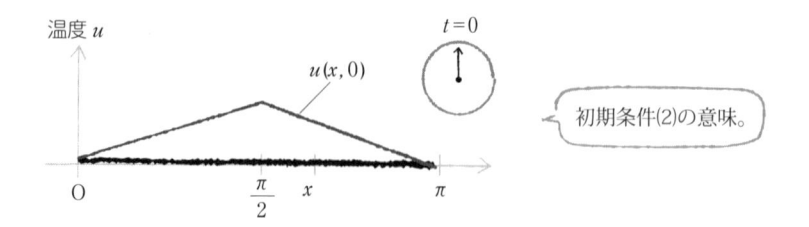

前ページの境界条件(3)は、この針金の両端には温度 0℃ の氷が常に密着していることを示しています。

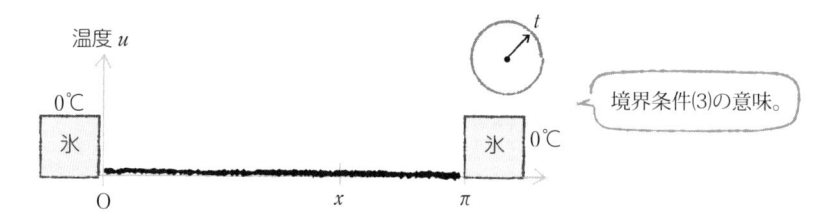

この(2)(3)の条件のもとで、時刻 t における針金の温度分布 u がいかなるものかを決定するのが、前ページの偏微分方程式(1)なのです。

(解) 次の 6 つのステップから構成されます。

< Step1 > $u(x, t)$ が x の関数と t の関数に変数分離できると仮定

温度分布 $u(x, t)$ は次のような形になることを仮定します。

$$u(x, t) = X(x)T(t) \quad \cdots (4)$$

これを (1) に代入してみます。

(注) u がこのように x の関数と t の関数に分離できることを仮定して解く方法を**変数分離法**と呼ぶ。物理的な解は 1 個しかないので、この仮定で問題が解けたら、それは求める解となる。

$$X\frac{dT}{dt} = \frac{d^2X}{dx^2}T \quad \longleftarrow \quad \text{偏微分ではないことに注意}$$

両辺を XT で割って、

$$\frac{1}{T}\frac{dT}{dt} = \frac{1}{X}\frac{d^2X}{dx^2}$$

左辺は t のみの関数であり、右辺は x のみの関数であるから、この式の値は定数でなければなりません。その定数を μ（ミュー）と置くことにします。

$$\frac{1}{T}\frac{dT}{dt} = \frac{1}{X}\frac{d^2X}{dx^2} = \mu$$

これから、次の2つの方程式が生まれます。

$$\frac{dT}{dt} = \mu T \quad \cdots(5)$$

$$\frac{d^2X}{dx^2} = \mu X \quad \cdots(6)$$

← 両者ともに解ける形をしている

< **Step2** > 境界条件が与えられている $X(x)$ の微分方程式(6)を解く

159ページの境界条件(3)から、

$X(0) = 0 \quad X(\pi) = 0 \quad \cdots(7)$

さて、(6)の解は次の **ア イ ウ** の3つの場合に分けられます。

ア $\mu > 0$

(6)の一般解は次のように表わせます。

$X = Ae^{\sqrt{\mu}x} + Be^{-\sqrt{\mu}x}$ （A, B は定数） ← 代入して確かめてみよう

このとき、境界条件(3)を満たすのは $A = B = 0$ となり、159ページの初期条件(2)を満たせないので不適。

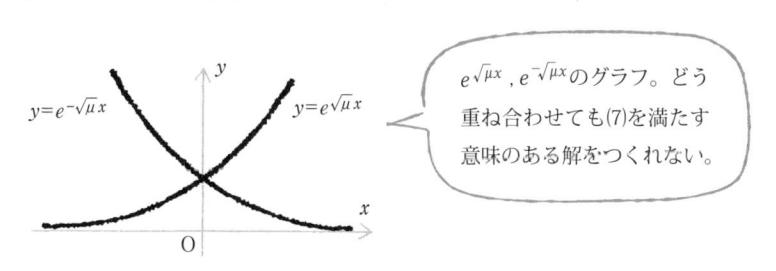

$e^{\sqrt{\mu}x}$, $e^{-\sqrt{\mu}x}$ のグラフ。どう重ね合わせても(7)を満たす意味のある解をつくれない。

イ $\mu = 0$

前ページの(6)の一般解は次のように表わせます（A , B は定数）。

$X = Ax + B$ 　（A , B は定数）

このとき、159 ページの境界条件(3)を満たすのは $A = B = 0$ となり、159 ページの初期条件(2)を満たせないので不適。

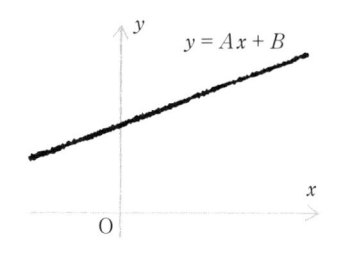

$Ax + B$ のグラフ。A , B にどんな値を入れても、題意を満たす解をつくれない。

ウ $\mu < 0$

(6)の一般解は次のように表わせます。

代入して確かめてみよう

$X = A\sin\left(-\sqrt{\mu}x\right) + B\cos\left(-\sqrt{\mu}x\right)$ 　（A , B は定数）　…(8)

これに前ページの境界条件(7)を代入します。

$X(0) = A\sin\left(\sqrt{-\mu} \times 0\right) + B\cos\left(\sqrt{-\mu} \times 0\right) = B = 0$

$X(\pi) = A\sin\left(\sqrt{-\mu} \times \pi\right) + B\cos\left(\sqrt{-\mu} \times \pi\right) = 0$

$A = B = 0$ 以外の解は次のとおり。

$B = 0$ 　$\sin\sqrt{-\mu}\,\pi = 0$

したがって、

$\sqrt{-\mu}\,\pi = n\pi$ 　すなわち、$\sqrt{-\mu} = n$ 　（n は自然数）　…(9)

以上を (8) に代入して、

$X_n = A_n\sin nx$ 　（A_n は(9)のときの(8)の係数 A の値）　…(10)

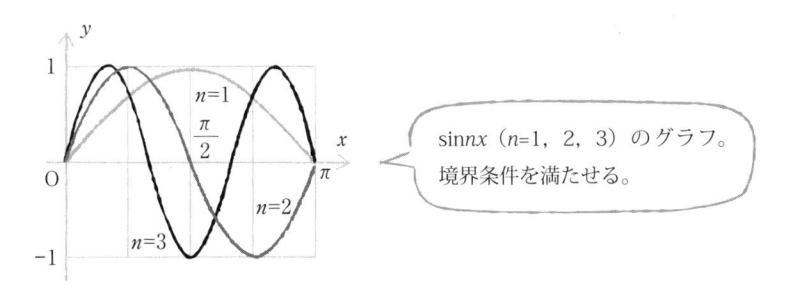

sinnx（n=1, 2, 3）のグラフ。
境界条件を満たせる。

< Step3 > (5)を解く

(9)より、161 ページの(5)は次のように表わせます。

$$\frac{dT}{dt} = -n^2 T$$

これを解いて、

$$T = C_n e^{-n^2 t}$$

　　（C_n は定数　n は自然数）　…(11)

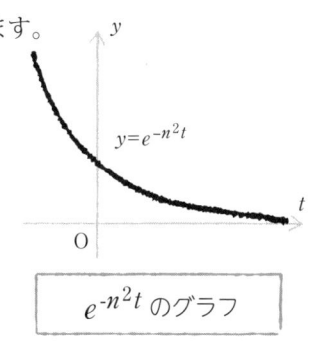

$e^{-n^2 t}$ のグラフ

< Step4 > 線形性（すなわち、重ね合わせ）を利用して $u(x, t)$ を求める

160 ページの(4)と、(10)(11)より、(9)の n に対する解 $u_n(x, t)$ は次のように表わせます。

$$u_n(x, t) = A_n \sin nx \cdot C_n e^{-n^2 t} = D_n \sin nx \cdot e^{-n^2 t} \quad \cdots(12)$$

ここで、定数 $A_n C_n$ を定数 D_n と置き換えました。

$n = 1, 2, 3, \cdots$ に対するすべての(12)は、159 ページの題意の(1)(2)(3)を満たすので、(1)の一般解は次のように表わせます。

$$u(x, t) = D_1 \sin x \cdot e^{-t} + D_2 \sin 2x \cdot e^{-2^2 t} + D_3 \sin 3x \cdot e^{-3^2 t} + \cdots \quad \cdots(13)$$

< Step5 > 初期条件(2)をフーリエ級数で表わす

(13)に $t = 0$ を代入してみましょう。

$$u(x, 0) = D_1 \sin x + D_2 \sin 2x + D_3 \sin 3x + \cdots \quad \cdots(14)$$

第6章　フーリエ解析と微分方程式

これはフーリエ正弦級数の形をしています。そこで、159 ページの初期条件(2)もフーリエ正弦級数に展開してみましょう。

ところで、すでに第 1 章（☞ P.56 の(5)式）で初期条件(2)をそのように展開しているので、それを流用します。

$$u(x, 0) = \frac{4}{\pi}\left\{\sin x - \frac{1}{3^2}\sin 3x + \frac{1}{5^2}\sin 5x - \frac{1}{7^2}\sin 7x + \cdots\right\} \quad \cdots(15)$$

＜ Step6 ＞初期条件のフーリエ級数の式(15)と(14)とを見比べる

前ページの(14)と、(15)を見比べると、係数 D_1, D_2, D_3 が求められます。

$$D_1 = \frac{4}{\pi}, \quad D_2 = 0, \quad D_3 = -\frac{4}{\pi}\frac{1}{3^2}, \quad D_4 = 0, \quad D_5 = \frac{4}{\pi}\frac{1}{5^2}, \quad D_6 = 0, \cdots$$

これらを前ページの(13)に代入して、159 ページの(1)の解が求められます。

$$u(x, t) = \frac{4}{\pi}\left(\sin x \cdot e^{-t} - \frac{1}{3^2}\sin 3x \cdot e^{-3^2 t} + \frac{1}{5^2}\sin 5x \cdot e^{-5^2 t} - \cdots\right) \textbf{（答）}$$

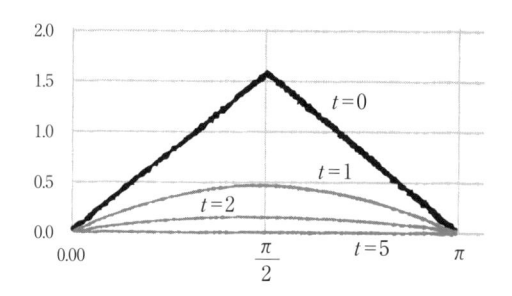

$t = 0, 1, 2, 5$ の（答）の時間的推移。冷めていく様子がわかる。

まとめ

有限区間を対象にする偏微分方程式の解法に、フーリエ級数が便利なツールになることを確認しましょう。

6-3 偏微分方程式をフーリエ変換で解く

空間的な範囲が限定されていない関数の偏微分方程式を解くのに、フーリエ変換が有効なことがあります。典型的な例題でその解法を見てみましょう。

フーリエ変換を利用して微分方程式を解く

関数 $f(t)$ のフーリエ変換とその逆の変換は次のように定義されます（☞ P.66）。変換後の関数を $F(\omega)$ として、

（フーリエ変換） $F(\omega) = \displaystyle\int_{-\infty}^{\infty} f(t) e^{-i\omega t} dt$

（逆フーリエ変換） $f(t) = \dfrac{1}{2\pi} \displaystyle\int_{-\infty}^{\infty} F(\omega) e^{i\omega t} d\omega$

関数 $f(t)$ には定義域の限定や、周期関数の仮定はありません。そこで、このような仮定のない場合の偏微分方程式の解法に、フーリエ変換が利用できるときがあります。例として前節（☞ 6-2）と同様、**熱伝導方程式**と呼ばれる次の偏微分方程式を見ていくことにします。

〔例題 24〕次の $u = u(x, t)$ に関する偏微分方程式を解け。

$\dfrac{\partial u}{\partial t} = \dfrac{\partial^2 u}{\partial x^2}$ …(1)

初期条件 $u(x, 0) = \delta(x)$ …(2)

（注1） δ 関数については、付録 E を参照しよう。

$u(x, t)$ は下図のように x 軸に置かれた細く無限に長い直線状の針金について、時刻 t における温度分布を表わしています。

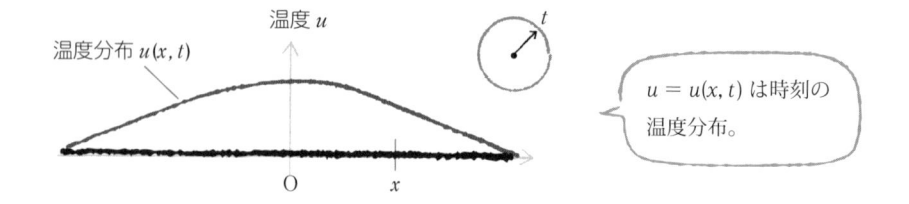

温度分布 $u(x, t)$

$u = u(x, t)$ は時刻の温度分布。

前ページの初期条件(2)は、時刻 0 において $\delta(x)$ で示される温度分布が与えられていることを示しています。

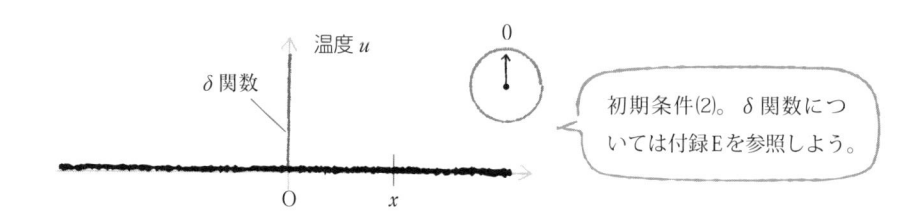

δ 関数

初期条件(2)。δ 関数については付録Eを参照しよう。

（解） 次の4つのステップから構成されます。

< Step1 > 変数分離法を用いて時刻 t と位置 x を分離する

$u(x, t)$ は次のような形になることを仮定します。

$u(x, t) = v(x)w(t) \quad \cdots (3)$

$u = u(x, t)$ を x についてフーリエ変換した式を $U = U(k, t)$ とします。

$$U(k, t) = \int_{-\infty}^{\infty} u e^{-ikx} dx = \int_{-\infty}^{\infty} v(x)w(t) e^{-ikx} dx = w(t) \int_{-\infty}^{\infty} v(x) e^{-ikx} dx \quad \cdots (4)$$

ここで、右辺の積分項を $V(k)$ と置きます（$v(x)$ のフーリエ変換の式です）。

$$V(k) = \int_{-\infty}^{\infty} v(x) e^{-ikx} dx$$

（注2）フーリエ変換の変数 x のペアとして k を用いた。

この $V(k)$ を用いると、(4)は次のように表わせます。

$U(k, t) = V(k)\, w(t) \quad \cdots (5)$

< Step2 > 与えられた偏微分方程式を x に関してフーリエ変換する

165 ページの(1)の両辺に(3)を代入し、x についてフーリエ変換してみましょう。

$$\int_{-\infty}^{\infty} \frac{\partial u}{\partial t} e^{-ikx} dx = \int_{-\infty}^{\infty} \frac{\partial^2 u}{\partial x^2} e^{-ikx} dx$$

← (3)を代入

$$\int_{-\infty}^{\infty} v \frac{dw}{dt} e^{-ikx} dx = \int_{-\infty}^{\infty} w \frac{d^2 v}{dx^2} e^{-ikx} dx$$

$$\frac{dw}{dt} \int_{-\infty}^{\infty} v e^{-ikx} dx = w \int_{-\infty}^{\infty} \frac{d^2 v}{dx^2} e^{-ikx} dx$$

← 積分に関与しない時間の関数を積分の外に出す

$$\frac{dw}{dt} \int_{-\infty}^{\infty} v e^{-ikx} dx = w(ik)^2 \int_{-\infty}^{\infty} v e^{-ikx} dx$$

← フーリエ変換の微分の公式(☞ P.72)を利用

したがって、$\dfrac{dw}{dt} = -k^2 w$ ← 変数分離で解ける典型的な微分方程式

よって、$w = C e^{-k^2 t}$ (C は定数) …(6)

< Step3 > 初期条件を利用する

(6)を(5)に代入します。

$U(k, t) = V(k) \times C e^{-k^2 t}$ …(7)

$U(k, 0) = C V(k)$ …(8) ← (7)に $t = 0$ を代入

ところで、165 ページの初期条件(2)から、

$U(k, 0) = \int_{-\infty}^{\infty} u(x, 0) e^{-ikx} dx$ ← 初期条件 $u(x, 0)$ の x に関するフーリエ変換 (8)と同じはず

$\quad = \int_{-\infty}^{\infty} \delta(x) e^{-ikx} dx = e^{-ik \times 0} = 1$ …(9) ← δ 関数の公式(☞付録E)を利用

(8)(9)から、$CV(k) = 1$

(7)に代入して、$U(k, t) = e^{-k^2 t}$ …(10)

< Step4 > 逆フーリエ変換する

前ページの(10)を逆フーリエ変換すれば、微分方程式の解 $u(x, t)$ が得られます。

$$u(x, t) = \frac{1}{2\pi} \int_{-\infty}^{\infty} U(k, t) e^{ikx} dk$$

← 逆フーリエ変換については P.66 を参照

$$= \frac{1}{2\pi} \int_{-\infty}^{\infty} e^{-k^2 t} e^{ikx} dk \quad \cdots (11)$$

ここで、次の公式を用います。

(公式) $\int_{-\infty}^{\infty} e^{-\frac{\omega^2}{2}} e^{i\omega t} d\omega = \sqrt{2\pi} e^{-\frac{1}{2}t^2} \quad \cdots (12)$

← 「ガウス関数のフーリエ変換はガウス関数」というのが公式の意味（証明は省く）

この公式に合わせるために、(11)の積分変数 k を次のように変数変換します。

$k = \frac{\omega}{\sqrt{2t}}$ すると、(11)は、

$$u(x, t) = \frac{1}{2\pi} \int_{-\infty}^{\infty} e^{-\frac{\omega^2}{2}} e^{i\frac{\omega}{\sqrt{2t}}x} \frac{d\omega}{\sqrt{2t}}$$

$$= \frac{1}{2\pi\sqrt{2t}} \int_{-\infty}^{\infty} e^{-\frac{\omega^2}{2}} e^{i\omega \frac{x}{\sqrt{2t}}} d\omega \leftarrow \text{置換積分の公式を利用}$$

$$= \frac{1}{2\pi\sqrt{2t}} \sqrt{2\pi} e^{-\frac{1}{2}\left(\frac{x^2}{2t}\right)} \leftarrow \text{公式(12)の } t \text{ を } \frac{x}{\sqrt{2t}} \text{ と読み替える}$$

$$= \frac{1}{2\sqrt{\pi t}} e^{-\frac{x^2}{4t}} \quad \textbf{(答)} \quad \cdots (13)$$

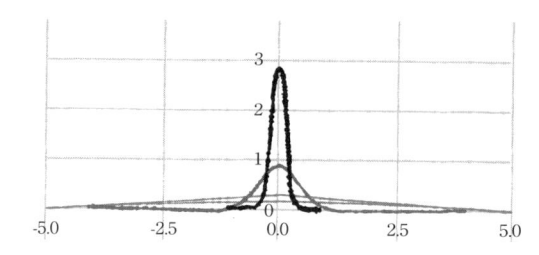

上記（答）、式(13)の時間的変化。δ 関数から次第になだらかな山形になり、最終的には $u = 0$ に収束する。

まとめ

区間の限定がなく、なおかつ解に周期性を仮定できない場合の偏微分方程式の解法には、フーリエ変換を利用できるときがあります。

6-4 常微分方程式をラプラス変換で解く

ラプラス変換は線形常微分方程式を解く際の強力な武器になります。その方法を説明します。

ラプラス変換による解法の原理

関数 $f(t)$ のラプラス変換は次のように定義されます（☞ P.78）。変換後の関数を $F(s)$ として、

$$F(s) = \int_0^\infty f(t)e^{-st}dt$$

この変換は微分に対して強力な次の公式を持ちます（☞ P.90）。

$$\left. \begin{array}{l} \displaystyle\int_0^\infty f'(t)e^{-st}dt = sF(s) - f(0) \\ \displaystyle\int_0^\infty f''(t)e^{-st}dt = s^2F(s) - sf(0) - f'(0) \end{array} \right\} \cdots(1)$$

微分が中学校で学ぶ計算式に変換されるのです。そこで、次の2つのステップで微分方程式を解く方法が考え出されました。

i 与えられた微分方程式をラプラス変換し、s 領域の解を求める
ii 上の **i** で得た解を逆ラプラス変換し、t 領域の解を求める

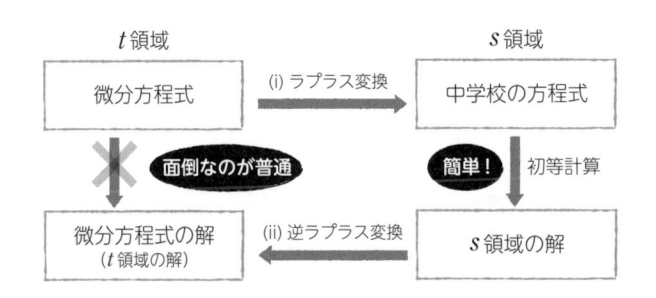

```
     t 領域                              s 領域
  ┌─────────┐  (i) ラプラス変換   ┌─────────┐
  │ 微分方程式 │ ───────────────→ │中学校の方程式│
  └─────────┘                    └─────────┘
      │ ✗ 面倒なのが普通              │ 簡単！  ↓ 初等計算
      ↓                              ↓
  ┌─────────┐  (ii) 逆ラプラス変換 ┌─────────┐
  │微分方程式の解│ ←─────────────── │ s 領域の解 │
  │ (t 領域の解)│                    │          │
  └─────────┘                    └─────────┘
```

> **具体例**

有名な1階と2階の常微分方程式を解いてみましょう。

〔例題25〕 関数 $f = f(t)$ についての次の微分方程式を解け（$t \geq 0$）。ただし、k, E は定数で、$f(0) = 0$ とする。

$$\frac{df}{dt} + kf = E \quad \cdots(2)$$

（注1）この〔例題25〕は、たとえば下図のような電気回路の問題に対応している。V_e は外部電圧で、下図のような**ステップ関数**に比例する。

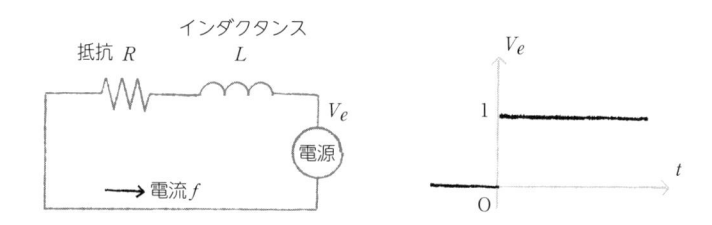

（解） (2)の両辺をラプラス変換します。$f(t)$ をラプラス変換した式を $F(s)$ とすると、前ページの微分の公式(1)とラプラス変換表（☞ P.88）から、

$$\{sF(s) - f(0)\} + kF(s) = \frac{E}{s}$$

← 1のラプラス変換は $\frac{1}{s}$ より、
定数 E のラプラス変換は $\frac{E}{s}$

題意から $f(0) = 0$ なので、

$$F(s) = \frac{E}{s(s+k)}$$

$$= \frac{E}{k}\left(\frac{1}{s} - \frac{1}{s+k}\right)$$

← 部分分数に分解
正しいことを通分して確かめよう

ラプラス変換表を利用して逆ラプラス変換し、元の t 関数を求めます。

$$f(t) = \frac{E}{k}(1 - e^{-kt}) \quad \textbf{（答）}$$

← ラプラス変換表（☞ P.88・P.91）から
$\frac{1}{s}$ の逆ラプラス変換は 1
$\frac{1}{s+k}$ の逆ラプラス変換は e^{-kt}

この〔例題25〕の解法の流れをまとめましょう。

微分方程式 $\dfrac{df}{dt}+kf=E$ →[ラプラス変換]→ $F(s)=\dfrac{E}{s(s+k)}$ →[ラプラス変換表に合致するように変形]→ $F(s)=\dfrac{E}{k}\left(\dfrac{1}{s}-\dfrac{1}{s+k}\right)$ →[逆ラプラス変換]→[ラプラス変換表から戻す]→ 解 $f(t)=\dfrac{E}{k}(1-e^{-kt})$

〔例題26〕関数 $x=x(t)$ についての次の微分方程式を解け（$t\geqq 0$）。

$$\dfrac{d^2x}{dt^2}+2\dfrac{dx}{dt}+x=0 \quad \cdots(3)$$

ただし、$x(0)=x_0 \quad x'(0)=0 \quad \cdots(4)$

(注2) この〔例題26〕は、たとえば質量1 kgの物体がバネ定数1のバネに結ばれ、摩擦係数が2の平面状を運動するときの現象を表わしている。x_0 はバネを伸ばして（または押して）手を離した位置を示す。

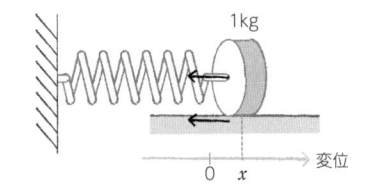

(解) (3)の両辺をラプラス変換します。$x(t)$ をラプラス変換した式を $F(s)$ とすると、169ページの微分の公式(1)から、

$(s^2F(s)-sx(0)-x'(0))+2(sF(s)-x(0))+F(s)=0$

初期条件(4)を代入して、

$(s^2F(s)-sx_0)+2(sF(s)-x_0)+F(s)=0$

これから、$F(s)$ を求めると、

$F(s)=\dfrac{sx_0+2x_0}{s^2+2s+1}=\dfrac{x_0(s+2)}{(s+1)^2}$ ← 部分分数に分解 通分し、正しいことを確かめよう

$=x_0\left(\dfrac{1}{s+1}+\dfrac{1}{(s+1)^2}\right)$

ラプラス変換表（☞ P.88・P.91）から、
$\dfrac{1}{s+1}$ の逆ラプラス変換は e^{-t}
$\dfrac{1}{(s+1)^2}$ の逆ラプラス変換は $e^{-t}t$

$F(s)$ を逆ラプラス変換し、

$x(t)=x_0(e^{-t}+e^{-t}t)=x_0\,e^{-t}(1+t)$ **（答）**

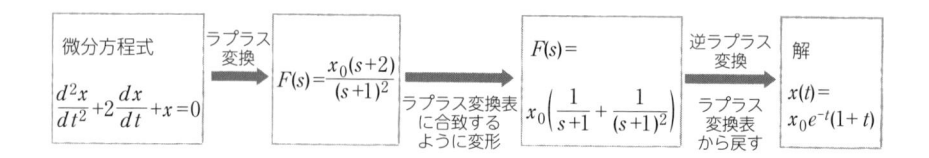

```
微分方程式          ラプラス          F(s) = x₀(s+2)/(s+1)²   ラプラス変換表  F(s) =              逆ラプラス  解
d²x/dt² + 2dx/dt + x = 0  変換  →                  に合致する   x₀(1/(s+1) + 1/(s+1)²)  変換     x(t) =
                                                   ように変形                   ラプラス変換表  x₀e⁻ᵗ(1+t)
                                                                              から戻す
```

> **まとめ**
>
> 線形の常微分方程式にラプラス変換は強力な武器になることを確認しましょう。

〔memo〕ラプラス変換の下限 0 の意味

ラプラス変換を厳密に利用する際に、積分区間の下端 0 を入れるのかどうかに悩むことがあります。解答が得られるように適宜都合のいいように解釈すればよいのですが、通常は次のように 0 を入れて考えるとよいでしょう。

$$\int_0^\infty f(t)e^{-st}dt = \int_{-0}^\infty f(t)e^{-st}dt$$

ここで、右辺の積分の意味は次のように解釈されます。

$$\int_{-0}^\infty f(t)e^{-st}dt = \lim_{\varepsilon \to -0} \int_\varepsilon^\infty f(t)e^{-st}dt$$

$\varepsilon \to -0$ とは、ε を負のほうから 0 に近づけることを意味します。

このことは、すでに第 3 章で、δ 関数のラプラス変換で説明しました（☞ P.87）。

（例） $\int_0^\infty \delta(t)e^{-st}dt = \int_{-0}^\infty \delta(t)e^{-st}dt = \int_{-\infty}^\infty \delta(t)e^{-st}dt = e^{-s \times 0} = 1$

微分方程式の応用では、初期条件を $t = 0$ で与えるのが普通です。以上のように理解することで、この $t = 0$ の値をラプラス変換の世界に取り込むことができるのです。

第7章
フーリエ解析と線形応答理論

システムへの入力と出力の関係を分析するシステム解析理論に、フーリエ解析は不可欠なツールです。その理論の基本は線形応答理論です。この線形応答理論について説明します。

第7章のガイダンス

先生：最後に、**線形応答理論**と呼ばれるシステム解析の手法を説明しよう。

生徒：「線形応答」って、どんな理論なんですか？

先生：「線形」についてはこれまでにも説明した。振動の世界でよく利用される数学モデルだ。小さく叩けば小さく、大きく叩けば大きく振動し、2人が叩けば別々に振動するというモデルだ。

生徒：普段の現象をよく説明するモデルなので、大切だと教わった性質ですね。

先生：そう、よく覚えているね。

生徒：線形応答理論の「応答理論」って、何ですか？

先生：自然科学や工学の分野では、信号や情報を外部から入れたとき、対象のシステムにどんな反応があるかを調べることが多い。このとき、外部から入れるものを**入力**、その反応を**出力**と呼ぶ。その入力と出力の関係を調べるのが応答理論だ。

```
入力                              出力
 x   ──▶  応答システム  ──▶   y
```

生徒：何かむずかしそうですね。

先生：例で考えてみよう。「地震波に対するビルの振動の揺れ」について、この線形応答の意義をすでに説明したね（☞ P.19）。ここでは、多少専門的になるが、もう一つの有名な例として、音声処理の話をしよう。身近な例として、マイクロフォン（以下、マイクと略す）の特性を調べることにする。

生徒：カラオケなどで使う、あのマイクですか？

先生：マイクの設計はむずかしくても、話の概要は簡単だ。音声が入力されると、それを電気信号に変換して出力するのがマイクだ。

生徒：それくらい、わかります。

先生：問題は、入力された音声と出力の電気信号は異なることだ。マイクの特性によって、多少ゆがむんだ。

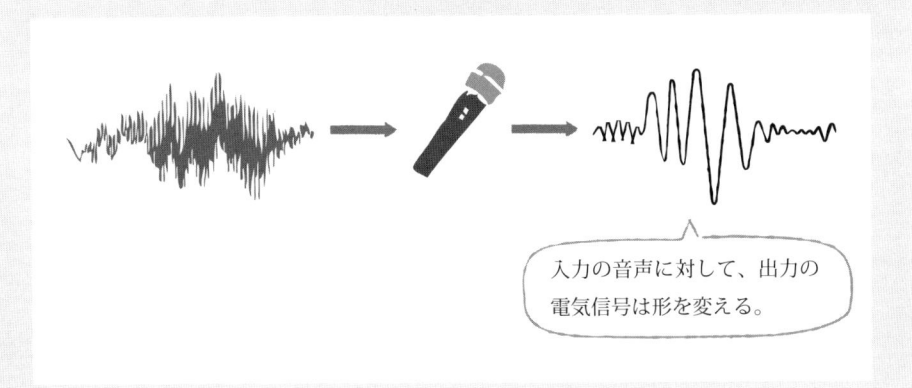

入力の音声に対して、出力の
電気信号は形を変える。

生徒：なるほど。良いマイクは原音に忠実だといわれますものね。
先生：そのとおり。そこで、いろいろな音声入力に対してどのような出力がなされるかを、マイクの設計者は調べなければならない。
生徒：それは大変ですね。人によって、また楽器によって音質が異なるので、すべてを調べ尽くすわけにはいかないな。
先生：安心していい。線形応答理論を用いると、1つの信号を音声として入力すればよいことになる。
生徒：えっ、そんな魔法のような信号があるんですか？
先生：それがδ関数だ（☞付録E）。一瞬の音をマイクに与え、その出力を調べれば、すべての音声に対する出力信号がわかるんだ。

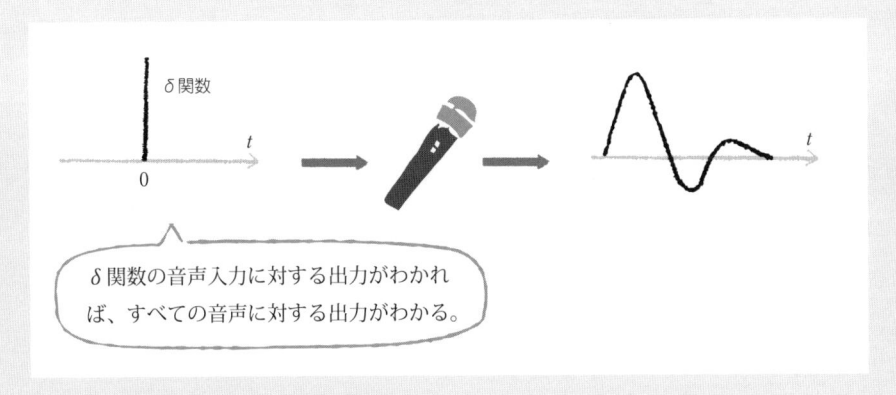

δ関数

δ関数の音声入力に対する出力がわかれば、すべての音声に対する出力がわかる。

生徒：不思議ですね。面白そうですが、むずかしいんですか？
先生：これまで学んだ内容の集大成になる。「復習」と思って勉強するといい。
生徒：がんばります！

7-1 畳み込み積分の定義と性質

「畳み込み積分」は線形応答理論の基本となります。この積分について見ていきましょう。

畳み込み積分とは

2つの関数 f, g に対して、次の積分を**畳み込み積分**と呼び、$f*g$ と表わします。

（注）コンボリューション（convolution）積分、重畳積分、関数の合成積とも呼ばれる。

なお、「畳み込み」と呼ばれるのは、190ページの(1)式の解説のイメージが理由です。

$$f*g(t) = \int_{-\infty}^{\infty} f(\tau)g(t-\tau)d\tau \quad \cdots(1)$$

畳み込み積分がどんな積分かを次の例題で確かめましょう。

〔**例題 27**〕次の2つの関数で、畳み込み積分(1)を計算せよ。

$$f(t) = \begin{cases} 0 & (t<0) \\ e^{-t} & (0 \leq t) \end{cases} \quad g(t) = \begin{cases} t & (0 \leq t \leq 1) \\ 0 & (t<0 \quad 1<t) \end{cases} \quad \cdots(2)$$

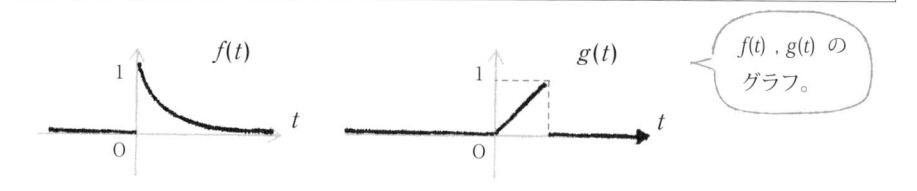

（**解**）畳み込み積分の定義(1)に具体的な関数式(2)を代入してみましょう。定義域の境から、(1) の積分計算は次の **ア イ ウ** の3つの場合に分けられます。

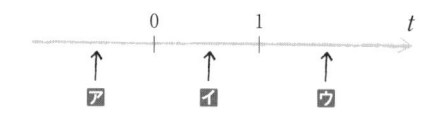

ア $t < 0$ のとき

$$f*g(t) = \int_{-\infty}^{0} f(\tau)g(t-\tau)d\tau + \int_{0}^{\infty} f(\tau)g(t-\tau)d\tau$$

$$= 0 + 0 = 0$$

この積分区間で $f(\tau) = 0$

この積分区間で $t-\tau < 0$ より、$g(t-\tau) = 0$

イ $0 \leq t \leq 1$ のとき

$$f*g(t) = \int_{-\infty}^{0} f(\tau)g(t-\tau)d\tau$$

$$+ \int_{0}^{t} f(\tau)g(t-\tau)d\tau$$

$$+ \int_{t}^{\infty} f(\tau)g(t-\tau)d\tau$$

$$= 0 + \int_{0}^{t} e^{-\tau}(t-\tau)d\tau + 0$$

$$= \left[(-e^{-\tau})(t-\tau)\right]_{0}^{t} - \int_{0}^{t} (-e^{-\tau})(t-\tau)'d\tau$$

$$= t - \left[e^{-\tau}(-1)\right]_{0}^{t} = t + e^{-t} - 1$$

この積分区間で $f(\tau) = 0$

この積分区間で $f(\tau) = e^{-\tau}$
$g(t-\tau) = t-\tau$

この積分区間で $t-\tau < 0$ より、$g(t-\tau) = 0$

部分積分の公式を利用
$\int_{a}^{b} uv'dx = \left[uv\right]_{a}^{b} - \int_{a}^{b} u'vdx$

ウ $1 < t$ のとき

$$f*g(t) = \int_{-\infty}^{0} f(\tau)g(t-\tau)d\tau$$

$$+ \int_{0}^{t-1} f(\tau)g(t-\tau)d\tau + \int_{t-1}^{t} f(\tau)g(t-\tau)d\tau$$

$$+ \int_{t}^{\infty} f(\tau)g(t-\tau)d\tau$$

$$= 0 + 0 + \int_{t-1}^{t} e^{-\tau}(t-\tau)d\tau + 0$$

$$= \left[(-e^{-\tau})(t-\tau)\right]_{t-1}^{t} - \int_{t-1}^{t} (-e^{-\tau})(t-\tau)'d\tau$$

$$= e^{-t+1} + \left[-e^{-\tau}(-1)\right]_{t-1}^{t}$$

この積分区間で $f(\tau) = 0$

この積分区間で $t-\tau > 1$ より、$g(t-\tau) = 0$

この積分区間で $f(\tau) = e^{-\tau}$
$g(t-\tau) = t-\tau$

この積分区間で $g(t-\tau) = 0$

部分積分の公式を利用
$\int_{a}^{b} uv'dx = \left[uv\right]_{a}^{b} - \int_{a}^{b} u'vdx$

$$= e^{-t+1} + e^{-t} - e^{-t+1} = e^{-t}$$

ア イ ウ から、次の解答が得られます。

$$f*g(t) = \begin{cases} 0 & (t < 0) \\ t - 1 + e^{-t} & (0 \leq t \leq 1) \\ e^{-t} & (1 < t) \end{cases} \text{（答）}$$

上記（答）の $f*g(t)$ のグラフ。

畳み込み積分の交換法則

畳み込み積分には面白い性質があります。f と g を入れ替えても同じになることです。これを**畳み込み積分の交換法則**と呼びます。

$$f*g = g*f \quad \cdots(3)$$

176ページの定義式(1)を用いて積分記号で書くと次のようになります。

$$\int_{-\infty}^{\infty} f(\tau)g(t-\tau)d\tau = \int_{-\infty}^{\infty} g(\tau)f(t-\tau)d\tau \quad \cdots(4)$$

(3)(4)の証明は右記の〔memo〕で見ることにして、これらの直観的な意味を176ページの〔例題27〕の関数を利用して確認しましょう。

〔例題27〕の関数について、(4) の左辺の積分は次ページの右図に示した網をかけた部分の関数 $f(\tau)$ と $g(t-\tau)$ との積 $y = f(\tau)g(t-\tau)$ が対象になります（t の値としては2を具体値としてイメージしています）。

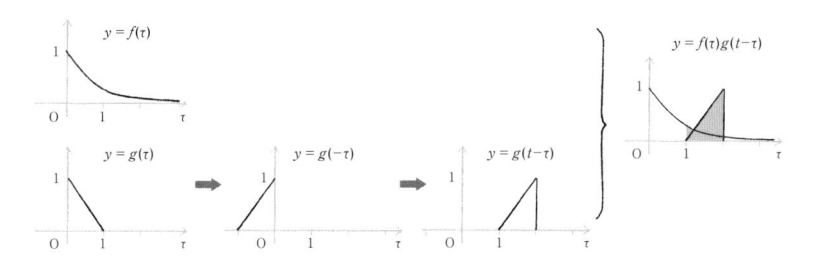

それに対して、(4)の右辺の積分は下図に示した網をかけた部分の関数 $f(t-\tau)$ と $g(\tau)$ との積関数 $y = g(\tau)f(t-\tau)$ が対象になります。

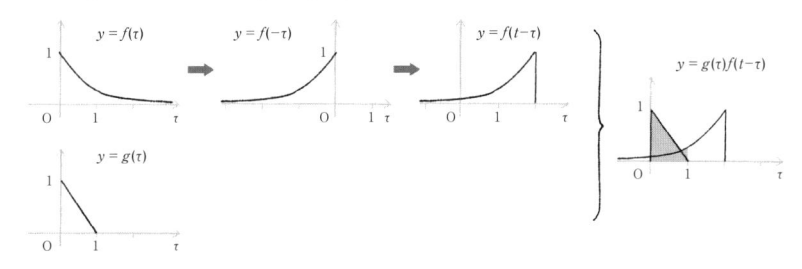

結局、積分される関数 $y = f(\tau)g(t-\tau)$ と $y = g(\tau)f(t-\tau)$ の形は、左右が反転され平行移動されていますが、同じなのです。積分は横軸とグラフで囲まれた部分の面積を表わします。そこで、グラフの形が同じであれば、積分の値も同じです。よって(4)、すなわち(3)が成立するのです。

ま と め

畳み込み積分を説明しました。後の「線形応答理論」（☞ 7-4）を説明するまでは、畳み込み積分の価値はつかみにくいでしょう。本節の計算を追うことが、まずお披露目となります。

〔memo〕交換法則の証明

(4)の左辺で、積分変数 τ を $t - \tau = \tau'$ として、

$$\int_{-\infty}^{\infty} f(\tau)g(t-\tau)d\tau = \int_{\infty}^{-\infty} f(t-\tau')g(\tau')(-d\tau') = \int_{-\infty}^{\infty} f(t-\tau')g(\tau')d\tau'$$

積分変数 τ' を τ に書き換えて、

$$\int_{-\infty}^{\infty} f(\tau)g(t-\tau)d\tau = \int_{-\infty}^{\infty} f(t-\tau)g(\tau)d\tau = \int_{-\infty}^{\infty} g(\tau)f(t-\tau)d\tau$$

7-2　フーリエ変換と畳み込み積分の関係

畳み込み積分は、複素正弦波の立場から見ると単純な積の計算になります。

フーリエ変換の畳み込みの定理

$f(t)$, $h(t)$ をフーリエ変換して得られた関数を順に $F(\omega)$, $H(\omega)$ とします。このとき、次の定理が成立します。これを**フーリエ変換の畳み込みの定理**と呼びます。

$f*h(t)$ のフーリエ変換 $= F(\omega)H(\omega)$ ……(1)

言葉で次のように表わせます。

「**畳み込みのフーリエ変換はフーリエ変換の積**」

〔証明〕フーリエ変換の定義（☞ P.66）から、

(1) の左辺 $= \int_{-\infty}^{\infty} \left(\int_{-\infty}^{\infty} f(\tau)h(t-\tau)d\tau \right) e^{-i\omega t} dt$ ← t と τ についての二重積分。二重積分は積分の順序を変更できる（☞付録B）

$= \int_{-\infty}^{\infty} f(\tau) \left(\int_{-\infty}^{\infty} h(t-\tau)e^{-i\omega t} dt \right) d\tau$ ……(2)

ここで、

$\int_{-\infty}^{\infty} h(t-\tau)e^{-i\omega t} dt$ ← $t-\tau = t'$ と置換積分

$= \int_{-\infty}^{\infty} h(t')e^{-i\omega(t'+\tau)} dt'$ ← 指数法則 $a^{m+n}=a^m a^n$ を利用して指数を分解

$= e^{-i\omega\tau} \int_{-\infty}^{\infty} h(t')e^{-i\omega t'} dt' = e^{-i\omega\tau} H(\omega)$ ← $h(t)$ のフーリエ変換の定義（☞ P.66 の(1)式）を利用

これを(2)に代入して、 ← 積分変数以外の変数は、積分で定数とみなされる

(1) の左辺 $= \int_{-\infty}^{\infty} f(\tau) e^{-i\omega\tau} H(\omega) d\tau$ ← 積分変数以外の変数は、積分で定数とみなされる

$= H(\omega) \int_{-\infty}^{\infty} f(\tau) e^{-i\omega\tau} d\tau = F(\omega) H(\omega)$

こうして、定理(1)が証明されました。**(完)** ← $f(t)$ のフーリエ変換の定義（☞ P.66 の(1)式）を利用

例で確かめてみよう

証明をマスターしても、(1)はピンとこない定理です。176 ページの〔**例題 27**〕を利用して、この公式が成立すること確かめてみましょう。

〔**例題 28**〕次の 2 つの関数で、畳み込みの定理(1)が成立することを確かめよ。
$$f(t) = \begin{cases} 0 & (t < 0) \\ e^{-t} & (0 \leq t) \end{cases} \qquad h(t) = \begin{cases} t & (0 \leq t \leq 1) \\ 0 & (t < 0 \quad 1 < t) \end{cases}$$

（解）〔例題 27〕より、畳み込み積分 $f*h(t)$ の結果は次の式となります。

$$f*h(t) = \int_{-\infty}^{\infty} f(\tau) h(t-\tau) d\tau = \begin{cases} 0 & (t < 0) \\ t - 1 + e^{-t} & (0 \leq t \leq 1) \\ e^{-t} & (1 < t) \end{cases} \quad \cdots (3)$$

この式(3)のフーリエ変換は次のようになります。
$f*h(t)$ のフーリエ変換

$= \int_0^1 (t - 1 + e^{-t}) e^{-i\omega t} dt + \int_1^{\infty} e^{-t} e^{-i\omega t} dt$ ← (3)をフーリエ変換の定義（☞ P.66 の(1)式）に代入

$= \int_0^1 \left\{ (t-1) e^{-i\omega t} + e^{-(1+i\omega)t} \right\} dt + \int_1^{\infty} e^{-(1+i\omega)t} dt$ ← 指数法則 $a^m a^n = a^{m+n}$ を利用

$= \int_0^1 (t-1) e^{-i\omega t} dt + \int_0^{\infty} e^{-(1+i\omega)t} dt$

$= \left[(t-1) \dfrac{e^{-i\omega t}}{-i\omega} \right]_0^1 - \int_0^1 \dfrac{e^{-i\omega t}}{-i\omega} dt + \left[\dfrac{e^{-(1+i\omega)t}}{-(1+i\omega)} \right]_0^{\infty}$ ← 部分積分の公式を利用 $\int_a^b uv' dx = \left[uv \right]_a^b - \int_a^b u'v dx$

$= -\dfrac{1}{i\omega} - \left[\dfrac{e^{-i\omega t}}{(-i\omega)^2} \right]_0^1 + \dfrac{1}{1+i\omega}$ ← $e^{-(1+i\omega) \times \infty} = 0$ $e^0 = 1$ を利用

181

$$= \frac{i}{\omega} + \frac{e^{-i\omega}-1}{\omega^2} + \frac{1}{1+i\omega} \qquad \leftarrow \text{通分し、整理する}$$

$$= \frac{(1+i\omega)e^{-i\omega}-1}{\omega^2(1+i\omega)} \quad \cdots(5)$$

$f(t)$, $h(t)$ をフーリエ変換した式を順に $F(\omega)$, $H(\omega)$ とすると、

$$F(\omega) = \int_0^\infty e^{-t} e^{-i\omega t}\, dt = \int_0^\infty e^{-(1+i\omega)t} dt$$

$$= \left[\frac{e^{-(1+i\omega)t}}{-(1+i\omega)}\right]_0^\infty = \frac{1}{1+i\omega} \quad \cdots(6) \qquad \leftarrow \begin{array}{l}\text{積分公式を利用}\\ \int_a^b e^{kx}dx = \left[\frac{1}{k}e^{kx}\right]_a^b\end{array}$$

$$H(\omega) = \int_0^1 t e^{-i\omega t} dt$$

$$= \left[t\frac{e^{-i\omega t}}{-i\omega}\right]_0^1 - \int_0^1 \frac{e^{-i\omega t}}{-i\omega} dt \qquad \leftarrow \begin{array}{l}\text{部分積分の公式を利用}\\ \int_a^b uv' dx = \left[uv\right]_a^b - \int_a^b u'v dx\end{array}$$

$$= \frac{e^{-i\omega}}{-i\omega} - \left[\frac{e^{-i\omega t}}{(-i\omega)^2}\right]_0^1$$

$$= \frac{ie^{-i\omega}}{\omega} + \frac{e^{-i\omega}-1}{\omega^2} = \frac{(1+i\omega)e^{-i\omega}-1}{\omega^2} \quad \cdots(7)$$

(6)(7) より、$F(\omega)H(\omega) = \dfrac{1}{1+i\omega} \dfrac{(1+i\omega)e^{-i\omega}-1}{\omega^2} = \dfrac{(1+i\omega)e^{-i\omega}-1}{(1+i\omega)\omega^2} \quad \cdots(8)$

こうして(5)と(8)が一致していること、すなわち、180ページの畳み込みの定理(1)が成立することが確かめられました。**(答)**

まとめ

フーリエ変換の畳み込みの定理は線形応答理論の基本定理になります。それを導き出し、確認しました。

7-3 ラプラス変換と畳み込み積分の関係

フーリエ変換のときと同様、畳み込み積分をラプラス変換すると単純な積の計算になります。この「ラプラス変換の畳み込みの定理」を説明します。

ラプラス変換の畳み込みの定理

関数 $f(t)$, $g(t)$ をラプラス変換して得られる関数を $F(s)$, $G(s)$ とする。関数 $f(t)$, $g(t)$ については、次の仮定が設けられるとします。

$t < 0$ のとき、$f(t) = 0$ $g(t) = 0$ …(1)

このとき、**ラプラス変換の畳み込みの定理**と呼ばれる、次の定理が成立します。

$f*g(t)$ のラプラス変換 $= F(s)G(s)$ …(2)

言葉で表現すると、次のようになります。

「畳み込み積分のラプラス変換はラプラス変換の積」

前節（☞ 7-2）のフーリエ変換のときと同様の表現になる公式です。

〔証明〕ラプラス変換の定義（☞ P.78）から、

$$\int_0^\infty f*g(t)e^{-st}dt$$

$$= \int_0^\infty \left(\int_{-\infty}^\infty f(\tau)g(t-\tau)d\tau\right)e^{-st}dt \quad \Leftarrow$$

畳み込み積分の定義
$f*g(t) = \int_{-\infty}^\infty f(\tau)g(t-\tau)d\tau$ を代入

$$= \int_{-\infty}^\infty f(\tau)\left(\int_0^\infty g(t-\tau)e^{-st}dt\right)d\tau \quad \Leftarrow$$

t と τ の積分の順序を変える（☞付録B）

$$= \int_{-\infty}^\infty f(\tau)\left(\int_{-\tau}^\infty g(t')e^{-s(t'+\tau)}dt'\right)d\tau \quad \Leftarrow$$

$t-\tau$ を t' として置換積分

$$= \int_{-\infty}^{\infty} f(\tau) \left(\int_{0}^{\infty} g(t') e^{-s(t'+\tau)} dt' \right) d\tau$$

前ページの仮定(1)より、$t' < 0$ のとき、$g(t') = 0$
$\tau < 0$ のとき、$f(\tau) = 0$ を利用

$$= \left(\int_{0}^{\infty} f(\tau) e^{-s\tau} d\tau \right) \left(\int_{0}^{\infty} g(t') e^{-st'} dt' \right)$$

指数法則 $a^{m+n} = a^m a^n$ を利用

$$= F(s)G(s) \quad (完)$$

ラプラス変換の畳み込みの定理を計算で確かめてみよう

「フーリエ変換の畳み込みの定理」のときと同様、証明をマスターしても、前ページの(2)はピンとこない定理です。176ページの〔例題27〕を利用して、この公式が成立すること確かめてみましょう。

〔例題29〕次の2つの関数で、前ページの畳み込みの定理(2)が成立することを確かめよ。

$$f(t) = \begin{cases} 0 & (t < 0) \\ e^{-t} & (0 \leqq t) \end{cases} \quad g(t) = \begin{cases} t & (0 \leqq t \leqq 1) \\ 0 & (t < 0 \quad 1 < t) \end{cases}$$

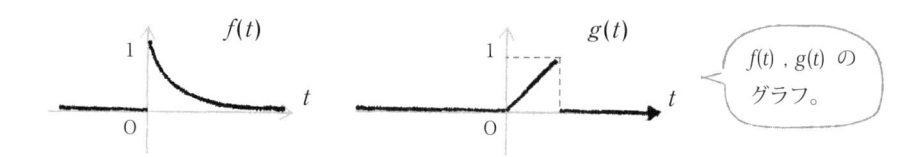

$f(t)$, $g(t)$ のグラフ。

（解）〔例題27〕で見たように、$f*g(t)$ は次のように表わせます。

$$f*g(t) = \begin{cases} 0 & (t < 0) \\ t - 1 + e^{-t} & (0 \leqq t \leqq 1) \quad \cdots(3) \\ e^{-t} & (1 < t) \end{cases}$$

$f*g(t)$ のグラフ。

これをラプラス変換します。

$$\int_0^\infty f*g(t)e^{-st}dt$$

$$= \int_0^1 f*g(t)e^{-st}dt + \int_1^\infty f*g(t)e^{-st}dt \quad \leftarrow \text{(3)を代入}$$

$$= \int_0^1 (t-1+e^{-t})e^{-st}dt + \int_1^\infty e^{-t}e^{-st}dt \quad \leftarrow \text{部分積分の公式を利用} \int_a^b uv'dx = \left[uv\right]_a^b - \int_a^b u'vdx$$

$$= -\frac{1}{s} - \frac{e^{-s}-1}{s^2} + \frac{1}{s+1}$$

$$= \frac{-s(s+1) - (s+1)(e^{-s}-1) + s^2}{s^2(s+1)} \quad \leftarrow \text{通分}$$

$$= \frac{1-(s+1)e^{-s}}{s^2(s+1)} \quad \cdots(4)$$

また、$f(t)$, $g(t)$ のラプラス変換 $F(s), G(s)$ は次のように算出されます。

$$F(s) = \int_0^\infty f(t)e^{-st}dt$$

$$= \int_0^\infty e^{-t}e^{-st}dt = \frac{1}{s+1} \quad \leftarrow \text{ラプラス変換表の公式（☞P.88）を利用}$$

$$G(s) = \int_0^\infty g(t)e^{-st}dt$$

$$= \int_0^1 te^{-st}dt = -\frac{e^{-s}}{s} - \frac{e^{-s}-1}{s^2} \quad \leftarrow \text{部分積分の公式を利用} \int_a^b uv'dx = \left[uv\right]_a^b - \int_a^b u'vdx$$

よって、

$$F(s)G(s) = \frac{1}{s+1} \times \left(-\frac{e^{-s}}{s} - \frac{e^{-s}-1}{s^2}\right) = \frac{1-(s+1)e^{-s}}{s^2(s+1)} \quad \cdots(5)$$

この(5)は(4)に一致します。183ページの(2)の畳み込みの定理が確かめられました。**(答)**

まとめ

線形応答理論の基本定理となる「ラプラス変換の畳み込みの定理」を導き出しました。「フーリエ変換の畳み込みの定理」と同様、大変重要な定理です。

7-4 線形システムと線形応答理論

フーリエ解析の華ともいえる線形応答理論は、電気電子の工学分野はもちろんのこと、自然科学や経済学などにも頻繁に利用される理論です。ここでは、その線形システムの意味を説明します。

線形システムとは

定まった入力から定まった出力が得られるシステムを**応答システム**と呼びます。

入力 x → 応答システム → 出力 y

（注1）システムへの入力、出力にはさまざまなものが考えられる。ここでは電気信号をイメージしているが、それを他に一般化することは容易だ。

応答システムの中で最も役に立ち、数学的に扱いやすいのが**線形時不変システム**です。

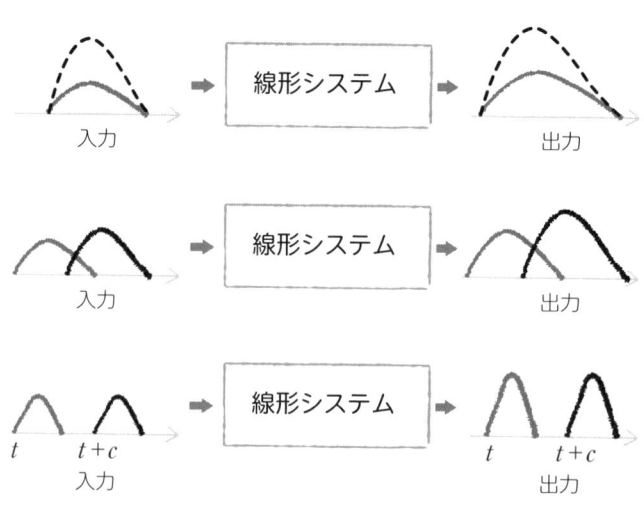

線形システム

上の図は、倍の入力（破線）に対して、倍の出力（破線）が得られることを示している。

中の図は、2つの入力の和の出力が、もとの出力の和になることを示している。要するに、入力が相互に影響を及ぼし合わないことを意味する。

下の図は、時刻 t に入力した信号の出力と、時間をずらして入力した同一の信号から得られた出力は、同じ波形であり、時間的ずれも同一になることを示す。

「線形」とは、これまで何回か紹介したように、入力を増減したり加え合わせたりすると、出力もそれに比例して増減されたり加え合わされたりすることです。また、「時不変」とは、時刻によって出力の仕方を変えないことです。

線形応答を議論するとき、通常、この線形時不変システムは**線形システム**と略されます。本書もその慣習に従うことにします。

(注2) 線形時不変システムは**線形シフト不変システム**とも呼ばれる。

この線形システムに信号を入力したとき、どのような出力が得られるかを調べるのが**線形応答理論**です。フーリエ解析が得意とする分野です。

このように記述すると、線形システムは特殊という心象を与えるかもしれませんが、そんなことはありません。アナログ的な応答システムは、入力が過大にならなければ、線形システムで近似されるのが普通です。

線形システムを数式で表現

以上の説明を数式的に表わしてみましょう。以下で、入力 $x(t)$, $x_1(t)$, $x_2(t)$ に対する出力を順に $y(t)$, $y_1(t)$, $y_2(t)$ とします。また、c は定数とします。

(注3) 今後は、入力に文字 x を、出力に文字 y をあてる。

---

i 線形システム
- 入力 $cx(t)$ に対して、$cy(t)$ の出力が得られる。
- 入力 $x_1(t) + x_2(t)$ に対して、$y_1(t) + y_2(t)$ の出力が得られる。

ii 時不変システム
- 入力 $x(t+c)$ に対して、$y(t+c)$ の出力が得られる。

線形システムの数式的な意味

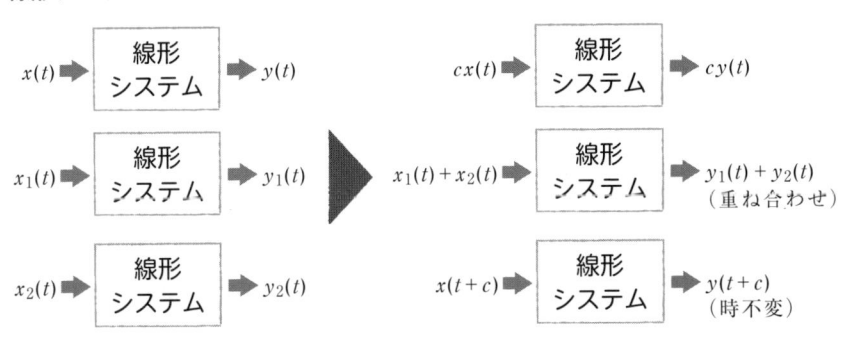

$x(t)$ → 線形システム → $y(t)$　　　　$cx(t)$ → 線形システム → $cy(t)$

$x_1(t)$ → 線形システム → $y_1(t)$　　　$x_1(t)+x_2(t)$ → 線形システム → $y_1(t)+y_2(t)$（重ね合わせ）

$x_2(t)$ → 線形システム → $y_2(t)$　　　$x(t+c)$ → 線形システム → $y(t+c)$（時不変）

「線形システム」とは、前ページの **i** **ii** を同時に満たすシステムのことをいいます。ちなみに、**i** の性質を**重ね合わせの原理**と呼びます。

（例1）風呂で人が話すときに生まれるエコーは、（声が大きすぎなければ）線形システムとなります。倍の声の大きさで話せば、倍に反響します。2人が同時に話せば、2人の声は独立して反響するからです。

> 風呂の反響音（エコー）は線形システム。

（例2）線形システムの代表例は線形回路です。図のように、容量 C のコンデンサー、インダクタンス L のコイル、抵抗値 R の抵抗を直列に接続した回路に外部電力 $E(t)$ を加えます。

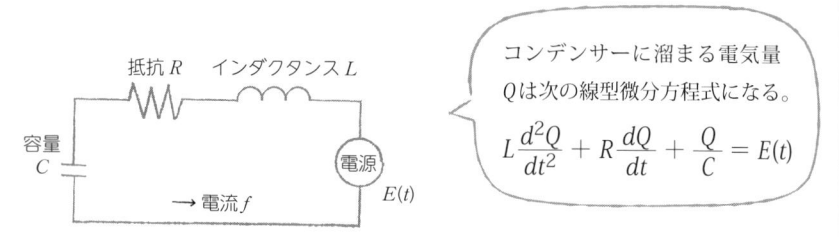

> コンデンサーに溜まる電気量 Q は次の線型微分方程式になる。
> $$L\frac{d^2Q}{dt^2} + R\frac{dQ}{dt} + \frac{Q}{C} = E(t)$$

外部電力を入力 $E(t)$ とし、コンデンサーに溜まる電気量 Q を出力としたとき、これは線形システムとなります。この線形システムを記述する方程式は線形微分方程式になります。

まとめ

線形システムは、普段の生活で当たり前に思われている応答システムをいいます。その意味と数学的な表現を説明しました。

7-5 インパルス応答と畳み込み積分

インパルス応答とは理想的な入力(すなわち、δ関数の入力)に対するシステム応答のことをいいます。線形システムでは、インパルス応答と畳み込み積分を組み合わせて、任意の入力に対する出力が表わせます。

インパルス応答

線形システムにデルタ関数 $\delta(t)$ で表わされる信号を入力したとします。この入力信号を**単位インパルス関数**、略して**単位インパルス**と呼びます。このときの出力を表わす関数 $h(t)$ を**インパルス応答関数**、略して**インパルス応答**と呼びます。

(注) δ関数については付録Eを参照しよう。

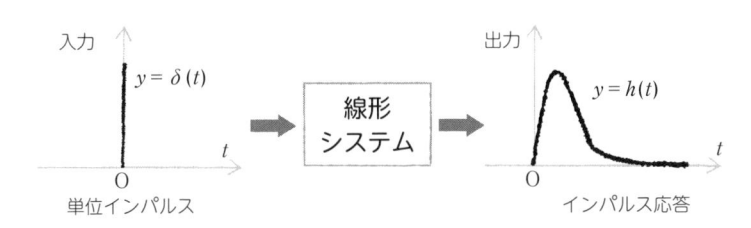

定義はむずかしそうですが、イメージは簡単に描けます。たとえば、風呂で手をすばやく叩いてみましょう。このインパルス音が「単位インパルス」(要するにデルタ関数)のイメージです。すると、風呂で反響が聞こえます。これが「インパルス応答」のイメージです。

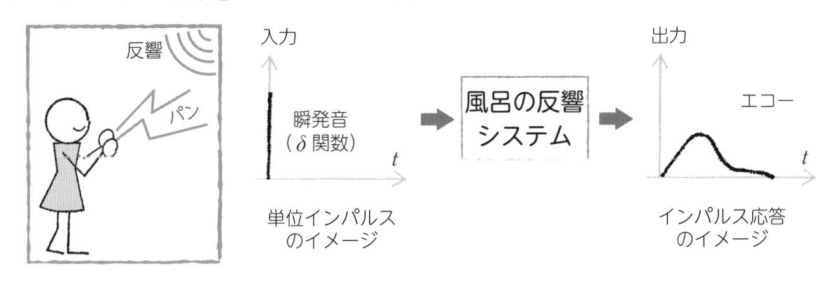

畳み込み積分は線形応答と不可分

線形システムを調べる際に、インパルス応答が本質的に重要です。インパルス応答が得られれば、任意の入力に対する出力が計算できるからです。実際、次の公式が成立します。

単位インパルスに対するインパルス応答を $h(t)$ とする。このとき、任意の入力 $x(t)$ に対して、その出力 $y(t)$ は次の式で与えられる。

$$y(t) = x * h(t) = \int_{-\infty}^{\infty} x(\tau) h(t-\tau) d\tau \quad \cdots (1)$$

すなわち、「**入力とインパルス応答の畳み込み積分が出力になる**」のです。これが線形応答理論の肝になる公式です。

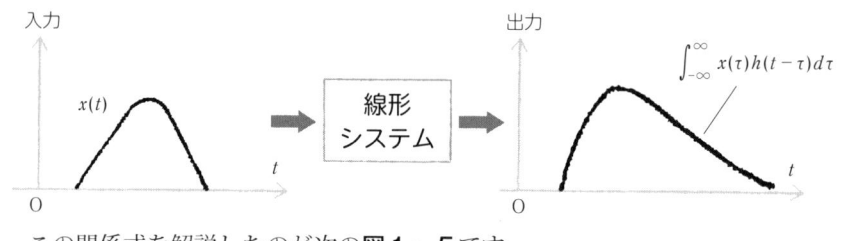

この関係式を解説したのが次の**図1～5**です。

i 単位インパルス $\delta(t)$ を与え、インパルス応答関数 $h(t)$ を得ます（**図1**）。

図1

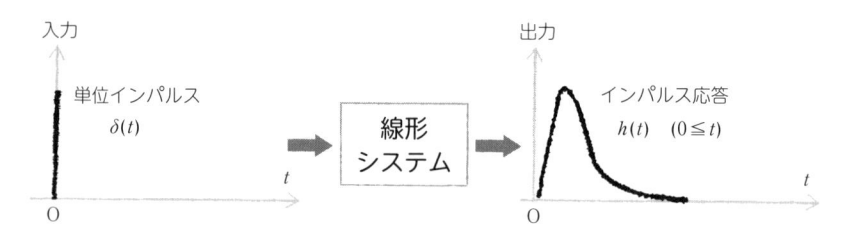

ii システムが時間に依存しないので（時不変システム）、インパルスを与える時間 τ だけ平行移動できます（単位インパルスは $\delta(t-\tau)$）。それに伴って、インパルス応答関数も平行移動し、$h(t-\tau)$ になります（**図2**）。

図2

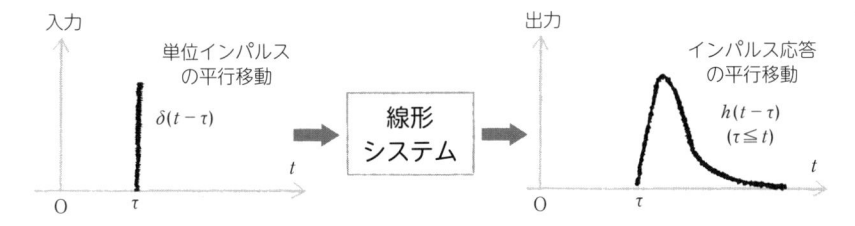

ⅲ 時刻 τ の入力インパルスの強さを、入力 $x(\tau)$ に合わせて、$x(\tau)\delta(t-\tau)$ と調整します。線形システムなので、それに対する出力は $x(\tau)$ 倍され、$x(\tau)h(t-\tau)$ になります（**図3**）。

図3

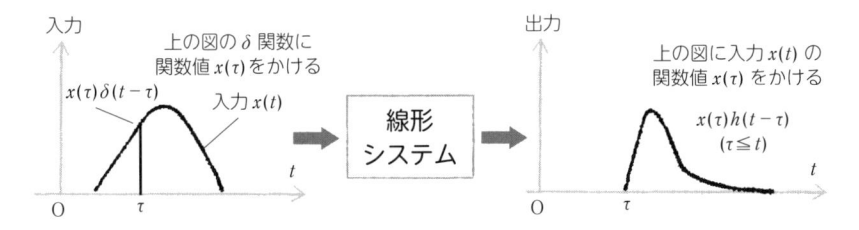

ⅳ 入力 $x(\tau)$ は ⅲ の $x(\tau)h(t-\tau)$ を寄せ集めたもの（すなわち、積分）と考えられます。そこで、出力の関数は次のように与えられます（**図4**）。

$$出力の関数 = \int_{-\infty}^{t} x(\tau)h(t-\tau)d\tau \quad \cdots(2)$$

図4

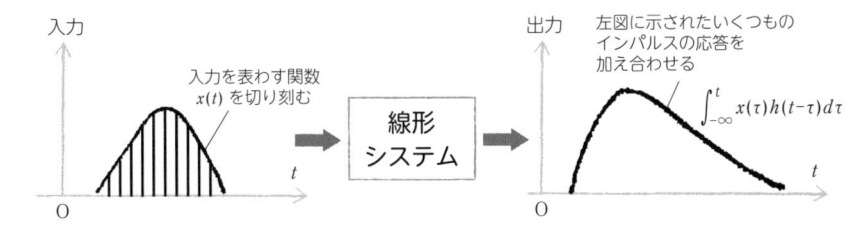

Ⅴ もう一度図1～2を見てください。インパルスを与える前に出力はありません。したがって、次の関係が成立します（**図5**）。

$$t < \tau \text{ で、} h(t-\tau) = 0 \quad (h(t) = 0 \quad (t<0) \text{ と同じ}) \quad \cdots (3)$$

図5

時刻 τ のインパルス入力に対するインパルス応答 $h(t-\tau)$

$h(t-\tau) = 0$ ($t<\tau$ のとき)
$h(t-\tau) \neq 0$ ($t>\tau$ のとき)

時刻 τ に発生した単位インパルスのインパルス応答が時刻 t にとる値が $h(t-\tau)$
当然、$t<\tau$ で $h(t-\tau)=0$
原因の前に結果が現われないという因果律を表わす。

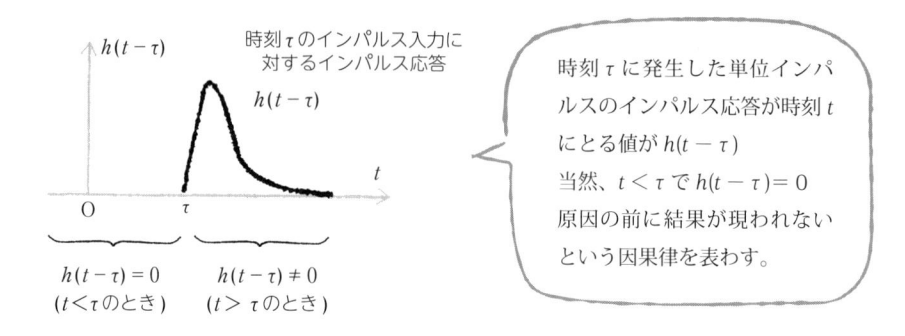

前ページの(2)に(3)の性質を反映させると、

出力の関数 $y(t) = \int_{-\infty}^{t} x(\tau)h(t-\tau)d\tau$

$$= \int_{-\infty}^{t} x(\tau)h(t-\tau)d\tau + \int_{t}^{\infty} x(\tau)\boxed{h(t-\tau)}d\tau \quad \leftarrow (3)より、0$$

$$= \int_{-\infty}^{\infty} x(\tau)h(t-\tau)d\tau = x*h(t)$$

こうして 190 ページの公式(1)が導き出されました。線形性と δ 関数の性質を利用して公式(1)が得られたことに注意してください。

まとめ

入力とインパルス応答の畳み込み積分が出力になるという線形応答理論の基本を説明しました。

7-6 フーリエ変換から見る線形応答

線形応答の世界を周波数の立場から眺めると、入力と伝達関数の積が出力になります。この単純性を実現するのがフーリエ変換です。

伝達関数

　線形システムにデルタ関数 $\delta(t)$ で表わされる信号を入力したとき、得られる出力を「インパルス応答」と呼びました。このインパルス応答のフーリエ変換を**伝達関数**と呼びます。インパルス応答を $h(t)$、その伝達関数を $H(\omega)$ とすると、次の式で結ばれることになります。

$$H(\omega) = \int_{-\infty}^{\infty} h(t)e^{-i\omega t}dt \quad \cdots (1)$$

（注1）インパルス応答のラプラス変換も「伝達関数」と呼ぶことに注意（☞ 7-7）。

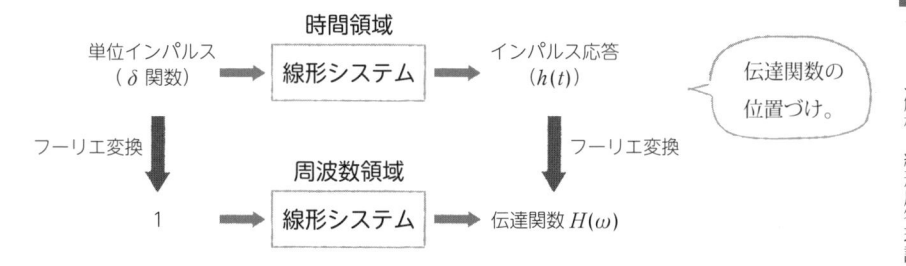

「フーリエ変換の畳み込みの定理」を線形応答の言葉で表わす

　前節（☞ 7-5）で、任意の入力を表わす関数 $x(t)$、インパルス応答関数 $h(t)$、そして $x(t)$ への出力を表わす関数 $y(t)$ とすると、次の畳み込み積分の関係があることを説明しました。

$$y(t) = x*h(t) \quad \cdots (2)$$

また、180ページで「フーリエ変換の畳み込みの定理」を説明しました。

「畳み込みのフーリエ変換はフーリエ変換の積」という定理です。この定理から、前ページの(2)式のフーリエ変換は次のようになります。

$$Y(\omega) = X(\omega)H(\omega) \quad \cdots (3)$$

ここで、$x(t)$, $y(t)$, $h(t)$ をフーリエ変換して得られた関数を順に $X(\omega)$, $Y(\omega)$, $H(\omega)$ としています（$H(\omega)$ は伝達関数）。

「時間領域」から見た(2)は、入力と出力が複雑な積分の関係で結ばれることを示しています。ところが、「周波数領域」から見ると、入力と出力が単純な積になることを(3)は示しています。この単純性がフーリエ変換の魅力です。

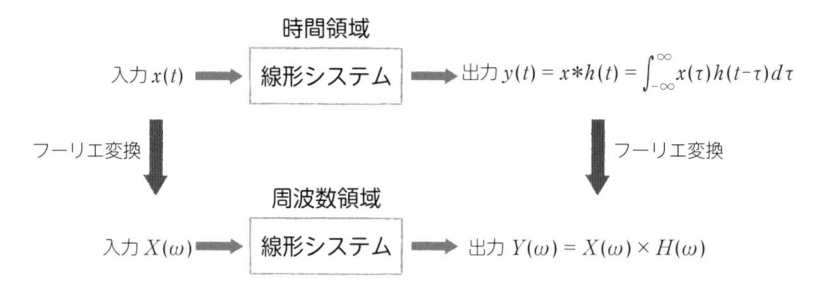

時間領域
入力 $x(t)$ ⇒ 線形システム ⇒ 出力 $y(t) = x*h(t) = \int_{-\infty}^{\infty} x(\tau)h(t-\tau)d\tau$

↓フーリエ変換　　　　　　　　　　　↓フーリエ変換

周波数領域
入力 $X(\omega)$ ⇒ 線形システム ⇒ 出力 $Y(\omega) = X(\omega) \times H(\omega)$

伝達関数 $H(\omega)$ を求めてみよう

伝達関数 $H(\omega)$ と入力のフーリエ変換 $X(\omega)$ がわかっていれば、出力関数 $Y(\omega)$ は(3)から簡単に $X(\omega)H(\omega)$ と求められます。これからわかるように、周波数領域から入出力を分析したいときには、伝達関数 $H(\omega)$ を求めることが大切になります。

さて、線形応答システムの数学的な記述には微分方程式が用いられるのが一般的です。そこで、微分方程式が与えられたときに伝達関数を求める方法を見てみましょう。

〔例題30〕次の微分方程式で表わされる線形システムにおいて、伝達関数 $H = H(\omega)$ を求めよ。ここで、$x(t)$ は任意の外部入力、μ は定数とする。

$$\mu \frac{dy}{dt} + y = x(t) \quad \cdots (4)$$

(解) (4)の両辺をフーリエ変換します。

$$\int_{-\infty}^{\infty}\left(\mu\frac{dy}{dt}+y\right)e^{-i\omega t}dt = \int_{-\infty}^{\infty}x(t)e^{-i\omega t}dt \quad \cdots(5)$$

入力 $x(t)$、出力 $y(t)$ のフーリエ変換を順に $X(\omega)$，$Y(\omega)$ とします。

$$X(\omega)=\int_{-\infty}^{\infty}x(t)e^{-i\omega t}dt \qquad Y(\omega)=\int_{-\infty}^{\infty}y(t)e^{-i\omega t}dt$$

すると、微分のフーリエ変換の公式（☞ P.72）を用いて、(5)から、

$$\{\mu(i\omega)+1\}Y(\omega) = X(\omega)$$

フーリエ変換の畳み込みの定理(3)を利用して、伝達関数 $H(\omega)$ は、

$$H(\omega)=\frac{Y(\omega)}{X(\omega)}=\frac{1}{1+i\mu\omega} \textbf{（答）} \quad \cdots(6)$$

(注2) (4)で表わされる線形システムの例としては、右の図の線形回路（RC フィルターと呼ばれる回路）が挙げられる。実際、コンデンサーにかかる電圧を V とすると、

$$RC\frac{dV}{dt}+V=V_e \quad (V_e \text{を入力電圧とする})$$

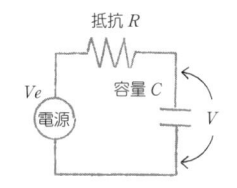

抵抗 R
容量 C
V_e 電源
V

例題の伝達関数 $H(\omega)$ を調べてみよう

δ 関数をフーリエ変換すると次のようになります（☞ P.222 の(3)式）。

$$\int_{-\infty}^{\infty}\delta(t)e^{-i\omega t}dt = 1$$

δ 関数はすべての複素正弦波を等しい重みで含んでいる波なのです。また、〔例題30〕から、その δ 関数を入力とする出力（すなわち、インパルス応答 $h(t)$）のフーリエ変換（すなわち、伝達関数 $H(\omega)$）は次のようになります。

$$H(\omega)=\int_{-\infty}^{\infty}h(t)e^{-i\omega t}dt = \frac{1}{1+i\mu\omega}$$

$H(\omega)$ は複素正弦波 $e^{i\omega t}$ の係数で、$|H(\omega)|$ はインパルス応答に含まれる $e^{i\omega t}$ の重みを表わします。この $|H(\omega)|$ を計算すると次のようになります。

$$\left|H(\omega)\right| = \left|\frac{1}{1+i\mu\omega}\right| = \frac{1}{\sqrt{1+\mu^2\omega^2}}$$

すなわち、周波数領域で見ると、複素正弦波 $e^{i\omega t}$ が含まれる重みは次の図のように変化したことになります。

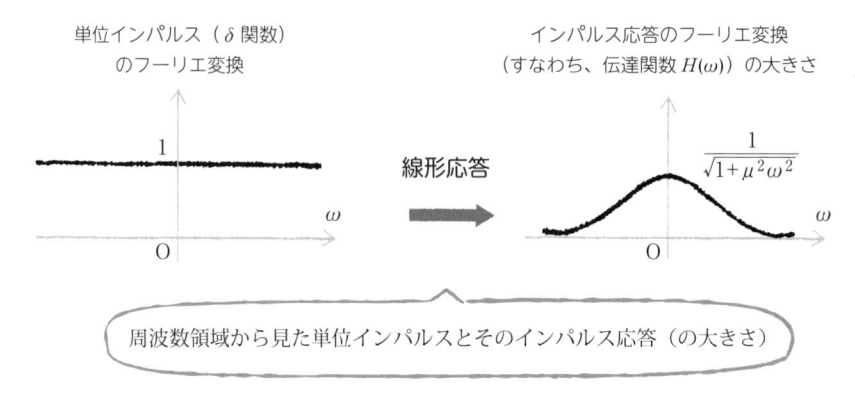

単位インパルス（δ 関数）
のフーリエ変換

インパルス応答のフーリエ変換
（すなわち、伝達関数 $H(\omega)$）の大きさ

線形応答

1

$\dfrac{1}{\sqrt{1+\mu^2\omega^2}}$

周波数領域から見た単位インパルスとそのインパルス応答（の大きさ）

194 ページの〔**例題 30**〕で考えた線形応答システムは、周波数領域で眺めると、この図のように入力を変化させるシステムなのです。

まとめ

線形応答理論において、出力のフーリエ変換は入力のフーリエ変換と伝達関数の積になることを説明しました。

〔memo〕定義を利用した伝達関数の求め方――――

$x(t) = \delta(t)$ としたときの前ページ(4)の解がインパルス応答 $y = h(t)$ です。

$$\mu \frac{dh}{dt} + h = \delta(t)$$

両辺をフーリエ変換すると、

$$\int_{-\infty}^{\infty}\left(\mu\frac{dh}{dt}+h\right)e^{-i\omega t}dt = \int_{-\infty}^{\infty}\delta(t)e^{-i\omega t}dt$$

$$\mu\int_{-\infty}^{\infty}\frac{dh}{dt}e^{-i\omega t}dt + \int_{-\infty}^{\infty}he^{-i\omega t}dt = 1$$

$$(i\omega\mu + 1)\int_{-\infty}^{\infty}he^{-i\omega t}dt = 1$$

← 積分の性質を利用

← δ 関数の公式（☞付録 E）を利用

← フーリエ変換と微分の関係の公式
（☞ P.73 の(3)式）を利用

この積分は伝達関数 $H(\omega)$ です。伝達関数 $H(\omega)$ は前ページ(6)の（答）のように求められます。

7-7 ラプラス変換から見る線形応答

ラプラス変換は線形応答の分析において最大の武器の1つとなります。その仕組みはフーリエ変換と基本的に同様ですが、計算がさらに簡単になります。

伝達関数

フーリエ変換のときと同様、インパルス応答のラプラス変換を**伝達関数**と呼びます。すなわち、インパルス応答を $g(t)$、その伝達関数を $G(s)$ とすると、次のように式で定義されます。

$$G(s) = \int_0^\infty g(t)e^{-st}dt \quad \cdots(1)$$

インパルス応答と伝達関数の関係を図示しましょう。

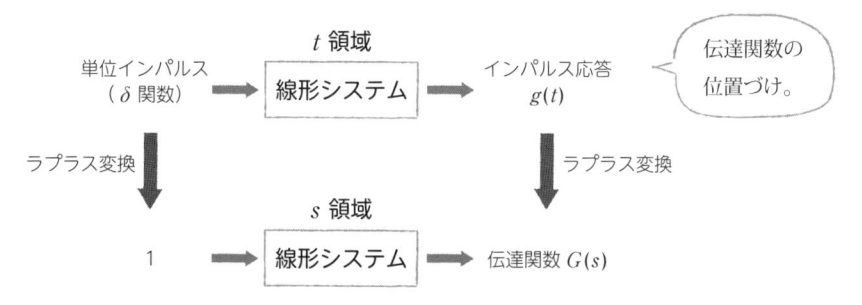

```
                   t 領域
単位インパルス  ┌─────────┐  インパルス応答     伝達関数の
（δ関数）   →  │ 線形システム │ →    g(t)         位置づけ。
              └─────────┘
  ラプラス変換↓                    ↓ラプラス変換
                   s 領域
              ┌─────────┐
     1    →  │ 線形システム │ →  伝達関数 G(s)
              └─────────┘
```

（注1）インパルス応答のフーリエ変換も「伝達関数」と呼ぶことに注意（☞7-6）。ここでは前節と区別するために伝達関数を G で表わしている。

「ラプラス変換の畳み込みの定理」を線形応答の言葉で表わす

前節（☞7-5）で、入力を表わす関数 $x(t)$、インパルス応答関数 $g(t)$、そして出力を表わす関数 $y(t)$ には次の畳み込み積分の関係があることを説明しました。

$$y(t) = x * g(t) \quad \cdots (2)$$

また、183 ページでは「ラプラス変換の畳み込みの定理」を説明しました。そこで、この(2)式をラプラス変換すると次の関係が得られます。

$$Y(s) = X(s)G(s) \quad \cdots (3)$$

ここで、$x(t)$, $y(t)$, $g(t)$ をフーリエ変換して得られた関数を順に $X(s)$, $Y(s)$, $G(s)$ としています（$G(s)$ は伝達関数）。

「t 領域」から見ると、入力と出力が複雑な畳み込みの関係で結ばれることを(2)は示しています。ところが、「s 領域」から見ると、入力と出力が単純な積になることを(3)は示しています。入出力を結びつける関係が「積分」から「積」に単純化されたのです。線形応答の世界では、この単純性がラプラス変換の魅力です。

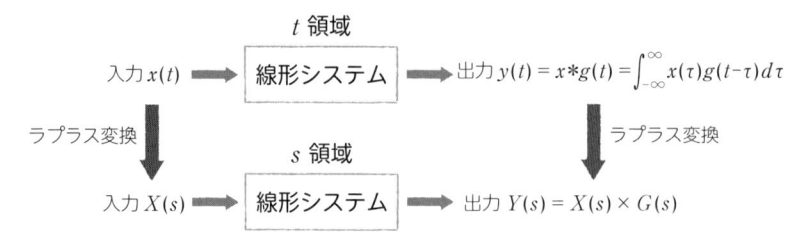

```
                    t 領域
入力 x(t) → [線形システム] → 出力 y(t) = x*g(t) = ∫_{-∞}^{∞} x(τ)g(t-τ)dτ

ラプラス変換 ↓                                    ↓ ラプラス変換
                    s 領域
入力 X(s) → [線形システム] → 出力 Y(s) = X(s) × G(s)
```

伝達関数 $G(s)$ を求めてみよう

ラプラス変換における伝達関数を具体的に求めてみましょう。

〔例題 31〕次の微分方程式で表される線形システムにおいて、ラプラス変換の伝達関数 $G(s)$ を求めよ。ここで、$x(t)$ は任意の入力とする。ただし、$t \leqq 0$ では $x(t) = y(t) = 0$ とする。

$$\mu \frac{dy}{dt} + y = x(t) \quad \cdots (4)$$

（注 2）フーリエ変換との共通点・相違点を見比べるために、前節（☞ 7-6）と同様の問題を利用した。

（解）(4)の両辺をラプラス変換します。

$$\int_0^\infty \left(\mu \frac{dy}{dt}+y\right)e^{-st}dt = \int_0^\infty x(t)e^{-st}dt$$

入力 $x(t)$、出力 $y(t)$ のラプラス変換を順に $X(s)$, $Y(s)$ とします。すると、次のように解が求められます。

$$\mu\{sY(s)-y(0)\} + Y(s) = X(s)$$

> ラプラス変換と微分の関係の公式（☞P.91）を利用

仮定から、$y(0) = 0$ より、

$$\{\mu s + 1\}Y(s) = X(s)$$

畳み込みの定理(3)を利用して、

$$G(s) = \frac{Y(s)}{X(s)} = \frac{1}{1+\mu s} \quad \text{(答)}$$

具体例で出力関数を求めてみよう

線形システムにおいては、s 領域から眺めると、出力は入力と伝達関数の積となり、簡単に求められます（公式(3)）。また、ラプラス変換は逆変換が容易です（☞P.92）。そこで、出力 $y(t)$ を具体的に求めたいときには、ラプラス変換はフーリエ変換よりも計算が容易です。例題で確かめましょう。

〔例題 32〕〔例題 31〕の線形システムで $\mu=1$ とし、次の微分方程式が表わす線形応答システムを考える。

$$\frac{dy}{dt}+y = x(t) \quad \cdots(5)$$

入力 $x(t)$ として、次の関数を考える。

$$x(t) = \begin{cases} e^{-t} & (t \geq 0) \\ 0 & (t < 0) \end{cases} \quad \cdots(6)$$

このとき、$t > 0$ のときの出力 y を計算せよ。

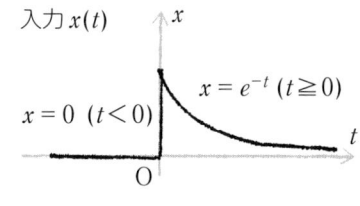

入力 $x(t)$
$x = 0 \;(t<0)$
$x = e^{-t} \;(t \geq 0)$

（解）〔例題 31〕の（答）から、伝達関数 $G(s)$ は（$\mu=1$ より）、

$$G = G(s) = \frac{1}{1+s} \quad \cdots(7)$$

入力 x、出力 y のラプラス変換を順に X, Y とすると、198ページの畳み込みの公式(3)から、

$Y = GX$　…(8)

実際に入力 x のラプラス変換 X を計算すると、

$X = \dfrac{1}{s+1}$　…(9) ← ラプラス変換表（☞ P.88）を利用

(8)に前ページの(7)と、(9)を代入して、

$Y = \dfrac{1}{1+s} \times \dfrac{1}{s+1} = \dfrac{1}{(s+1)^2}$

逆ラプラス変換を実行して、

$y = te^{-t}$　（答）← ラプラス変換表とラプラス変換の性質（☞ P.88・P.91）を利用

前節（☞ 7-6）で見たフーリエ変換の方法でこの問題を解くには、複雑な積分の計算が必要になります。ラプラス変換はラプラス変換表が利用できるので、このように時間領域の出力が簡単に得られます。

まとめ

フーリエ変換のときと同様、線形応答理論において、出力が入力と伝達関数との積になることを説明しました。この単純性が魅力です。特にラプラス変換の場合には、出力の t 関数が具体的に求めやすいのが特徴です。

〔memo〕定義を利用した伝達関数の求め方 ─────────

$x(t) = \delta(t)$ としたときの前ページの(5)の解がインパルス応答 $g = g(t)$ です。

$\dfrac{dg}{dt} + g = \delta(t)$　両辺をラプラス変換すると、　ラプラス変換と微分の関係の公式（☞ P.91）を利用

$\displaystyle\int_0^\infty \left(\dfrac{dg}{dt} + g\right)e^{-st}dt = \int_0^\infty \delta(t)e^{-st}dt$

$\{sG(s) - g(0)\} + G(s) = 1$ ← δ 関数の公式（☞ 付録E）を利用

198〜199ページの〔例題31〕〔例題32〕の仮定から、$g(0) = 0$ より、

(7)の $G(s) = \dfrac{1}{1+s}$ が得られます。

付録
フーリエ解析に必須の数学的知識

この付録では、本文で省略した基礎的な知識の解説を行ないます。また、本文で解説するには冗長になる内容についても収録しています。

基礎編

付録A 複素数とオイラーの公式

フーリエ解析では「複素指数関数」が主役です。その理解には、複素平面のアイデアとオイラーの公式が重要になります。

複素数と複素平面

次のような数 z を**複素数**と呼びます。

$z = a + bi$ （a, b は実数、i は虚数単位）

ここで、虚数単位 i とは次のように定義される数です。

$i^2 = -1$ …(1)

複素数は2つの数 a, b が組み合わさってできているので、座標 (a, b) を持つ平面上の点として表わせます。このような平面を**複素数平面**（略して**複素平面**）といいます。また、発案者の名前を取って**ガウス平面**とも呼びます。

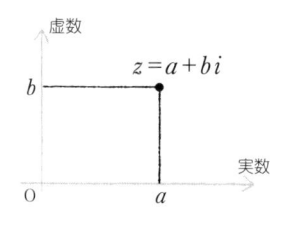

> 複素数 $z = a + bi$ を視覚化する複素平面。複素指数関数（☞ P.205）はこの平面における回転を表わす。

共役な複素数

複素数 $z = a + bi$（a, b は実数）に対して、$a - bi$ を**共役な複素数**といい、$\bar{z}$ や z^* と記します。本書では z^* と表記しています。このとき、z と z^* とは複素共役な関係、あるいは簡単に

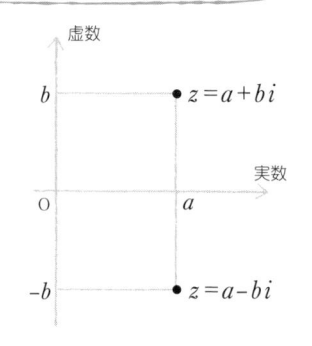

共役な関係にあるといいます。

複素平面に示すと、前ページの下図のように実軸に対して対称の関係にあります。

複素数 $z = a + bi$ （a , b は実数）が実数の条件は b が 0 になるときです。そこで、次の実数条件が得られます。

z が実数の条件： $z = z^*$

複素数の絶対値

複素数 $z = a + bi$ （a , b は実数）に対して、次の数を z の**絶対値**と呼び、記号 $|z|$ で表わします。

$$|z| = \sqrt{a^2 + b^2}$$

絶対値 $|z|$ は複素平面上で、原点 O と複素数 z を表わす点の距離を表わします（右図）。

z とその共役な複素数 z^* とかけ合わせてみましょう。

$z z^* = (a + bi)(a - bi) = a^2 - b^2 i^2 = a^2 + b^2$
$= |z|^2$

← $i^2 = -1$ を利用

これから、次の公式が得られます。

$$|z|^2 = z z^*$$

極形式

複素平面で複素数 z の位置を示すのに、$a + bi$ という形式以外に別の表現があります。右図に示すように、原点からの距離 r （$= |z|$）と角度 θ による位置の示し方です。

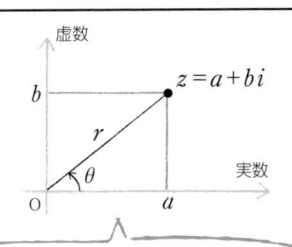

極形式による複素数の表現法。r は絶対値 $|z|$ に等しい。θ を偏角と呼ぶ。r と θ による座標の表現を一般的に極座標という。

この r ($= |z|$) と角度 θ によって、複素数 z は次のように表わせます。

$$z = r(\cos\theta + i\sin\theta)$$

これを複素数 z の**極形式**による表現と呼びます。θ を**偏角**と呼びます。

自然対数の底（ネイピア数）

複素指数関数に利用される**自然対数の底**（または**ネイピア数**）は e で表わされ、次の値で近似されます。

$$e = 2.71828\cdots \text{（"鮒1鉢2鉢"などと覚えられています）}$$

オイラーの公式と複素指数関数

ネイピア数がフーリエ解析で重要なのは、微分公式が単純であること（☞付録B）以外に、もう1つあります。それは次の**オイラーの公式**があるからです。

$$\text{（オイラーの公式）}\ e^{i\theta} = \cos\theta + i\sin\theta \quad \cdots(2)$$

（注）証明は微分積分の世界で有名な「テイラー展開」を利用するが、本書では割愛する。

（例） $e^{i\pi} = \cos\pi + i\sin\pi = -1$

$e^{i\frac{\pi}{3}} = \cos\frac{\pi}{3} + i\sin\frac{\pi}{3} = \frac{1}{2} + \frac{\sqrt{3}}{2}i$

複素平面上で考えると、$e^{i\theta}$ は原点を中心にした半径1の円周上に位置し、実軸とのなす角が θ となる点です。この配置は**三角関数**とよく類似します。つまり、$e^{i\theta}$ という数は $\sin$ と $\cos$ を併せ持つ便利な数なのです。

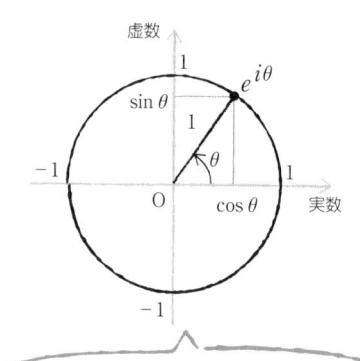

$e^{i\theta}$ の複素平面上の意味
32ページの $\sin\theta$ と $\cos\theta$ の定義と、$e^{i\theta}$ は密接に関係している。$\sin\theta$ と $\cos\theta$ を1つにまとめたような数である。

オイラーの公式(2)の θ を変数とみなすとき、$e^{i\theta}$ を**複素指数関数**と呼びます。

波の分析には三角関数（sin と cos）は必須ですが、その計算は面倒です。しかし、オイラーの公式(2)で複素指数関数に変換すれば、指数法則が使えるので計算が簡単です。また、微分・積分がシンプルな公式になることも魅力です。

複素指数関数から三角関数を求める公式

三角関数は次の偶奇性を持ちます（☞付録C）。

$$\cos(-\theta) = \cos\theta \quad \sin(-\theta) = -\sin\theta$$

これとオイラーの公式(2)から、次の関係が成り立ちます。

$$e^{-i\theta} = \cos(-\theta) + i\sin(-\theta) = \cos\theta - i\sin\theta \quad \cdots(3)$$

(2)(3)から、次の公式が得られます。

$$\cos\theta = \frac{e^{i\theta} + e^{-i\theta}}{2} \quad \sin\theta = \frac{e^{i\theta} - e^{-i\theta}}{2i}$$

こうして、複素指数関数から三角関数が求められます。

複素正弦波 $e^{i\omega t}$

オイラーの公式(2)において、角 θ を動的に捉え、次のように考えてみましょう。

$$\theta = \omega t \quad (\omega は実数の定数、t は時刻)$$

このとき、(2)から、次の関係が成立します。

$$e^{i\omega t} = \cos\omega t + i\sin\omega t \quad \cdots(4)$$

さて、$\sin\omega t$, $\cos\omega t$ の表わす波を**正弦波**と呼びます。そこで、この波と密接に結びついた $e^{i\omega t}$ を**複素正弦波**と呼びます。

$e^{i\omega t}$ の角周波数と周期

このように、複素正弦波 $e^{i\omega t}$ は波のイメージを表わします。ところで、正弦波 $\sin\omega t$、$\cos\omega t$ において、角周波数、周期、周波数の関係は次のとおりです（☞ P.33）。

$$\text{角周波数}=\omega \qquad \text{周期 } T=\frac{2\pi}{\omega} \qquad \text{周波数 } \nu=\frac{\omega}{2\pi}$$

これと前ページの(4)式から、次のことがいえます。

複素正弦波 $e^{i\omega t}$ の角周波数 ω、周期 T、周波数 ν は次のような関係になる。
$$T=\frac{2\pi}{\omega} \qquad \nu=\frac{\omega}{2\pi}$$

〔memo〕弧度法

1回転の角を 360°ではなく、2π とする角度の表現法を**弧度法**といいます。呼んで字のごとく、「弧で測る方法」という意味で、角度を半径1の円の弧の長さで表わす測り方です。この角度の単位は**ラジアン**ですが、通常は表記しません。数学の角度の測り方の標準だからです。実際、三角関数の微分・積分の公式では、角度は弧度法で測られることを前提としています。

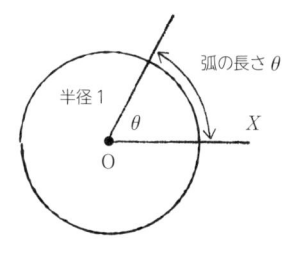

$\theta \text{ ラジアン}=\frac{\pi}{180}\theta°$

付録B 微分と積分

フーリエ解析の主役が三角関数（sin と cos）とすると、影の主役は「積分」です。関数空間での内積（☞付録 D）や、線形応答でのインパルス応答の重ね合わせ（☞ P.191）を表わすのに大切だからです。

微分の意味

関数 $y = f(x)$ が与えられたとき、この**導関数**を次のように定義します。

$$\lim_{h \to 0} \frac{f(x+h) - f(x)}{h} \quad \cdots(1)$$

この導関数を $f'(x)$ や $\dfrac{dy}{dx}$ などと表わします。導関数を求めることを**微分**するといいます。

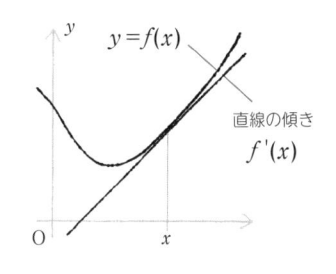

$f'(x)$ は応用状況に応じていろいろと解釈されます。グラフでいうと、これは関数 $y = f(x)$ のグラフ上の点 $(x, f(x))$ における「接線の傾き」を表わします。x を時間と考えると、物理的には時刻 x における関数の変化の割合（変化率）を表わします。

本書で利用する微分公式

導関数の定義(1)の計算は面倒なので、微分の計算には通常公式が利用されます。本書で利用している微分の公式を以下に確認しましょう（後述の微分積分学の基本定理(3)から、微分ができれば積分はその逆になります）。

元の関数	導関数	元の関数	導関数
べき関数 x^a	ax^{a-1}	指数関数 e^x	e^x
正弦 $\sin x$	$\cos x$	余弦 $\cos x$	$-\sin x$
積 $u(x)v(x)$	$u'v + uv'$	合成関数 $y = f(u(x))$	$\dfrac{dy}{dx} = \dfrac{dy}{du}\dfrac{du}{dx}$

積分のイメージ

積分とは漢字の示すとおり、「部分を積み重ねる」という意味です。この意味の理解が積分の応用の世界を広げます。

区間 $a \leq x \leq b$ で関数 $y = f(x)$ のグラフと x 軸で囲まれた部分の面積 S を求めることを考えます。それを表わしたのが下図左です。ここで、区間を細かく等分し、各部分に長方形をはめ込んでみます。これら長方形の面積和は（面倒ですが）計算できます。

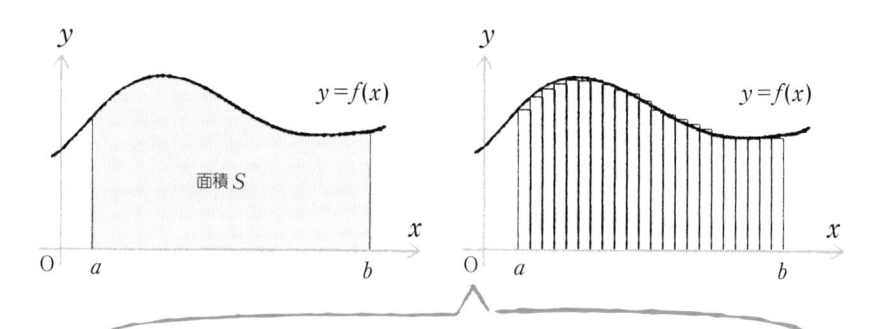

> 区間 $a \leq x \leq b$ で関数 $y = f(x)$ と x 軸で囲まれた部分の面積 S を求めるとする（左図）。それには、右図のように細かく等分し、各部分に長方形をあてはめる。長方形なら面積が計算できるからだ。分割を無限に細かくすれば、長方形の面積和は面積 S に一致する。

等分間隔を限りなく小さくすれば、これら長方形の面積和はグラフと x 軸で囲まれた部分の面積 S に限りなく近づきます。これが積分の考え方です。このような考え方を**区分求積法**と呼びます。

こうして得られる長方形の面積和を次のような積分記号で表わします。

$$S = \int_a^b f(x)\,dx \quad \cdots (2)$$

大切なのは、この記号を見たときに、上の右の図を思い描けることです。ベクトルの内積を積分表示する際などに役立つイメージです。

注意すべきは、関数 $y = f(x)$ が負の値をとる場合です。この場合、上の図に示した長方形の面積は負になります。そこで、$f(x) < 0$ の領域では、(2)は「負の面積」として理解しておくとよいでしょう。

積分の計算法

前記のイメージでは、具体的な積分計算はしにくいので、実際の計算には、次の**微分積分学の基本定理**を利用します。すなわち、$F'(x) = f(x)$ のとき、

$$\int_a^b f(x)dx = F(b) - F(a) \quad \cdots(3)$$

右辺の $F(b) - F(a)$ を $\left[F(x) \right]_a^b$ と記します。

(注 1) $F(x)$ を $f(x)$ の**不定積分**と呼ぶ。

二重積分

区間 $a \leq x \leq b$, $c \leq y \leq d$ で x と y の関数 $f(x, y)$ の積分を考えてみます。記号で次のように表わします（値を V と置きました）。

$$V = \int_a^b \int_c^d f(x, y) dxdy \quad \cdots(4)$$

これが**二重積分**の記号です。この積分値 V は積分区間で区切られた底面と関数の描く曲面に挟まれた部分の体積を表わします。

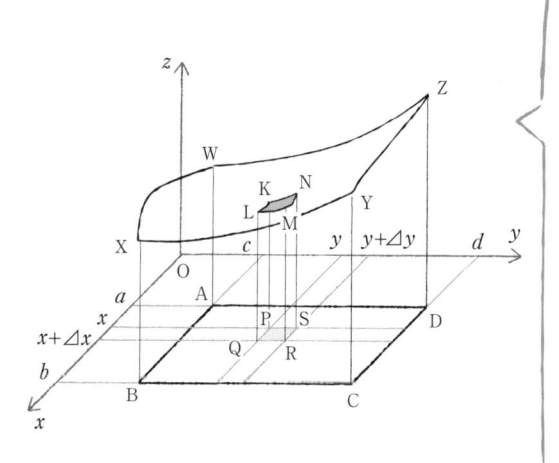

> $a \leq x \leq b$, $c \leq y \leq d$ の長方形 ABCD を小さな長方形のタイルに切り刻む。その 1 つを PQRS とする。このタイルにおける関数値として、図の点 K の値 $f(x, y)$ を採用しよう。すると、PQRS を底面とし、KLMN を屋根にした柱の体積は
>
> $f(x, y) \triangle x \triangle y$
>
> で近似される。この値をすべてのタイルについて加え合わせた和は ABCD を底面とし、WXYZ を屋根にした柱の体積 V を近似する。タイルを限りなく小さくすれば、この和は V に一致する。それが(4)の意味だ。

このイメージから、次の公式が導き出されます。

$$\int_a^b \int_c^d f(x,y)dxdy = \int_a^b \left(\int_c^d f(x,y)dy \right) dx = \int_c^d \left(\int_a^b f(x,y)dx \right) dy \quad \cdots (5)$$

二重積分の計算において、変数を1つずつ順に計算すればよいことを、そしてその順序にはよらないことを、この公式(5)は表わしています。そこで、表記においては次のような形も許されます。

$$\int_a^b \int_c^d f(x,y)dxdy = \int_a^b dx \int_c^d f(x,y)dy = \int_c^d dy \int_a^b f(x,y)dx$$

この公式(5)が正しいことを下図に示します。体積は断面積の積分ですが、その断面積を求めるのにx軸に垂直な平面で切っても、y軸に垂直な平面で切っても、結果として求める体積は変わらないことを表わしています。

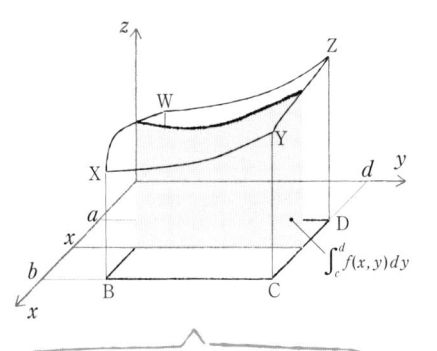

左図はxを固定し、先にyについて積分した図。この網かけの部分をxについて積分すれば、立体ABCD-WXYZの体積Vが得られる。

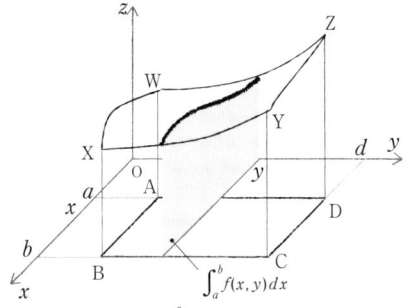

右図はyを固定し、先にxについて積分した図。この網かけの部分をyについて積分すれば、同じ体積Vが得られる。

たとえば、次の例で公式(5)が成立することを見てみましょう。

(例1) $I = \int_0^1 \int_0^2 (3x^2 + 2y)dxdy$

最初に、y, xの順に積分してみます。

$I = \int_0^1 \left(\int_0^2 (3x^2 + 2y)dy \right) dx$ ← 公式(5)の真ん中の式を利用
yの積分ではxは定数と見なされる

$$= \int_0^1 \left(\left[3x^2 y + y^2 \right]_0^2 \right) dx$$

$$= \int_0^1 (6x^2 + 4) dx = \left[2x^3 + 4x \right]_0^1 = 6 \quad \cdots(6)$$

次に、x, y の順に積分してみます。

$$I = \int_0^2 \left(\int_0^1 (3x^2 + 2y) \, dx \right) dy \quad \longleftarrow \quad \begin{array}{l} \text{公式(5)の右端の式を利用} \\ x \text{の積分では} y \text{は定数と見なされる} \end{array}$$

$$= \int_0^2 \left(\left[x^3 + 2yx \right]_0^1 \right) dx$$

$$= \int_0^2 (1 + 2y) dy = \left[y + y^2 \right]_0^2 = 6 \quad \cdots(7)$$

以上(6)(7)から、積分 I が積分の順序によらないことが確かめられました。

広義積分

フーリエ解析では、積分記号の上端や下端に∞記号があります。これは**広義積分**と呼ばれるもので、次の意味を持ちます。

$$\int_0^\infty f(t) dt = \lim_{p \to \infty} \int_0^p f(t) dt$$

実用上の計算では、∞を「無限に大きな」数とみなして関数の式に代入すればよいでしょう。

この広義積分の意味を次の例で見てみましょう。

(例2) $I = \int_0^\infty e^{-st} dt \quad (s > 0)$

指数関数の積分公式から、

$$I = \int_0^\infty e^{-st} dt = \left[\frac{e^{-st}}{-s} \right]_0^\infty$$

$$= \frac{e^{-s \times \infty}}{-s} - \frac{e^{-s \times 0}}{-s}$$

$$= 0 - \frac{1}{-s} = \frac{1}{s}$$

← e^{-x} は $x \to \infty$ のとき、限りなく 0 に近づく ちなみに、$e^0 = 1$

(注2) この (例2) は右図の網かけ部分の面積を求めたことになる。ラプラス変換でよく利用される積分だ。

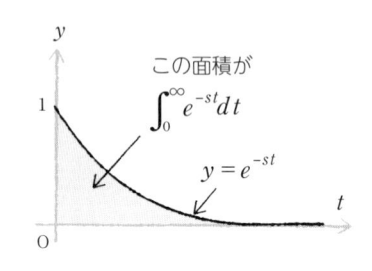

この面積が $\int_0^\infty e^{-st} dt$

$y = e^{-st}$

〔memo〕複素数の世界の積分

逆ラプラス変換では、複素数の世界の積分が利用されています (☞第3章)。

(逆ラプラス変換) $f(t) = \dfrac{1}{2\pi i} \displaystyle\int_{c-i\infty}^{c+i\infty} F(s)e^{st} ds$

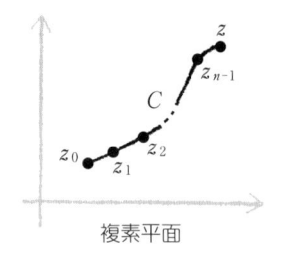

一般的に、曲線 C に関する複素関数 $F(z)$ の定積分は次のように定義されます。まず、曲線 C は点 z_0 から z に至ると仮定し、その C を n 個に細かく区切り、端点 z_0 から順に $z_1, z_2, \cdots, z_{n-1}$ と名付けます。次に、以下の和を求めます。

複素平面

$$S = F(z_1)(z_1 - z_0) + F(z_2)(z_2 - z_1) + \cdots + F(z_n)(z - z_{n-1})$$

ここで、n を無限に大きくし、曲線 C の区切りを無限に細かくしてみましょう。和 S は一定の値に近づくことが予想されます。その近づく値を、曲線 C に関する関数 $F(z)$ の積分と呼び、$\displaystyle\int_C F(z) dz$ と表わします。

逆ラプラス変換では、曲線 C は $c - i\infty$ と $c + i\infty$ を結ぶ直線です。本書では、直接この計算をすることはありませんでしたが、定義を覚えておくことはフーリエ解析を極めるときに大切です。

付録C 偶関数と奇関数の積分

フーリエ解析では奇関数や偶関数の積分を求めることがよくあります。この場合、積分が容易になることを見ていきます。

偶関数と奇関数の意味

関数 $y = f(x)$ において、そのグラフが y 軸に関して対称になる $f(x)$ を**偶関数**といいます。式で表わすと、次のようになります。

$$f(-x) = f(x)$$

グラフが原点 O に関して点対称になる $f(x)$ を**奇関数**といいます。式で表わすと、次のようになります。

$$f(-x) = -f(x)$$

偶関数

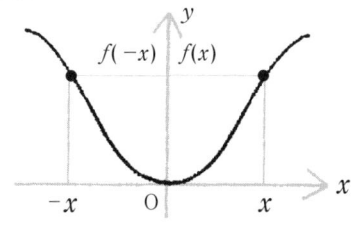

奇関数

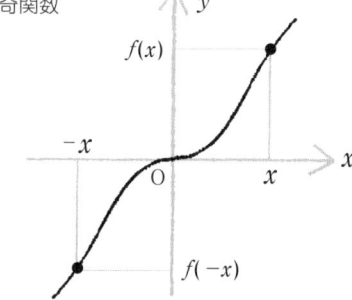

（例1） 三角関数 $\sin\theta$ は奇関数、$\cos\theta$ は偶関数。
（例2） $y = x^n$ は、n が偶数のとき偶関数、n が奇数のとき奇関数。

偶関数と奇関数の積分

積分のイメージは「グラフと x 軸とで囲まれた部分の面積」です。ただし、グラフが y 軸の負の側（すなわち、x 軸の下側）にあるときには、「負の面積」

になると理解します。

このことを踏まえれば、原点に関して対称な区間（$-a \leqq x \leqq a$）の積分に関して、次の定理が成立することは明らかです。

偶関数 $f(x)$ の積分　　$\int_{-a}^{a} f(x)dx = 2\int_{0}^{a} f(x)dx$　…(1)

奇関数 $f(x)$ の積分　　$\int_{-a}^{a} f(x)dx = 0$　…(2)

偶関数

$\int_{-a}^{a} f(x)dx = 2\int_{0}^{a} f(x)dx$

奇関数

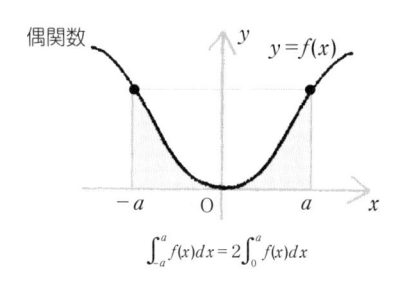

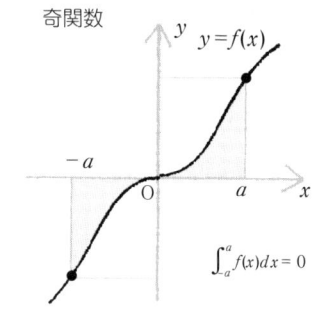

$\int_{-a}^{a} f(x)dx = 0$

次の積分を計算してみてください。ただし、ω, k は 0 以外の定数とします。

ア $\int_{-1}^{1} (2x^3 - 3x^2 + 3x + 1)\, dx$　　**イ** $\int_{-\pi}^{\pi} \sin\omega t\, dt$　　**ウ** $\int_{-\pi}^{\pi} \cos kx\, dx$

ア 前ページの（例2）の知識から、公式(1)(2)を利用します。

$\int_{-1}^{1} (2x^3 - 3x^2 + 3x + 1)\, dx$
$= 2\int_{0}^{1} (-3x^2 + 1)dx = 2\left[-x^3 + x\right]_{0}^{1} = 0$

x^3, x は奇関数
x^2, 1 は偶関数

イ $\sin\omega t$ は奇関数なので、$\int_{-\pi}^{\pi} \sin\omega t\, dt = 0$

ウ $\cos kx$ は偶関数なので、

$\int_{-\pi}^{\pi} \cos kx\, dx = 2\left[\dfrac{\sin kx}{k}\right]_{0}^{\pi} = \dfrac{2\sin k\pi}{k}$

$(\sin kx)' = k\cos kx$ を利用
ちなみに、$\sin 0 = 0$

付録D　ベクトルと関数空間

フーリエ解析の理論は平面のベクトルからの類推で理解することができます。関数をベクトルとイメージし、そのイメージから、フーリエ解析のもろもろの公式を導き出せるのです。

平面のベクトル

1, 2などの数は単一量（これを**スカラー**といいます）です。それに対して、「大きさ」と「方向」という2つの概念を持つ量が考えられます。これを**ベクトル**と呼びます。直観的には、矢で表わされます。

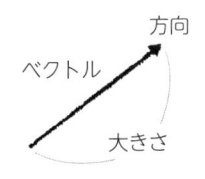

> フーリエ解析で考えるベクトルは無限次元で、なおかつ複素数の世界だ。「大きさ」「方向」といってもイメージ的に用いられる。

平面のベクトルの表記法

ベクトルの表記法には何種かあります。右図はその代表例です。右図の上は、太い小文字のアルファベットで表わしています。右図の下は矢の始まりの点Aから終りの点Bを用い、頭に矢をかぶせています。

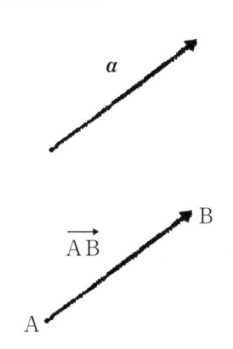

平面のベクトルの和と定数倍

ベクトル同士は足し算と引き算ができます。また、ベクトルに数をかけることもできます（これを**スカラー倍**といいます）。

2つのベクトル a, b の和は、2つの矢からつくられる平行四辺形の対角線が表わす矢で示されます（次ページ図左）。また、ベクトル a のスカラー倍 ka（k は実数）は、a の矢の長さを k 倍したベクトルです（k が負のときには、反

対向きにして $|k|$ 倍します）（下図右）。

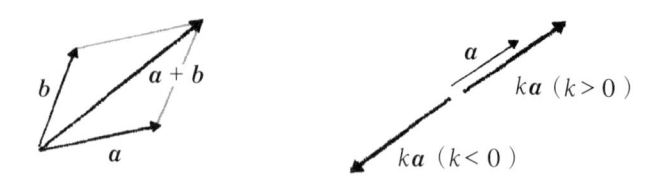

フーリエ解析は複素数の世界で議論するので、このイメージを厳格には適用できませんが、直観的なベクトルの理解にはこれで十分です。

ベクトルの内積

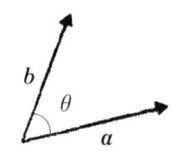

2つのベクトル a, b には**内積**と呼ばれるかけ算が定義されています。左図のような関係にある2つのベクトル a, b に対して内積は次のように定義され、$a \cdot b$ と表記されます。

$$a \cdot b = |a||b|\cos\theta \quad \cdots(1)$$

内積は次の大切な性質を持ちます。これを**内積の分配法則**といいます。

$$a \cdot (b + c) = a \cdot b + a \cdot c \quad \cdots(2)$$

この性質のおかげで、ベクトルの内積は普通の数と同じように計算できます。

ベクトルの直交と内積

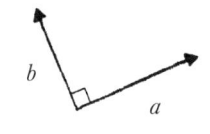

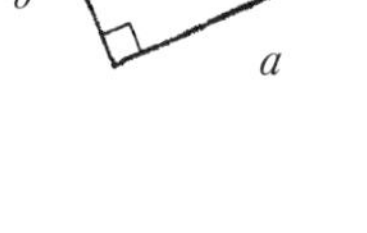

ベクトルの内積で、最も重要な性質の1つが直交です。すなわち、2つのベクトルが**直交**しているとき（すなわち、(1)の θ が $\dfrac{\pi}{2}$ (= 90°) のとき）、$\cos\theta = 0$ から、次の関係式が得られます。

$$a, b \text{ が直交しているならば、} a \cdot b = 0 \quad \cdots(3)$$

平面のベクトルと関数の対比

ベクトルと関数の計算法則は面白いほど一致します。

演算	平面のベクトル	関数
和	$a + b$	$f(t) + g(t)$
定数倍	ca（c は定数）	$cf(t)$（c は定数）

それなら、関数もベクトルとしてイメージし、理解できるという発想が生まれます。実際、そのように理解して何の問題もありません。平面のベクトルは原点から平面上の 1 点 P に向かう矢 $\overrightarrow{OP}$ でイメージできます。同様に、関数の "ベクトル" は原点から関数がびっしり詰まった空間中の 1 点 $f(t)$ に向かう矢でイメージできます。この関数がびっしり詰まった空間を**関数空間**と呼びます。

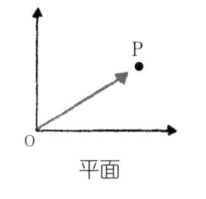

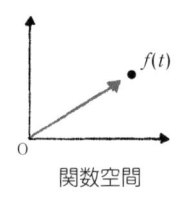

関数の内積

関数をベクトルのように捉えるとき、問題になるのは「内積に相当するものは何か」ということです。フーリエ解析ではこの「関数の内積」として積分をあてます。すなわち、2 つの関数 $f(t)$, $g(t)$ があり、$a \leqq t \leqq b$ で定義されているとき、次の積分を「関数の内積」と定義するのです。

関数の内積 $\displaystyle\int_a^b f(t)g^*(t)dt$ …(4)

ここで、$g^*(t)$ は $g(t)$ の共役な複素数です（$g(t)$ が実数のときは、$g^*(t) = g(t)$）。

このように定義すると、平面のベクトルの内積と「関数の内積」は数学的に同一の性質を持つことになります。たとえば、(2)の「分配法則」は明らかに成立します。

大切なのは、前ページの(4)の積分が0のとき、2つの0でない関数 $f(t)$, $g(t)$ は直交するということです。

関数の直交　$\int_a^b f(t)g^*(t)dt = 0$ 　…(5)

「関数の直交など、ピンとこない」と思われるかもしれませんが、いま言及したように、平面のベクトルと関数空間のベクトルはまったく同一の数学構造をとります。ですから、「直交」という直感的な理解をしておくことは大切なのです。

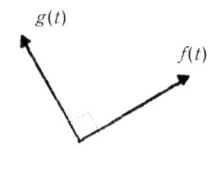

平面の直交基底

平面において、直交する2つのベクトル e_1, e_2 を考えます。

$e_1 \cdot e_2 = 0$ 　…(6)

このとき、平面上のすべての点Pを表わすベクトル $\overrightarrow{OP} = p$ は e_1, e_2 の次の和で表わせます。この和を e_1, e_2 の**一次結合**と呼びます。

$p = c_1 e_1 + c_2 e_2$ 　（c_1, c_2 は定数）　…(7)

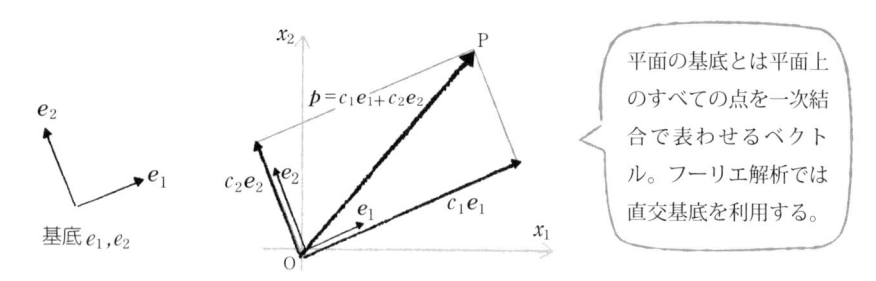

平面の基底とは平面上のすべての点を一次結合で表わせるベクトル。フーリエ解析では直交基底を利用する。

このように、平面上の点すべてを一次結合で表わせる直交するベクトルのセットを**直交基底**と呼びます。また、係数 c_1, c_2 をその基底 e_1, e_2 の**成分**と呼びます。

関数空間の直交基底

関数空間でも(6)(7)のような直交基底が考えられます。それがフーリエ級数で利用される正弦波のセット（1 と $\sin n\omega_0 t$ と $\cos n\omega_0 t$）および複素正弦波のセット（$e^{in\omega_0 t}$　n は整数）です（$\omega_0 = \dfrac{2\pi}{T}$　T は定義区間幅）。また、フーリエ変換で利用される複素正弦波のセット（$e^{i\omega t}$　ω は実数）もそのセットの1つです。

実際、次のように直交の要件(5)が満たされています（m, n は整数）。

〔フーリエ級数のときに利用〕

$$\int_{-\frac{T}{2}}^{\frac{T}{2}} 1 \cdot \sin n\omega_0 t\, dt = \int_{-\frac{T}{2}}^{\frac{T}{2}} 1 \cdot \cos n\omega_0 t\, dt = 0$$

$$\int_{-\frac{T}{2}}^{\frac{T}{2}} \sin m\omega_0 t \cos n\omega_0 t\, dt = 0$$

$$\int_{-\frac{T}{2}}^{\frac{T}{2}} \sin m\omega_0 t \sin n\omega_0 t\, dt \int_{-\frac{T}{2}}^{\frac{T}{2}} \cos m\omega_0 t \cos n\omega_0 t\, dt = 0 \quad (m \neq n)$$

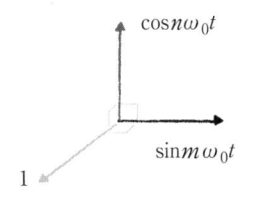

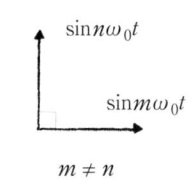

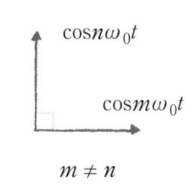

〔複素フーリエ級数のときに利用〕

$$\int_{-\frac{T}{2}}^{\frac{T}{2}} e^{im\omega_0 t} e^{-in\omega_0 t} dt = 0 \quad (m \neq n)$$

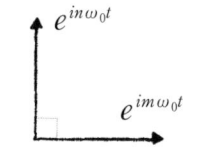

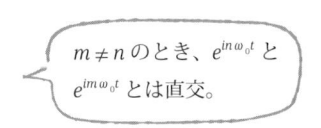

$m \neq n$ のとき、$e^{in\omega_0 t}$ と $e^{im\omega_0 t}$ とは直交。

〔フーリエ変換のときに利用〕

$$\int_{-\infty}^{\infty} e^{i\omega t} e^{-i\omega' t} dt = 0 \quad (\omega \neq \omega')$$

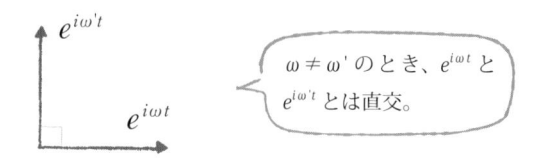

$\omega \neq \omega'$ のとき、$e^{i\omega t}$ と $e^{i\omega' t}$ とは直交。

これらの直交基底を利用することにより、その「一次結合」で関数 $f(t)$ が表わせることになります。それがフーリエ級数、複素フーリエ級数、フーリエ変換なのです。

ちなみに、フーリエ変換のときには、ω が実数なので、一次結合は積分に置き換えられます。

〔memo〕直交基底になる関数

関数の内積を積分で定義し、関数の直交をその積分が 0 であると定義すると、直交する関数列は正弦波（sin と cos）や複素正弦波（$e^{i\omega t}$）だけとは限りません。いくつもの関数列が見出され、利用されています。

たとえば、**ルジャンドルの多項式**と呼ばれる、次のような関数列があります。

$$P_0(x) = 1 , P_1(x) = x , P_2(x) = \frac{1}{2}(3x^2 - 1) , P_3(x) = \frac{1}{2}(5x^3 - 3x) ,$$
$$P_4(x) = \frac{1}{8}(35x^4 - 30x^2 + 3) , \cdots$$

これらは次の関係を満たします。

$$\int_{-1}^{1} P_m(x) P_n(x) dx = 0 \quad (m \neq n \quad m, n は 0 以上の整数)$$

この関数列の一次結合は $-1 \leq x \leq 1$ で定義されるすべての関数を表わすことが知られています。

付録E δ関数

フーリエ解析で欠かせないツールがδ関数です。現代数学では、δ関数は「超関数」と呼ばれるものに分類されます。そう聞くとむずかしそうですが、応用上は下記(1)式のイメージを理解しておけば十分です。

δ関数のイメージ

$\delta(x)$ のイメージは右図で示されます。x 軸上の原点を中心にして底辺 $\varDelta x$、高さ $\dfrac{1}{\varDelta x}$ の長方形を置きます。このとき、長方形の面積は1になります。

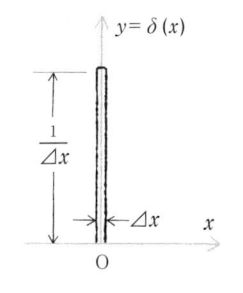

面積＝底辺×高さ＝$\varDelta x \times \dfrac{1}{\varDelta x} = 1$

この関係を保ちながら、底辺 $\varDelta x$ を限りなく0に近づけます。すると、原点のところで無限に狭く面積が1の長方形がつくられます。これが **δ関数** のイメージです。このイメージから、δ関数は **単位インパルス** とも呼ばれます（「単位」は面積が1という意味）。

「積分は面積を表わす」という性質から、δ関数は次の式で記述されます。

$$\left. \begin{array}{l} \delta(x) = 0 \quad (x \neq 0) \\ \displaystyle\int_{-\infty}^{\infty} \delta(x)dx = 1 \end{array} \right\} \quad \cdots(1)$$

δ関数の性質

(1)のイメージから、さまざまな公式が導き出されます。たとえば、$\delta(x)$ を x 軸方向に x_0 だけ平行移動した $\delta(x - x_0)$ は次のように表わされます。

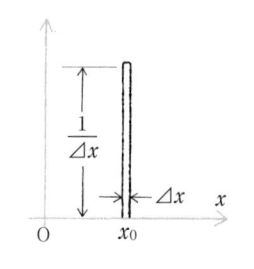

$$\left.\begin{array}{l} \delta(x-x_0) = 0 \quad (x \neq x_0) \\ \int_{-\infty}^{\infty} \delta(x-x_0)dx = 1 \end{array}\right\} \quad \cdots(2)$$

また、$\delta(x)$ のイメージから次の公式も明らかです。

$$\delta(-x) = \delta(x)$$

「δ 関数は偶関数」と考えられるのです。
さらに、(2)のイメージから、関数 $f(x)$ に対して次の公式が得られます。

$$\int_{-\infty}^{\infty} f(x)\delta(x-x_0)dx = f(x_0) \quad \cdots(3)$$

この公式(3)の導出法を図示するので、確認してください。

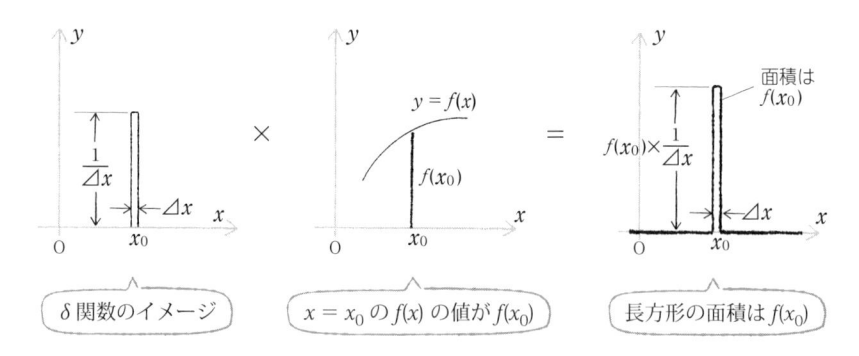

δ関数のイメージ　　$x = x_0$ の $f(x)$ の値が $f(x_0)$　　長方形の面積は $f(x_0)$

ところで、(3)から次の式が成立します。

$$\int_{-\infty}^{\infty} e^{-ikx} \delta(x)dx = 1$$

これは $\delta(x)$ のフーリエ変換なので、逆フーリエ変換が可能です。それが次の式です。

$$\delta(x) = \frac{1}{2\pi} \int_{-\infty}^{\infty} e^{ikx}dk \quad \cdots(4)$$

本書では、これを変形した次の形も用いています（☞ P.68 の(3)式）。

$$\delta(\omega - \omega') = \frac{1}{2\pi} \int_{-\infty}^{\infty} e^{i(\omega - \omega')t} dt$$

（注）(4)式は定数関数1を逆フーリエ変換した式になっている。この式(4)はすべての角周波数 ω を持つ複素正弦波 $e^{i\omega t}$ が一様に足し合わされた関数が δ 関数であることを示している（下図）。

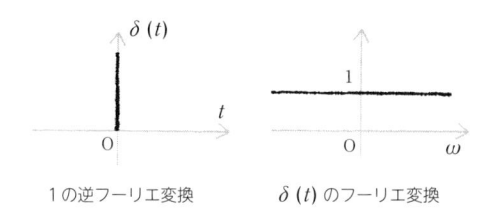

　　　　1の逆フーリエ変換　　　　$\delta(t)$ のフーリエ変換

〔memo〕δ 関数を実現するには

δ 関数はイメージの世界の産物であり、実際には存在しません。では、実際にどのように利用するのでしょうか。その際に役立つのが次の公式です。

$f(t) = 0$ $(t < 0)$，$f(t) = 1$ $(t \geqq 0)$ を満たす関数 $f(t)$ を考える。このとき、

$$\frac{d}{dt} f(t) = \delta(t)$$

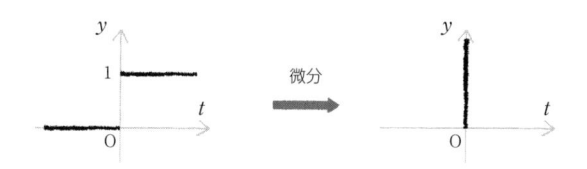

たとえば、線形システムで、単位インパルス $\delta(t)$ に対するインパルス応答 $h(t)$ を調べる実験を考えましょう。現実的には $\delta(t)$ のような信号はありません。そこで、上記の $f(t)$ の信号を入力するのです。得られた応答関数を $F(t)$ としましょう。すると、上記の定理から、微分することで $\delta(t)$ が生まれるので、実験で得た $F(t)$ を微分することにより、インパルス応答 $h(t)$ が求められます。

付録F 複素フーリエ級数からフーリエ変換を導き出す

フーリエ変換は複素フーリエ級数を一般化したものと捉えることができます。この一般化について見ていきます。

フーリエ級数とは

定義区間幅 T で定義された関数、または周期が T の周期関数は、次の複素フーリエ級数で表わされます（☞P.59）。$\omega_n = \dfrac{2\pi}{T} n$ として、

$$f(t) = \cdots + c_{-2}e^{-i\omega_{-2}t} + c_{-1}e^{-i\omega_{-1}t} + c_0 + c_1 e^{i\omega_1 t} + c_2 e^{i\omega_2 t} + c_3 e^{i\omega_3 t} + \cdots \quad \cdots(1)$$

c_n（n は整数）は複素フーリエ係数であり、次のように算出されます。

$$c_n = \frac{1}{T} \int_{-\frac{T}{2}}^{\frac{T}{2}} f(t) e^{-i\omega_n t} dt \quad \cdots(2)$$

フーリエ級数の区間幅を拡大

上記 T を無限に近づけることで、どんな関数でも $-\infty$ から ∞ の区間で定義された関数と捉えられます。

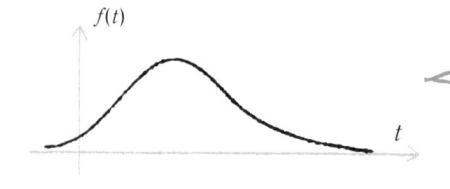

> 有限の定義区間幅 T を持つ関数でも、$T \to \infty$ と考えることで、無限の区間幅で定義される関数と捉えられる。

そこで、区間幅 T で定義された関数 (1) の T を限りなく大きくすることを考えてみます。準備として、次の積分を定義し、$F_T(\omega)$ と置くことにします。

$$\int_{-\frac{T}{2}}^{\frac{T}{2}} f(t)e^{-i\omega t}dt = F_T(\omega) \quad \cdots(3)$$

すると、(1)(2)より、(1)の角周波数 ω_n の項は次のように表わせます。

(1)の角周波数 ω_n の項： $c_n e^{i\omega_n t} = \dfrac{1}{T} F_T(\omega_n) e^{i\omega_n t} \quad \cdots(4)$

$\omega_n = \dfrac{2\pi}{T} n$ からヒントを得て、この(4)を次のようにアレンジします。

(1)の角周波数 ω_n の項： $\dfrac{1}{2\pi} \dfrac{2\pi}{T} F_T(\omega_n) e^{i\omega_n t} \quad \cdots(5)$

すると、この(5)の $\dfrac{2\pi}{T} F_T(\omega_n) e^{i\omega_n t}$ は下図に示すような短冊1枚の面積を表わすと解釈できます。(1)の右辺は下図の短冊の面積の総和を表わすことになります。

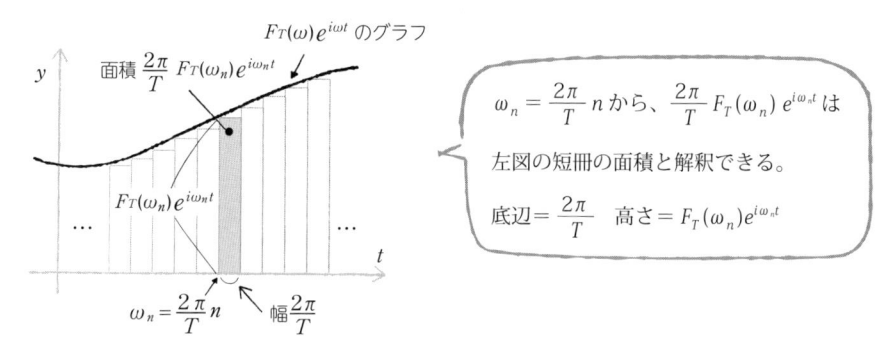

面積 $\dfrac{2\pi}{T} F_T(\omega_n) e^{i\omega_n t}$

$F_T(\omega) e^{i\omega t}$ のグラフ

$F_T(\omega_n) e^{i\omega_n t}$

$\omega_n = \dfrac{2\pi}{T} n$　幅 $\dfrac{2\pi}{T}$

$\omega_n = \dfrac{2\pi}{T} n$ から、$\dfrac{2\pi}{T} F_T(\omega_n) e^{i\omega_n t}$ は左図の短冊の面積と解釈できる。

底辺 $= \dfrac{2\pi}{T}$　高さ $= F_T(\omega_n) e^{i\omega_n t}$

（注）複素数の関数なので、正確には紙面に描くことはできない。これはあくまでイメージ。

準備が整いました。複素フーリエ級数(1)は(5)の和として表わされます。ここで T を限りなく大きく（すなわち、$T \to \infty$）してみます。すると、その和(1)は上の図の短冊の高さを与える $F_T(\omega) e^{i\omega t}$ と横軸で囲まれる部分の面積に収束します。すなわち、(1)は次の積分で表わされます。

$$f(t) = \dfrac{1}{2\pi} \int_{-\infty}^{\infty} F(\omega) e^{i\omega t} d\omega \quad \cdots(6)$$

ここで、$F(\omega)$ は(3)で定義された $F_T(\omega)$ で、$T \to \infty$ のときの積分です。

$$\int_{-\infty}^{\infty} f(t) e^{-i\omega t} dt = F(\omega) \quad \cdots(7)$$

(6)と(7)は逆フーリエ変換とフーリエ変換の関係を証明する式になっています。

付録G 行列の基本

離散信号のフーリエ解析（DFT と DCT）では行列が駆使されます。とはいっても、基本さえ理解していれば問題はありません。その基本を中心に、行列の知識を確認します。

行列とは

行列とは「数の並び」のことで、次のように表わされます。

$$A = \begin{pmatrix} 3 & 1 & 4 \\ 1 & 5 & 9 \\ 2 & 6 & 5 \end{pmatrix}$$

横の並びを**行**、縦の並びを**列**といいます。上の例では、3行と3列からなる行列なので、「3行3列の行列」といいます。

さて、上の正方行列 A をもっと一般的に表わします。

$$B = \begin{pmatrix} a_{11} & a_{12} & a_{13} \\ a_{21} & a_{22} & a_{23} \\ a_{31} & a_{32} & a_{33} \end{pmatrix}$$

a_{ij} は i 行 j 列に位置する数（**成分**といいます）を表わします。特に、i 行 i 列の成分を**対角成分**と呼びます。

この例の行列 A, B のように、行と列とが同数の行列を**正方行列**と呼びます。また、3行3列なので、「3次の正方行列」ともいいます。一般的に、n 行 n 列の正方行列を「n 次の正方行列」と呼びます。

単位行列

特に有名な正方行列として、**単位行列**があります。対角成分は1、それ以外は0の行列で、通常 E で表わされます。たとえば、2行2列、3行3列の単位行列 E（2次および3次の単位行列といいます）は、それぞれ次のように表わされます。

$$E = \begin{pmatrix} 1 & 0 \\ 0 & 1 \end{pmatrix} \quad E = \begin{pmatrix} 1 & 0 & 0 \\ 0 & 1 & 0 \\ 0 & 0 & 1 \end{pmatrix}$$

(注1) E はドイツ語の1を表わす ein の頭文字。

行ベクトル、列ベクトル

次のような行列 X, Y を順に**列ベクトル**、**行ベクトル**と呼びます。単に**ベクトル**と呼ばれることもあります。

$$X = \begin{pmatrix} 3 \\ 1 \\ 4 \end{pmatrix} \quad Y = (2 \ \ 7 \ \ 1)$$

行列の相等

2つの行列 A, B が等しいということは、対応する各成分が等しいことを意味し、$A = B$ と書き表わします。

(例1) $A = \begin{pmatrix} 2 & 7 \\ 1 & 8 \end{pmatrix}$, $B = \begin{pmatrix} x & y \\ u & v \end{pmatrix}$ とすると、$A = B$ は次のことを意味します。

$$x = 2 \quad y = 7 \quad u = 1 \quad v = 8$$

行列の和と差、定数倍

2つの行列 A, B の和 $A + B$、差 $A - B$ は、同じ位置の成分同士の和、差と定義されます。また、行列の定数倍は、各成分を定数倍したものと定義されます。次の例で、この意味を確かめます。

(例2) $A = \begin{pmatrix} 2 & 7 \\ 1 & 8 \end{pmatrix}$, $B = \begin{pmatrix} 2 & 8 \\ 1 & 3 \end{pmatrix}$ のとき、

$$A + B = \begin{pmatrix} 2+2 & 7+8 \\ 1+1 & 8+3 \end{pmatrix} = \begin{pmatrix} 4 & 15 \\ 2 & 11 \end{pmatrix}$$

$$A - B = \begin{pmatrix} 2-2 & 7-8 \\ 1-1 & 8-3 \end{pmatrix} = \begin{pmatrix} 0 & -1 \\ 0 & 5 \end{pmatrix}$$

$$3A = 3\begin{pmatrix} 2 & 7 \\ 1 & 8 \end{pmatrix} = \begin{pmatrix} 3\times 2 & 3\times 7 \\ 3\times 1 & 3\times 8 \end{pmatrix} = \begin{pmatrix} 6 & 21 \\ 3 & 24 \end{pmatrix}$$

行列の積

本書ではこれが重要です。2つの行列 A, B の積 AB は、次のように定義されます。すなわち、A の i 行と B の j 列の対応する成分同士をかけ合わせて加えた数を、i 行 j 列の成分にした行列が AB なのです。次の例で確かめます。

（例3） $A = \begin{pmatrix} 2 & 7 \\ 1 & 8 \end{pmatrix}$, $B = \begin{pmatrix} 2 & 8 \\ 1 & 3 \end{pmatrix}$ のとき、

$$AB = \begin{pmatrix} 2 & 7 \\ 1 & 8 \end{pmatrix}\begin{pmatrix} 2 & 8 \\ 1 & 3 \end{pmatrix} = \begin{pmatrix} 2\cdot2+7\cdot1 & 2\cdot8+7\cdot3 \\ 1\cdot2+8\cdot1 & 1\cdot8+8\cdot3 \end{pmatrix} = \begin{pmatrix} 11 & 37 \\ 10 & 32 \end{pmatrix}$$

$$BA = \begin{pmatrix} 2 & 8 \\ 1 & 3 \end{pmatrix}\begin{pmatrix} 2 & 7 \\ 1 & 8 \end{pmatrix} = \begin{pmatrix} 2\cdot2+8\cdot1 & 2\cdot7+8\cdot8 \\ 1\cdot2+3\cdot1 & 1\cdot7+3\cdot8 \end{pmatrix} = \begin{pmatrix} 12 & 78 \\ 5 & 31 \end{pmatrix}$$

この例でわかるように、行列では「積の交換法則」が成立しないのが普通です。すなわち、

$$AB \neq BA$$

これが行列の最も重要な特性といえます。

ところで、単位行列 E と、その E と同じ次数の正方行列 A の積においては、次の性質が成立します。

$$AE = EA = A$$

単位行列は「1と同じ性質を持つ行列」なのです。

逆行列

正方行列 A に対して、次のような性質を持つ行列 X を、A の**逆行列**といい、A^{-1} で表わします。

$$AX = XA = E$$

ここで、E は単位行列です。

（例4） $A = \begin{pmatrix} 1 & 2 \\ 2 & 1 \end{pmatrix}$ のとき、$A^{-1} = -\dfrac{1}{3}\begin{pmatrix} 1 & -2 \\ -2 & 1 \end{pmatrix}$

実際、計算で確かめてみます。

$AA^{-1} = \begin{pmatrix} 1 & 2 \\ 2 & 1 \end{pmatrix} \cdot \left(-\dfrac{1}{3}\right)\begin{pmatrix} 1 & -2 \\ -2 & 1 \end{pmatrix} = \begin{pmatrix} 1 & 0 \\ 0 & 1 \end{pmatrix}$

$A^{-1}A = -\dfrac{1}{3}\begin{pmatrix} 1 & -2 \\ -2 & 1 \end{pmatrix}\begin{pmatrix} 1 & 2 \\ 2 & 1 \end{pmatrix} = \begin{pmatrix} 1 & 0 \\ 0 & 1 \end{pmatrix}$

すべての正方行列に対して、逆行列が存在するとは限りません。逆行列を持つ行列を**正則行列**と呼びます。本書で扱う正方行列はすべて正則行列です。

転置行列と随伴行列

行列 A の i 行 j 列にある値を j 行 i 列に置き換えて得られた行列を、元の行列 A の**転置行列**（transposed matrix）といい、${}^tA$ と表わします。

（例5） $A = \begin{pmatrix} 2 & 7 \\ 1 & 8 \end{pmatrix}$ のとき、${}^tA = \begin{pmatrix} 2 & 1 \\ 7 & 8 \end{pmatrix}$

（例6） $B = \begin{pmatrix} 1 \\ 2 \end{pmatrix}$ のとき、${}^tB = (1 \quad 2)$

（注2） A の転置行列を A^t と表わす文献もある。

複素数を成分とする行列においては、転置行列を作成する際、i 行 j 列にある値を j 行 i 列に置き換えるのと同時に共役な複素数に変更する場合が普通です。このようにして得られた行列を元の行列の**随伴行列**と呼びます。

（例7） $A = \begin{pmatrix} 2 & 1+i \\ 1-2i & 8 \end{pmatrix}$ の随伴行列は $\begin{pmatrix} 2 & 1+2i \\ 1-i & 8 \end{pmatrix}$

付録H 公式のまとめ

本書の主要な公式をまとめました。フーリエ解析の困る点は、文献によって公式の定義が異なることです。多くの文献に採用されているものを本書では定義に利用しましたが、他の文献を利用する際には十分注意しましょう。

フーリエ解析の基本公式 (☞ 1-8)

フーリエ解析の最も基本的な公式としてオイラーの公式が挙げられます。

(オイラーの公式) $e^{i\theta} = \cos\theta + i\sin\theta$

フーリエ級数の定義式 (☞ 1-2・1-3)

関数 $f(t)$ が $-\dfrac{T}{2} \leqq t \leqq \dfrac{T}{2}$ で定義されているとき、または関数 $f(t)$ が周期 T の周期関数のとき、$f(t)$ は次のように表わせます。

$$f(t) = a_0 + (a_1\cos\frac{2\pi t}{T} + b_1\sin\frac{2\pi t}{T}) + (a_2\cos\frac{4\pi t}{T} + b_2\sin\frac{4\pi t}{T})$$
$$+ (a_3\cos\frac{6\pi t}{T} + b_3\sin\frac{6\pi t}{T}) + \cdots + (a_n\cos\frac{2n\pi t}{T} + b_n\sin\frac{2n\pi t}{T}) + \cdots$$

ここで、n は自然数のとき、

$$a_0 = \frac{1}{T}\int_{-\frac{T}{2}}^{\frac{T}{2}} f(t)dt \quad a_n = \frac{2}{T}\int_{-\frac{T}{2}}^{\frac{T}{2}} f(t)\cos\frac{2n\pi t}{T}dt \quad b_n = \frac{2}{T}\int_{-\frac{T}{2}}^{\frac{T}{2}} f(t)\sin\frac{2n\pi t}{T}dt$$

フーリエ正弦級数の定義式 (☞ 1-6)

$f(t)$ が奇関数のとき、フーリエ級数は次のように表わされます。

$$f(t) = b_1\sin\frac{2\pi t}{T} + b_2\sin\frac{4\pi t}{T} + b_3\sin\frac{6\pi t}{T} + \cdots + b_n\sin\frac{2n\pi t}{T} + \cdots$$

ここで、$b_n = \dfrac{4}{T}\displaystyle\int_0^{\frac{T}{2}} f(t)\sin\dfrac{2n\pi t}{T}dt$ (n は自然数)

フーリエ余弦級数の定義式 (☞ 1-6)

$f(t)$ が偶関数のとき、フーリエ級数は次のように表わされます。

$$f(t) = a_0 + a_1\cos\frac{2\pi t}{T} + a_2\cos\frac{4\pi t}{T} + a_3\cos\frac{6\pi t}{T} + \cdots + a_n\cos\frac{2n\pi t}{T} + \cdots$$

ここで、$a_0 = \dfrac{2}{T}\displaystyle\int_0^{\frac{T}{2}} f(t)dt \quad a_n = \dfrac{4}{T}\displaystyle\int_0^{\frac{T}{2}} f(t)\cos\frac{2n\pi t}{T}dt$ (n は自然数)

複素フーリエ級数の定義式 (☞ 1-8)

$$f(t) = \cdots + c_{-n}e^{-i\frac{2\pi n}{T}t} + \cdots + c_{-3}e^{-i\frac{6\pi t}{T}} + c_{-2}e^{-i\frac{4\pi t}{T}} + c_{-1}e^{-i\frac{2\pi t}{T}}$$

$$+ c_0 + c_1 e^{i\frac{2\pi t}{T}} + c_2 e^{i\frac{4\pi t}{T}} + c_3 e^{i\frac{6\pi t}{T}} + \cdots + c_n e^{i\frac{2\pi n t}{T}} + \cdots$$

ここで、$c_n = \dfrac{1}{T}\displaystyle\int_{-\frac{T}{2}}^{\frac{T}{2}} f(t)e^{-i\frac{2\pi n}{T}t}dt$ (n は整数)

フーリエ変換と逆フーリエ変換の定義式 (☞ 2-1)

(フーリエ変換) $F(\omega) = \displaystyle\int_{-\infty}^{\infty} f(t)e^{-i\omega t}dt$

(逆フーリエ変換) $f(t) = \dfrac{1}{2\pi}\displaystyle\int_{-\infty}^{\infty} F(\omega)e^{i\omega t}d\omega$

ラプラス変換と逆ラプラス変換の定義式 (☞ 3-1)

(ラプラス変換) $F(s) = \displaystyle\int_0^{\infty} f(t)e^{-st}dt$

(逆ラプラス変換) $f(t) = \dfrac{1}{2\pi i}\displaystyle\int_{c-i\infty}^{c+i\infty} F(s)e^{st}ds$

ラプラス変換の性質と公式 (☞ 3-3・3-4)

関数名・公式名	t 関数	s 関数
ステップ関数	1	$\dfrac{1}{s}$
べき関数	t^n	$\dfrac{n!}{s^{n+1}}$
指数関数	e^{at}	$\dfrac{1}{s-a}$
三角関数（正弦）	$\sin \omega t$	$\dfrac{\omega}{s^2+\omega^2}$
三角関数（余弦）	$\cos \omega t$	$\dfrac{s}{s^2+\omega^2}$
δ 関数	$\delta(t)$	1
1対1対応	$f(t) \neq g(t)$	$F(s) \neq G(s)$
線形性	$cf(t)$	$cF(s)$
線形性	$f(t) + g(t)$	$F(s) + G(s)$
相似則	$f(at)$	$\dfrac{1}{a}F\left(\dfrac{s}{a}\right)$
微分公式1	$f'(t)$	$sF(s) - f(0)$
微分公式2	$f''(t)$	$s^2 F(s) - sf(0) - f'(0)$
推移則	$e^{-at}f(t)$	$F(s+a)$

（注）$F(s)$, $G(s)$ は $f(t)$, $g(t)$ をラプラス変換した関数である。

離散フーリエ変換(DFT)と逆離散フーリエ変換(IDFT) (☞ 4-2)

N 個の離散信号 $x_0,\ x_1,\ x_2,\ x_3,\ \cdots,\ x_{N-1}$ の**離散フーリエ変換(DFT)**と、その**逆離散フーリエ変換(IDFT)**は次のように求められます。

$$\text{DFT}: \begin{pmatrix} X_0 \\ X_1 \\ X_2 \\ \cdots \\ X_{N-1} \end{pmatrix} = \begin{pmatrix} 1 & 1 & 1 & \cdots & 1 \\ 1 & e^{-i\frac{2\pi}{N}} & e^{-i\frac{4\pi}{N}} & \cdots & e^{-i\frac{2\pi(N-1)}{N}} \\ 1 & e^{-i\frac{4\pi}{N}} & e^{-i\frac{8\pi}{N}} & \cdots & e^{-i\frac{4\pi(N-1)}{N}} \\ \cdots & \cdots & \cdots & \cdots & \cdots \\ 1 & e^{-i\frac{2\pi(N-1)}{N}} & e^{-i\frac{4\pi(N-1)}{N}} & \cdots & e^{-i\frac{2\pi(N-1)(N-1)}{N}} \end{pmatrix} \begin{pmatrix} x_0 \\ x_1 \\ x_2 \\ \cdots \\ x_{N-1} \end{pmatrix}$$

$$\text{IDFT}: \begin{pmatrix} x_0 \\ x_1 \\ x_2 \\ \cdots \\ x_{N-1} \end{pmatrix} = \frac{1}{N} \begin{pmatrix} 1 & 1 & 1 & \cdots & 1 \\ 1 & e^{i\frac{2\pi}{N}} & e^{i\frac{4\pi}{N}} & \cdots & e^{i\frac{2\pi(N-1)}{N}} \\ 1 & e^{i\frac{4\pi}{N}} & e^{i\frac{8\pi}{N}} & \cdots & e^{i\frac{4\pi(N-1)}{N}} \\ \cdots & \cdots & \cdots & \cdots & \cdots \\ 1 & e^{i\frac{2\pi(N-1)}{N}} & e^{i\frac{4\pi(N-1)}{N}} & \cdots & e^{i\frac{2\pi(N-1)(N-1)}{N}} \end{pmatrix} \begin{pmatrix} X_0 \\ X_1 \\ X_2 \\ \cdots \\ X_{N-1} \end{pmatrix}$$

離散コサイン変換(DCT)と逆離散コサイン変換(IDCT) (☞ 4-5)

8 個の離散信号 $x_0,\ x_1,\ x_2,\ x_3,\ \cdots,\ x_7$ の**離散コサイン変換(DCT)**と、その**逆離散コサイン変換(IDCT)**は次のように求められます。

$$\text{DCT}: \begin{pmatrix} a_0 \\ a_1 \\ a_2 \\ \cdots \\ a_7 \end{pmatrix} = \begin{pmatrix} \frac{1}{8} & \frac{1}{8} & \frac{1}{8} & \cdots & \frac{1}{8} \\ \frac{1}{4}\cos\frac{\pi}{16} & \frac{1}{4}\cos\frac{3\pi}{16} & \frac{1}{4}\cos\frac{5\pi}{16} & \cdots & \frac{1}{4}\cos\frac{15\pi}{16} \\ \frac{1}{4}\cos\frac{2\pi}{16} & \frac{1}{4}\cos\frac{6\pi}{16} & \frac{1}{4}\cos\frac{10\pi}{16} & \cdots & \frac{1}{4}\cos\frac{30\pi}{16} \\ \cdots & \cdots & \cdots & \cdots & \cdots \\ \frac{1}{4}\cos\frac{7\pi}{16} & \frac{1}{4}\cos\frac{21\pi}{16} & \frac{1}{4}\cos\frac{35\pi}{16} & \cdots & \frac{1}{4}\cos\frac{105\pi}{16} \end{pmatrix} \begin{pmatrix} x_0 \\ x_1 \\ x_2 \\ \cdots \\ x_7 \end{pmatrix}$$

$$\text{IDCT}: \begin{pmatrix} x_0 \\ x_1 \\ x_2 \\ \cdots \\ x_7 \end{pmatrix} = \begin{pmatrix} 1 & \cos\frac{\pi}{16} & \cos\frac{2\pi}{16} & \cdots & \cos\frac{7\pi}{16} \\ 1 & \cos\frac{3\pi}{16} & \cos\frac{6\pi}{16} & \cdots & \cos\frac{21\pi}{16} \\ 1 & \cos\frac{5\pi}{16} & \cos\frac{10\pi}{16} & \cdots & \cos\frac{35\pi}{16} \\ \cdots & \cdots & \cdots & \cdots & \cdots \\ 1 & \cos\frac{15\pi}{16} & \cos\frac{30\pi}{16} & \cdots & \cos\frac{105\pi}{16} \end{pmatrix} \begin{pmatrix} a_0 \\ a_1 \\ a_2 \\ \cdots \\ a_7 \end{pmatrix}$$

畳み込み積分とその性質 (☞ 7-1)

2つの関数 f, g に対して、次の積分を**畳み込み積分**と呼び、$f*g$ と表わします。

$$f*g(t) = \int_{-\infty}^{\infty} f(\tau)g(t-\tau)d\tau$$

フーリエ変換の畳み込みの定理 (☞ 7-2)

$f(t)$, $h(t)$ をフーリエ変換して得られた関数を順に $F(\omega)$, $H(\omega)$ とします。このとき、次の定理が成立します。これをフーリエ変換の**畳み込みの定理**と呼びます。

$f*h(t)$ のフーリエ変換 $= F(\omega)H(\omega)$

ラプラス変換の畳み込みの定理 (☞ 7-3)

関数 $f(t)$, $g(t)$ をラプラス変換して得られる関数を $F(s)$, $G(s)$ とします。$t < 0$ について $f(t) = 0$, $g(t) = 0$ のとき、**ラプラス変換の畳み込みの定理**と呼ばれる次の定理が成立します。

$f*g(t)$ のラプラス変換 $= F(s)G(s)$

インパルス応答と入出力の関係 (☞ 7-5)

単位インパルス（すなわち関数 $\delta(t)$）に対するインパルス応答を $h(t)$ とします。このとき、任意の線形システムに対する入力 $x(t)$ に対して、その出力 $y(t)$ は次の式で与えられます。

$$y(t) = x * h(t) = \int_{-\infty}^{\infty} x(\tau) h(t-\tau) d\tau$$

索 引

あ

- 一次結合 ……………………………… 45, 218
- 1 対 1 対応 …………………………… 89, 91
- インパルス応答 ……………………………… 189
- インパルス応答関数 ………………………… 189
- s 関数 ……………………………………… 78
- s 空間 ……………………………………… 83
- s 領域 ……………………………………… 83
- MP3 …………………………………… 16, 97
- オイラーの公式 …………………… 24, 58, 204
- 応答システム ……………………………… 186
- 音源分離 …………………………………… 15

か

- 回転因子 …………………………………… 130
- 回転子 ……………………………………… 130
- ガウス平面 ………………………………… 202
- 角周波数 ………………………………… 28, 33
- 角振動数 …………………………………… 33
- 重ね合わせの原理 ………………………… 188
- 片側ラプラス変換 ………………………… 78
- 関数空間 …………………………… 21, 45, 217
- 関数の合成積 ……………………………… 176
- 完備性 ……………………………………… 37
- 奇関数 ………………………………… 49, 213
- 逆行列 ……………………………………… 228
- 逆フーリエ変換 ………………… 66, 70, 165
- 逆ラプラス変換 ………………… 76, 79, 84, 212
- 逆離散コサイン変換（IDCT）…… 116, 119
- 逆離散フーリエ変換（IDFT）…… 106, 107
- 級数 ………………………………………… 28
- 行 …………………………………………… 226
- 行ベクトル ………………………………… 227
- 共役な複素数 ………………………… 22, 202
- 行列 ………………………………… 23, 226
- 極形式 ……………………………………… 203
- 偶関数 ………………………………… 49, 213
- 矩形波 ……………………………………… 74
- 区分求積法 …………………………… 24, 208
- 原関数 ……………………………………… 78
- 広義積分 …………………………………… 211
- 高速フーリエ変換（FFT）………… 107, 126, 128
- 弧度法 …………………………………… 23, 206
- コンボリューション積分 ………………… 176

さ

- 三角関数 …………………………… 11, 23, 204
- サンプリング ………………………… 98, 110
- サンプリング周期 …………………… 98, 110
- サンプリング周波数 ……………………… 98
- JPEG ……………………………… 16, 97, 123
- 時間間引き型 FFT ………………………… 130
- 時間領域 ……………………………… 70, 74
- シグナルフロー図 ………………………… 131
- 地震波 ……………………………………… 19
- 指数関数 …………………………………… 24
- 自然対数の底 ……………………………… 204
- 周期 ………………………………………… 32
- 周期関数 ………………………………… 31, 32
- 重畳積分 …………………………………… 176
- 周波数 …………………………………… 11, 32
- 周波数間引き型 FFT ……………………… 130
- 周波数領域 ……………………… 32, 70, 74
- 出力 ……………………………………… 174
- sinc 関数 ……………………………… 53, 67
- 心電図 ……………………………………… 31
- 振動数 ……………………………………… 32
- 推移則 ………………………………… 90, 91
- 随伴行列 ……………………………… 104, 229
- スカラー …………………………………… 215
- スカラー倍 ………………………………… 215
- ステップ関数 ……………………………… 170
- スペクトル領域 …………………………… 70
- 正弦 ………………………………………… 28
- 正弦波 ………………………… 11, 28, 32, 61, 205
- 正則行列 …………………………………… 229
- 成分 ………………………………… 218, 226
- 正方行列 …………………………………… 226
- 声紋 ………………………………………… 14
- 声紋分析 …………………………………… 14
- 積分 ……………………………………… 208
- 絶対値 ……………………………………… 203
- 線形応答システム ………………………… 19
- 線形応答理論 ……………… 18, 76, 155, 174, 187
- 線形システム ……………………………… 187
- 線形シフト不変システム ………………… 187
- 線形時不変システム ……………………… 186
- 線形常微分方程式 ………………………… 156
- 線形性 ………………………………… 72, 91
- 線形斉次常微分方程式 …………………… 156

236

線形微分方程式	18, 76, 155
像関数	78
相似則	91

た

対角成分	226
畳み込み積分	176
畳み込み積分の交換法則	178
単位インパルス	189, 221
単位インパルス関数	189
単位行列	226
直交	216
直交関数系	48
直交基底	46, 59, 218, 220
直交性	46, 58
DCT 係数	114
t 関数	78
t 空間	83
t 領域	83
δ 関数	20, 175, 221, 223
伝達関数	193, 197, 200
転置行列	229
導関数	207
動径	32
ド・モアブルの定理	131

な

内積	22, 216
内積の分配法則	216
波	10, 30
2次元空間	21
二重積分	69, 209
入力	174
ネイピア数	204
熱伝導方程式	159, 165

は

パーセバルの等式	37
波数	31
バタフライ演算	131
波長	31
ビットリバース	135
微分	207
微分公式	91
微分積分学の基本定理	209
微分方程式	18, 154
フーリエ	28, 62
フーリエ解析	10
フーリエ逆変換	66
フーリエ級数	28, 34, 40, 46
フーリエ級数展開	34
フーリエ係数	34, 38, 60, 64, 96
フーリエ正弦級数	48, 50
フーリエの法則	62
フーリエ変換	64, 66, 70, 96, 165
フーリエ変換の畳み込みの定理	180
フーリエ余弦級数	48, 52, 112
複素関数	77
複素指数関数	58, 205
複素数	24, 58, 152, 202
複素数平面	202
複素正弦波	61, 76, 205
複素フーリエ級数	29, 59, 60
複素平面	202
複素領域	83
不定積分	209
プリズム	64
ベクトル	21, 23, 29, 215, 227
偏角	204
変数分離法	160
偏微分方程式	159

や

余弦	28

ら

ラジアン	206
ラプラス	76, 81
ラプラス変換	24, 76, 78, 83, 169, 172
ラプラス変換の畳み込みの定理	183
ラプラス変換表	88
離散コサイン変換（DCT）	96, 110, 112, 116, 119, 120, 127
離散信号	96, 98
離散データ	96
離散フーリエ変換（DFT）	96, 100, 101, 106, 107, 120, 126
ルジャンドルの多項式	220
列	226
列ベクトル	227
ローソクチャート	16

237

涌井良幸（わくい　よしゆき）

1950年、東京生まれ。東京教育大学(現・筑波大学)数学科を卒業後、教職に就く。高校の数学教員を退職後は執筆に専念し、コンピュータを活用した教育法や統計学の研究を行なっている。

涌井貞美（わくい　さだみ）

1952年、東京生まれ。東京大学理学系研究科修士課程修了後、富士通、神奈川県立高等学校教員を経て、サイエンスライターとして独立。

共著に『道具としてのベイズ統計』『Excelでスッキリわかる　ベイズ統計入門』『中学数学でわかる統計の授業』(以上、日本実業出版社)、『雑学科学読本　身のまわりのモノの技術』『同Vol.2』(以上、中経の文庫)などがある。

道具としてのフーリエ解析

2014年10月1日　初版発行
2023年6月20日　第9刷発行

著　者　涌井良幸　ⒸY.Wakui 2014
　　　　涌井貞美　ⒸS.Wakui 2014
発行者　杉本淳一

発行所　株式会社 日本実業出版社　東京都新宿区市谷本村町3-29 〒162-0845
　　　　編集部　☎03-3268-5651
　　　　営業部　☎03-3268-5161　振替　00170-1-25349
　　　　　　　　　　　　　　　　https://www.njg.co.jp/

印刷／壮光舎　製本／共栄社

この本の内容についてのお問合せは、書面かFAX(03-3268-0832)にてお願い致します。
落丁・乱丁本は、送料小社負担にて、お取り替え致します。

ISBN 978-4-534-05215-5　Printed in JAPAN

日本実業出版社の本

道具としてのベイズ統計

涌井　良幸
定価 2400円（税別）

迷惑メールのフィルタリングやインターネットの検索エンジンの技術などに活用され、ＩＴ業界では必須のツールとなっている「ベイズ統計」の基本的な知識を、入門者向けにわかりやすく解説！

Excelでスッキリわかる
ベイズ統計入門

涌井　良幸
涌井　貞美
定価 2200円（税別）

数学が苦手な人や統計学を初めて学ぶ人でも安心！「ベイズ統計」の基礎から応用を、身近な例題をもとにExcelを使ってわかりやすく解説。視覚的に学べてより理解しやすいベイズ統計の入門書。

中学数学でわかる統計の授業

涌井　良幸
涌井　貞美
定価 1800円（税別）

いまやビジネスマンにとって「統計学」は必須の知識。数学に縁の薄い文系出身者でも、統計学の基本的な考え方をマスターできるよう、"授業形式"で、語りかけるように解説を展開！

「それ、根拠あるの？」と言わせない
データ・統計分析ができる本

柏木　吉基
定価 1600円（税別）

初めて事業プランをつくる新人が、データ集めから、リスクや収益性の見積り、プレゼン資料を作成するまでのストーリーを通して、仕事でデータ・統計分析を使いこなす方法を実践的に紹介！

定価変更の場合はご了承ください。